安全生产新做法与新经验丛书

企业加强安全生产管理工作 新做法与新经验

"安全生产新做法与新经验丛书"编委会 编

中国劳动社会保障出版社

图书在版编目（CIP）数据

企业加强安全生产管理工作新做法与新经验/"安全生产新做法与新经验丛书"编委会编. —北京：中国劳动社会保障出版社，2014

（安全生产新做法与新经验丛书）

ISBN 978-7-5167-0891-0

Ⅰ.①企… Ⅱ.①安… Ⅲ.①企业管理-安全生产 Ⅳ.①X931

中国版本图书馆 CIP 数据核字（2014）第 021730 号

中国劳动社会保障出版社出版发行

（北京市惠新东街 1 号 邮政编码：100029）

*

北京金明盛印刷有限公司印刷装订 新华书店经销

880 毫米×1230 毫米 32 开本 9 印张 220 千字
2014 年 1 月第 1 版 2014 年 1 月第 1 次印刷

定价：**23.00** 元

读者服务部电话：(010) 64929211/64921644/84643933
发行部电话：(010) 64961894
出版社网址：http://www.class.com.cn

编　委　会

内容提要

对于企业来讲，预防事故、保障安全是永恒的主题。近几年来，对加强企业安全生产管理工作，国家下发了一系列文件和法律法规、部门规章，在这些文件和法律法规、部门规章中，明确要求企业要健全完善严格的安全生产规章制度，坚持不安全不生产。加强对生产现场的监督检查，严格查处违章指挥、违规作业、违反劳动纪律的"三违"行为。凡超能力、超强度、超定员组织生产的，要责令停产停工整顿，并对企业和企业主要负责人依法给予规定上限的经济处罚。要强化生产过程管理的领导责任。

在企业安全生产管理实际工作中，随着形势的不断变化，企业也不断遇到新问题、新情况，职工的新老交替，人员的流动性更大，新员工对安全健康的要求也更高，同时企业也更需要采取人性化安全管理，才能吸引人、留住人，预防和减少事故，这样就对企业安全生产管理提出更高的要求。原来企业安全管理的一些做法与经验，已经不再适合于新的情况，需要根据变化了的形势，采取更加积极的应对措施。在新的形势下，一些企业完善管理机制，强化过程控制，采取安全生产自主安全管理模式、实施确认受控管理、强化风险预控管理、加强廉洁文化建设、构建和谐企业、以精细管理打造本质安全型矿井等方法，取得了比较明显的效果。

本书依据国家安全生产监督管理总局新的管理思路、新的相关规定，比较详细地介绍相关政策法规，介绍冶金有色、煤矿、化工、机械电力、建筑施工等先进企业的安全管理做法，这些做法，有的侧重于制度和机制建设，有的侧重于对职工的人性化管理，有的侧重于设备设施的本质化安全，各有特色，非常具有实用价值和参考借鉴价值。同时，还介绍了一些探讨加强安全生产管理工作、开展事故预防方面的文章，通过这些文章，可以更加深入地了解企业安全生产管理方面的要点，也是适合于管理人员和班组人员阅读的读物。

前　　言

　　近几年，在科学发展观思想指导下，党和国家采取了一系列重大措施加强安全生产工作。这些重大政策干预措施对促进安全生产形势稳定好转发挥了重要作用，并且表现出强劲和持久的后续推动力。在连续多年工伤事故死亡人数持续下降后，国家政策干预并没有出现减弱趋势，反而更为增强，安全生产法律法规体系、安全生产政策体系逐步完善，政府安全生产监管工作更为加强。

　　对于许多企业来讲，在安全生产管理工作中都取得了一定的成绩，同时也遇到许多新情况、新问题，亟待有新的方式方法予以解决。例如，一些企业随着青年工人的大量增加，人员流动性很大，安全生产的严格管理与人员的自由流动形成突出矛盾；再如，一些企业安全生产管理方式日益固定化，缺乏应有的变化和新鲜感，造成人员安全意识的麻木与淡薄，也造成管理者与被管理者矛盾冲突增多，致使安全管理走下坡路。企业安全生产管理工作的实质，是职工广泛参与的自我教育、自我改进的活动，离开了广大职工的积极参与，安全生产管理工作就很难取得实质性的效果。因此，在企业安全生产管理上，需要不断地根据新情况、新问题，学习借鉴其他企业的实用做法、新鲜经验，采取有针对性的措施，从而缓和管理者与被管理者之间的矛盾，不断提高职工对安全生产的认识，促进本企业安全管理水平的提高。

　　这套丛书，在对大量不同类型企业调研的基础上，从企业的实际情况和实际需要出发，确定相应的选题和内容，主要的读者对象是企业安全生产管理人员和班组职工。

　　本套丛书共有10本：

1.《企业开展安全生产标准化建设新做法与新经验》

2.《企业推进安全文化建设新做法与新经验》

3.《企业强化班组安全建设新做法与新经验》

4.《企业落实职业危害防治责任新做法与新经验》

5.《企业加强安全生产管理工作新做法与新经验》

6.《企业应急救援与应急处置管理新做法与新经验》

7.《企业开展事故隐患排查工作新做法与新经验》

8.《企业开展宣传教育工作新做法与新经验》

9.《企业生产班组自主安全管理新做法与新经验》

10.《企业培养遵章守纪优秀员工新做法与新经验》

每本书都分为三个部分，即相关政策法规要点、企业做法与经验、相关问题解答与探讨。在相关政策法规要点中，对相关政策法规的要点进行提示；在企业做法与经验中，对企业做法与经验进行评述，即对相关做法与经验的适用范围、内在价值、未来改进之处等进行分析，以利于其他企业能够更好地参考借鉴。

本套丛书主要围绕近几年来国家新近颁布实施的安全生产方面的相关法律法规、国家安全生产监督管理总局制定并实施的相关部门规章、企业安全管理人员和班组职工的迫切需要，系统全面地介绍先进企业的新做法、新经验，为企业及班组提供可以参考借鉴的知识，供不同企业直接运用，以利推进实际工作。

编　者

2012 年 10 月

目　　录

一、企业加强安全生产管理工作 相关政策法规要点

企业是安全生产的主体，是安全生产的根本。企业的安全生产状况关系到安全生产大局，国家有关安全生产法律法规最终要落实到企业。因此，企业要坚持以人为本，牢固树立安全发展的理念，切实转变经济发展方式，把经济发展建立在安全生产有可靠保障的基础上；要坚持"安全第一，预防为主，综合治理"的方针，从管理、制度、标准和技术等方面，全面加强企业安全管理；要坚持依法依规生产经营，强化责任落实和责任追究。这"三个坚持"是指导和推动加强企业安全生产工作的总体要求，必须贯穿安全生产工作的全过程。

1.《国务院关于进一步加强企业安全生产工作的通知》相关要点

2010年7月19日，国务院印发《关于进一步加强企业安全生产工作的通知》（以下简称《通知》）（国发〔2010〕23号）。《通知》的制定出台，是党和国家在全国深入贯彻落实科学发展观，转变经济发展方式，调整产业结构，推进经济平稳较快发展和建设和谐社会的重要时期，对安全生产工作作出的重大决策和部署，充分体现了党中央、国务院对安全生产工作的高度重视，对人民群众的深切关怀。《通知》体现了"安全发展，预防为主"的原则要求和安全生产工作标本兼治、重在治本，重心下移、关口前移的总体思路。《通知》的主要内容如下：

（1）总体要求

1）工作要求。深入贯彻落实科学发展观，坚持以人为本，牢固树立安全发展的理念，切实转变经济发展方式，调整产业结构，提高经济发展的质量和效益，把经济发展建立在安全生产有可靠保障的基础上；坚持"安全第一、预防为主、综合治理"的方针，全面

加强企业安全管理，健全规章制度，完善安全标准，提高企业技术水平，夯实安全生产基础；坚持依法依规生产经营，切实加强安全监管，强化企业安全生产主体责任落实和责任追究，促进我国安全生产形势实现根本好转。

2）主要任务。以煤矿、非煤矿山、交通运输、建筑施工、危险化学品、烟花爆竹、民用爆炸物品、冶金等行业（领域）为重点，全面加强企业安全生产工作。要通过更加严格的目标考核和责任追究，采取更加有效的管理手段和政策措施，集中整治非法违法生产行为，坚决遏制重特大事故发生；要尽快建成完善的国家安全生产应急救援体系，在高危行业强制推行一批安全适用的技术装备和防护设施，最大限度地减少事故造成的损失；要建立更加完善的技术标准体系，促进企业安全生产技术装备全面达到国家和行业标准，实现我国安全生产技术水平的提高；要进一步调整产业结构，积极推进重点行业的企业重组和矿产资源开发整合，彻底淘汰安全性能低下、危及安全生产的落后产能；以更加有力的政策引导，形成安全生产长效机制。

(2) 严格企业安全管理

3）进一步规范企业生产经营行为。企业要健全完善严格的安全生产规章制度，坚持不安全不生产。加强对生产现场监督检查，严格查处违章指挥、违规作业、违反劳动纪律的"三违"行为。凡超能力、超强度、超定员组织生产的，要责令停产停工整顿，并对企业和企业主要负责人依法给予规定上限的经济处罚。对以整合、技改名义违规组织生产，以及规定期限内未实施改造或故意拖延工期的矿井，由地方政府依法予以关闭。要加强对境外中资企业安全生产工作的指导和管理，严格落实境内投资主体和派出企业的安全生产监督责任。

4）及时排查治理安全隐患。企业要经常性开展安全隐患排查，并切实做到整改措施、责任、资金、时限和预案"五到位"。建立以安全生产专业人员为主导的隐患整改效果评价制度，确保整改到位。对隐患整改不力造成事故的，要依法追究企业和企业相关负责人的责任。对停产整改逾期未完成的不得复产。

5）强化生产过程管理的领导责任。企业主要负责人和领导班子成员要轮流现场带班。煤矿、非煤矿山要有矿领导带班并与工人同时下井、同时升井，对无企业负责人带班下井或该带班而未带班的，对有关责任人按擅离职守处理，同时给予规定上限的经济处罚。发生事故而没有领导现场带班的，对企业给予规定上限的经济处罚，并依法从重追究企业主要负责人的责任。

6）强化职工安全培训。企业主要负责人和安全生产管理人员、特殊工种人员一律严格考核，按国家有关规定持职业资格证书上岗；职工必须全部经过培训合格后上岗。企业用工要严格依照劳动合同法与职工签订劳动合同。凡存在不经培训上岗、无证上岗的企业，依法停产整顿。没有对井下作业人员进行安全培训教育，或存在特种作业人员无证上岗的企业，情节严重的要依法予以关闭。

7）全面开展安全达标。深入开展以岗位达标、专业达标和企业达标为内容的安全生产标准化建设，凡在规定时间内未实现达标的企业要依法暂扣其生产许可证、安全生产许可证，责令停产整顿；对整改逾期未达标的，地方政府要依法予以关闭。

(3) 建设坚实的技术保障体系

8）加强企业生产技术管理。强化企业技术管理机构的安全职能，按规定配备安全技术人员，切实落实企业负责人安全生产技术管理负责制，强化企业主要技术负责人技术决策和指挥权。因安全生产技术问题不解决产生重大隐患的，要对企业主要负责人、主要技术负责人和有关人员给予处罚；发生事故的，依法追究责任。

9）强制推行先进适用的技术装备。煤矿、非煤矿山要制定和实施生产技术装备标准，安装监测监控系统、井下人员定位系统、紧急避险系统、压风自救系统、供水施救系统和通信联络系统等技术装备，并于3年之内完成。逾期未安装的，依法暂扣安全生产许可证、生产许可证。运输危险化学品、烟花爆竹、民用爆炸物品的道路专用车辆，旅游包车和三类以上的班线客车要安装使用具有行驶记录功能的卫星定位装置，于2年之内全部完成；鼓励有条件的渔船安装防撞自动识别系统，在大型尾矿库安装全过程在线监控系统，大型起重机械要安装安全监控管理系统；积极推进信息化建设，努力提高企业安全防护水平。

10）加快安全生产技术研发。企业在年度财务预算中必须确定必要的安全投入。国家鼓励企业开展安全科技研发，加快安全生产关键技术装备的换代升级。进一步落实《国家中长期科学和技术发展规划纲要（2006—2020年）》等，加大对高危行业安全技术、装备、工艺和产品研发的支持力度，引导高危行业提高机械化、自动化生产水平，合理确定生产一线用工。"十二五"期间要继续组织研发一批提升我国重点行业领域安全生产保障能力的关键技术和装备项目。

（4）实施更加有力的监督管理

11）进一步加大安全监管力度。强化安全生产监管部门对安全生产的综合监管，全面落实公安、交通、国土资源、建设、工商、质检等部门的安全生产监督管理及工业主管部门的安全生产指导职责，形成安全生产综合监管与行业监管指导相结合的工作机制，加强协作，形成合力。在各级政府统一领导下，严厉打击非法违法生产、经营、建设等影响安全生产的行为，安全生产综合监管和行业管理部门要会同司法机关联合执法，以强有力措施查处、取缔非法企业。对重大安全隐患治理实行逐级挂牌督办、公告制度，重大隐患治理由省级安全生产监管部门或行业主管部门挂牌督办，国家相关部门加强督促检查。对拒不执行监管监察指令的企业，要依法依规从重处罚。进一步加强监管力量建设，提高监管人员专业素质和技术装备水平，强化基层站点监管能力，加强对企业安全生产的现场监管和技术指导。

12）强化企业安全生产属地管理。安全生产监管监察部门、负有安全生产监管职责的有关部门和行业管理部门要按职责分工，对当地企业包括中央、省属企业实行严格的安全生产监督检查和管理，组织对企业安全生产状况进行安全标准化分级考核评价，评价结果向社会公开，并向银行业、证券业、保险业、担保业等主管部门通报，作为企业信用评级的重要参考依据。

13）加强建设项目安全管理。强化项目安全设施核准审批，加强建设项目的日常安全监管，严格落实审批、监管的责任。企业新建、改建、扩建工程项目的安全设施，要包括安全监控设施和防瓦斯等有害气体、防尘、排水、防火、防爆等设施，并与主体工程同时设计、同时施工、同时投入生产和使用。安全设施与建设项目主体工程未做到同时设计的一律不予审批，未做到同时施工的责令立即停止施工，未同时投入使用的不得颁发安全生产许可证，并视情节追究有关单位负责人的责任。严格落实建设、设计、施工、监理、监管等各方安全责任。对项目建设生产经营单位存在违法分包、转包等行为的，立即依法停工停产整顿，并追究项目业主、承包方等各方责任。

14）加强社会监督和舆论监督。要充分发挥工会、共青团、妇联组织的作用，依法维护和落实企业职工对安全生产的参与权与监督权，鼓励职工监督举报各类安全隐患，对举报者予以奖励。有关部门和地方要进一步畅通安全生产的社会监督渠道，设立举报箱，公布举报电话，接受人民群众的公开监督。要发挥新闻媒体的舆论监督，对舆论反映的客观问题要深查原因，切实整改。

（5）建设更加高效的应急救援体系

15）加快国家安全生产应急救援基地建设。按行业类型和区域分布，依托大型企业，在中央预算内基建投资支持下，先期抓紧建设7个国家矿山应急救援队，配备性能可靠、机动性强的装备和设备，保障必要的运行维护费用。推进公路交通、铁路运输、水上搜救、船舶溢油、油气田、危险化学品等行业（领域）国家救援基地和队伍建设。鼓励和支持各地区、各部门、各行业依托大型企业和专业救援力量，加强服务周边的区域性应急救援能力建设。

16）建立完善企业安全生产预警机制。企业要建立完善安全生产动态监控及预警预报体系，每月进行一次安全生产风险分析。发现事故征兆要立即发布预警信息，落实防范和应急处置措施。对重大危险源和重大隐患要报当地安全生产监管监察部门、负有安全生产监管职责的有关部门和行业管理部门备案。涉及国家秘密的，按有关规定执行。

17）完善企业应急预案。企业应急预案要与当地政府应急预案保持衔接，并定期进行演练。赋予企业生产现场带班人员、班组长和调度人员在遇到险情时第一时间下达停产撤人命令的直接决策权和指挥权。因撤离不及时导致人身伤亡事故的，要从重追究相关人员的法律责任。

(6) 严格行业安全准入

18）加快完善安全生产技术标准。各行业管理部门和负有安全生产监管职责的有关部门要根据行业技术进步和产业升级的要求，加快制定修订生产、安全技术标准，制定和实施高危行业从业人员资格标准。对实施许可证管理制度的危险性作业要制定落实专项安全技术作业规程和岗位安全操作规程。

19）严格安全生产准入前置条件。把符合安全生产标准作为高危行业企业准入的前置条件，实行严格的安全标准核准制度。矿山建设项目和用于生产、储存危险物品的建设项目，应当分别按照国家有关规定进行安全条件论证和安全评价，严把安全生产准入关。凡不符合安全生产条件违规建设的，要立即停止建设，情节严重的由本级人民政府或主管部门实施关闭取缔。降低标准造成隐患的，要追究相关人员和负责人的责任。

20）发挥安全生产专业服务机构的作用。依托科研院所，结合事业单位改制，推动安全生产评价、技术支持、安全培训、技术改造等服务性机构的规范发展。制定完善安全生产专业服务机构管理办法，保证专业服务机构从业行为的专业性、独立性和客观性。专业服务机构对相关评价、鉴定结论承担法律责任，对违法违规、弄虚作假的，要依法依规从严追究相关人员和机构的法律责任，并降低或取消相关资质。

（7）加强政策引导

21）制定促进安全技术装备发展的产业政策。要鼓励和引导企业研发、采用先进适用的安全技术和产品，鼓励安全生产适用技术和新装备、新工艺、新标准的推广应用。把安全检测监控、安全避险、安全保护、个人防护、灾害监控、特种安全设施及应急救援等安全生产专用设备的研发制造，作为安全产业加以培育，纳入国家振兴装备制造业的政策支持范畴。大力发展安全装备融资租赁业务，促进高危行业企业加快提升安全装备水平。

22）加大安全专项投入。切实做好尾矿库治理、扶持煤矿安全技改建设、瓦斯防治和小煤矿整顿关闭等各类中央资金的安排使用，落实地方和企业配套资金。加强对高危行业企业安全生产费用提取和使用管理的监督检查，进一步完善高危行业企业安全生产费用财务管理制度，研究提高安全生产费用提取下限标准，适当扩大适用范围。依法加强道路交通事故社会救助基金制度建设，加快建立完善水上搜救奖励与补偿机制。高危行业企业探索实行全员安全风险抵押金制度。完善落实工伤保险制度，积极稳妥推行安全生产责任保险制度。

23）提高工伤事故死亡职工一次性赔偿标准。从 2011 年 1 月 1 日起，依照《工伤保险条例》的规定，对因生产安全事故造成的职工死亡，其一次性工亡补助金标准调整为按全国上一年度城镇居民人均可支配收入的 20 倍计算，发放给工亡职工近亲属。同时，依法确保工亡职工一次性丧葬补助金、供养亲属抚恤金的发放。

24）鼓励扩大专业技术和技能人才培养。进一步落实完善校企合作办学、对口单招、订单式培养等政策，鼓励高等院校、职业学校逐年扩大采矿、机电、地质、通风、安全等相关专业人才的招生培养规模，加快培养高危行业专业人才和生产一线急需技能型人才。

(8) 更加注重经济发展方式转变

25）制定落实安全生产规划。各地区、各有关部门要把安全生产纳入经济社会发展的总体布局，在制定国家、地区发展规划时，要同步明确安全生产目标和专项规划。企业要把安全生产工作的各项要求落实在企业发展和日常工作之中，在制定企业发展规划和年度生产经营计划中要突出安全生产，确保安全投入和各项安全措施到位。

26）强制淘汰落后技术产品。不符合有关安全标准、安全性能低下、职业危害严重、危及安全生产的落后技术、工艺和装备要列入国家产业结构调整指导目录，予以强制性淘汰。各省级人民政府也要制订本地区相应的目录和措施，支持有效消除重大安全隐患的技术改造和搬迁项目，遏制安全水平低、保障能力差的项目建设和延续。对存在落后技术装备、构成重大安全隐患的企业，要予以公布，责令限期整改，逾期未整改的依法予以关闭。

27）加快产业重组步伐。要充分发挥产业政策导向和市场机制的作用，加大对相关高危行业企业重组力度，进一步整合或淘汰浪费资源、安全保障低的落后产能，提高安全基础保障能力。

(9) 实行更加严格的考核和责任追究

28）严格落实安全目标考核。对各地区、各有关部门和企业完成年度生产安全事故控制指标情况进行严格考核，并建立激励约束机制。加大重特大事故的考核权重，发生特别重大生产安全事故的，要根据情节轻重，追究地市级分管领导或主要领导的责任；后果特别严重、影响特别恶劣的，要按规定追究省部级相关领导的责任。

加强安全生产基础工作考核，加快推进安全生产长效机制建设，坚决遏制重特大事故的发生。

29）加大对事故企业负责人的责任追究力度。企业发生重大生产安全责任事故，追究事故企业主要负责人责任；触犯法律的，依法追究事故企业主要负责人或企业实际控制人的法律责任。发生特别重大事故，除追究企业主要负责人和实际控制人责任外，还要追究上级企业主要负责人的责任；触犯法律的，依法追究企业主要负责人、企业实际控制人和上级企业负责人的法律责任。对重大、特别重大生产安全责任事故负有主要责任的企业，其主要负责人终身不得担任本行业企业的矿长（厂长、经理）。对非法违法生产造成人员伤亡的，以及瞒报事故、事故后逃逸等情节特别恶劣的，要依法从重处罚。

30）加大对事故企业的处罚力度。对于发生重大、特别重大生产安全责任事故或一年内发生 2 次以上较大生产安全责任事故并负主要责任的企业，以及存在重大隐患整改不力的企业，由省级及以上安全监管监察部门会同有关行业主管部门向社会公告，并向投资、国土资源、建设、银行、证券等主管部门通报，一年内严格限制新增的项目核准、用地审批、证券融资等，并作为银行贷款等的重要参考依据。

31）对打击非法生产不力的地方实行严格的责任追究。在所管辖区域对群众举报、上级督办、日常检查发现的非法生产企业（单位）没有采取有效措施予以查处，致使非法生产企业（单位）存在的，对县（市、区）、乡（镇）人民政府主要领导以及相关责任人，根据情节轻重，给予降级、撤职或者开除的行政处分，涉嫌犯罪的，依法追究刑事责任。国家另有规定的，从其规定。

32）建立事故查处督办制度。依法严格事故查处，对事故查处实行地方各级安全生产委员会层层挂牌督办，重大事故查处实行国务院安全生产委员会挂牌督办。事故查处结案后，要及时予以公告，接受社会监督。

2.《国务院关于进一步加强企业安全生产工作的通知》解读

2010 年 7 月 19 日，国务院印发了《关于进一步加强企业安全生产工作的通知》（以下简称《通知》）。《通知》共 9 部分、32 条，体现了党中央、国务院关于加强安全生产工作的重要决策部署和一系列指示精神，体现了"安全发展，预防为主"的原则要求和安全生产工作标本兼治、重在治本，重心下移、关口前移的总体思路。

(1)《通知》制定的背景和意义

《通知》的制定出台，是党和国家在全国深入贯彻落实科学发展观，转变经济发展方式，调整产业结构，推进经济平稳较快发展和建设和谐社会的重要时期，对安全生产工作作出的重大决策和部署，充分体现了党中央、国务院对安全生产工作的高度重视，对人民群众的深切关怀。

国务院制定出台这个文件，主要基于以下几点：

1）进一步巩固发展安全生产形势。党中央、国务院对安全生产工作始终高度重视，相继出台了加强安全生产工作的一系列政策措施，去年以来又在全国广泛深入开展"安全生产年"活动。在党中央、国务院的高度重视和正确领导下，在国家相关部门的指导推动下，通过各地区、各部门和各单位的共同努力，全国安全生产状况呈现总体稳定、趋于好转的发展态势。2009 年全国生产安全事故死亡人数在 2008 年降到 10 万人以下的基础上又降到了 9 万人以下，事故起数和死亡人数连续 7 年实现了"双下降"。在新的历史时期，针对经济社会发展特别是在转变经济发展方式中出现的新形势新情况，需要进一步制定和完善相关政策措施，继续把安全生产工作推向深入，巩固和发展不断取得的安全生产成效。

2）重点解决当前安全生产暴露出的突出问题。由于受生产力发展不均衡和基础薄弱的制约，安全生产形势仍然严峻，今年上半年在事故总量同比继续下降的同时，重特大事故有所反弹，尤其是先后发生 6 起一次死亡 30 人以上的特别重大事故，给人民群众生命财产安全造成重大损失，在社会上产生恶劣影响。事故多发的原因主要是：一些企业在经济回升向好的情况下，盲目追求经济效益，重生产轻安全，安全管理薄弱，安全生产主体责任不落实；无证或证照不全非法生产，超能力、超强度、超定员违法违规生产，小煤矿整合技改期间非法组织生产；一些地方和部门安全监管责任不落实、措施不到位等。这些问题的解决，在《通知》的具体内容中都做了重点解答，制定了更加严厉的政策、制度和措施。

3）切实强化企业安全生产主体责任落实。企业的安全生产状况关系安全生产大局，企业是安全生产的根本，国家有关安全生产法律法规最终要落实到企业，全国安全生产整体水平的提高最终也必须体现在企业。各级政府、部门以及企业本身所做的努力，都是为了促进企业安全管理的不断加强，保证人民群众生命财产安全。只有提高企业的安全生产水平，才能真正实现安全生产形势的持续稳定好转。因此，做好安全生产工作，切实有效的遏制重特大事故，首先是也必须要紧紧抓住企业这个"主体"，通过加强安全管理、加大安全投入、强化技术装备、严格安全监管、严肃责任追究等有力措施，督促提高企业的安全生产保障能力。

(2)《通知》需要把握的精神内涵

《通知》是加强新形势下企业安全生产工作的纲领性文件，学习领会《通知》精神，总体上应把握以下三个方面：

1）牢牢把握《通知》提出的"三个坚持"。坚持以人为本，牢固树立安全发展的理念，切实转变经济发展方式，把经济发展建立在安全生产有可靠保证的基础上；坚持"安全第一，预防为主，综合治理"的方针，从管理、制度、标准和技术等方面，全面加强企业安全管理；坚持依法依规生产经营，集中整治非法违法行为，强化责任落实和责任追究。这"三个坚持"是指导和推动加强企业安全生产工作的总体要求，必须贯穿安全生产工作的全过程。

2) 紧紧抓住重特大事故多发的 8 个重点行业领域。煤矿、非煤矿山、交通运输、建筑施工、危险化学品、烟花爆竹、民用爆炸物品、冶金 8 个行业领域，事故易发、多发、频发，重特大事故集中、长期以来尚未得到切实有效遏制。当前和今后一个时期，必须从这 8 个重点行业领域入手，紧紧抓住不放，落实企业安全生产主体责任，强化企业安全管理；落实政府和部门的安全监管责任，推动提升企业安全生产水平。

3) 施以更加严格严厉的综合治理措施。《通知》的每一项规定都集中体现了这一要求。进一步加强新形势下企业安全生产工作，切实解决一些长期以来影响和制约安全生产的关键问题、重点和难点问题，就是必须要以更坚定的信念、更大的决心、更强有力的政策措施，通过更加严格的企业安全管理、更加坚实的技术保障、更加有力的安全监管、更加高效的应急救援体系、更高标准的行业准入、更加有力的政策引导、更加注重经济发展方式转变、更加严格的目标考核和责任追究等，形成安全生产长效机制。这是我们学习领会和贯彻落实过程中，以及各地区、各部门制定相关配套措施中必须切实注意的方面。

(3)《通知》的制度创新

从现行有关法律法规和规章制度来看，《通知》的一些条文突破了原有的规定，具有明显的创新性；同时在现有政策措施的基础上，对一些规定又作了相应的完善和调整，进一步做了强化和规范。

制度创新比较突出的有以下十项：

1) 重大隐患治理和重大事故查处督办制度。对重大安全隐患治理实行逐级挂牌督办、公告制度，国家相关部门加强督促检查；对事故查处实行层层挂牌督办，重大事故查处由国务院安委会挂牌督办。

2) 领导干部轮流现场带班制度。要求企业负责人和领导班子成员要轮流现场带班，其中煤矿和非煤矿山要有矿领导带班并与工人同时下井、升井。对发生事故而没有领导干部现场带班的，要严肃处理。

3）先进适用技术装备强制推行制度。对安全生产起到重要支撑和促进作用的安全生产技术装备，规定推广应用到位的时限要求，其中煤矿"六大系统"要在3年之内完成。逾期未安装的，要依法暂扣安全生产许可证和生产许可证。

4）安全生产长期投入制度。规定企业在制定财务预算中必须确定必要的安全投入，落实地方和企业对国家投入的配套资金，研究提高高危行业安全生产费用提取下限标准并适当扩大范围，加强道路交通事故社会求助基金制度建设，积极稳妥推行安全生产责任保险制度等。

5）企业安全生产信用挂钩联动制度。规定要将安全生产标准化分级评价结果，作为信用评级的重要考核依据；对发生重特大事故或一年内发生两次以上较大事故的，一年内严格限制新增项目核准、用地审批、证券融资等，并作为银行贷款的重要参考依据。

6）应急救援基地建设制度。规定先期建设七个国家矿山救援队，配备性能先进、机动性强的装备和设备；明确进一步推进六个行业领域的国家救援基地和队伍建设。

7）现场紧急撤人避险制度。赋予企业生产现场带班人员、班组长和调度人员在遇到险情第一时间下达停产撤人命令的直接决策权和指挥权。

8）高危企业安全生产标准核准制度。规定加快制定修订各行业的生产、安全技术和高危行业从业人员资格标准，要把符合安全生产标准要求作为高危行业企业准入的前置条件，严把安全准入关。

9）工伤事故死亡职工一次性赔偿制度。规定提高赔偿标准，对因生产安全事故造成的职工死亡，其一次工亡补助标准调整为按全国上一年度城镇居民人均可支配收入的20倍计算。

10）企业负责人职业资格否决制度。规定对重大、特别重大事故负有主要责任的企业，其主要负责人，终身不得担任本行业企业的矿长（厂长、经理）。

（4）《通知》对安全工作的完善和强调

《通知》还就十个方面的工作作了完善和强调：

1）强化隐患整改效果，要求做到整改措施、责任、资金、时限和预案"五到位"，实行以安全生产专业人员为主导的隐患整改效果评价制度。强调企业要每月进行一次安全生产风险分析，建立预警机制。

2）要求全面开展安全生产标准化达标建设，做到岗位达标、专业达标和企业达标，并强调通过严格生产许可证和安全生产许可证管理，推进达标工作。

3）加强安全生产技术管理和技术装备研发，要求健全机构，配备技术人员，强化企业主要技术负责人技术决策和指挥权；将安全生产关键技术和装备纳入国家科学技术领域支持范围和国家"十二五"规划重点推进。

4）安全生产综合监管、行业管理和司法机关联合执法，严厉打击非法违法生产、经营和建设，取缔非法企业。

5）强化企业安全生产属地管理，对当地包括中央和省属企业安全生产实行严格的监督检查和管理。

6）积极开展社会监督和舆论监督，维护和落实职工对安全生产的参与权与监督权，鼓励职工监督举报各类安全隐患。

7）严格限定对严重违法违规行为的执法裁量权，规定对企业"三超"（超能力、超强度、超定员）组织生产的、无企业负责人带班下井或该带班而未带班的等，要求按有关规定的上限处罚；对以整合技改名义违规组织生产的、拒不执行监管指令的、违反建设项目"三同时"规定和安全培训有关规定的等，要依法加重处罚。

8）进一步加强安全教育培训，鼓励进一步扩大采矿、机电、地质、通风、安全等专业技术和技能人才培养。

9）强化安全生产责任追究，规定要加大重特大事故的考核权重，发生特别重大生产安全事故的，要视情节追究地级及以上政府（部门）领导的责任；加大对发生重大和特别重大事故企业负责人或企业实际控制人以及上级企业主要负责人的责任追究力度；强化打击非法生产的地方责任。

10）强调要结合转变经济发展方式，就加快推进安全发展、强制淘汰落后技术产品、加快产业重组步伐提出了明确要求。这充分体现了安全生产与经济社会发展密不可分、协调推进的要求，通过不断提高生产力发展水平，从根本上促进企业安全生产水平的提高。

3.《关于进一步加强企业安全生产规范化建设的指导意见》相关要点

2010 年 8 月 20 日，国家安全生产监督管理总局印发《关于进一步加强企业安全生产规范化建设严格落实企业安全生产主体责任的指导意见》（以下简称《指导意见》）（安监总办〔2010〕139 号），目的是为了认真贯彻落实《国务院关于进一步加强企业安全生产工作的通知》（国发〔2010〕23 号）精神，进一步加强企业安全生产规范化建设，严格落实企业安全生产主体责任，提高企业安全生产管理水平，实现全国安全生产状况持续稳定好转。《指导意见》的主要内容有：

（1）总体要求

深入贯彻落实科学发展观，坚持安全发展理念，指导督促企业完善安全生产责任体系，建立健全安全生产管理制度，加大安全基础投入，加强教育培训，推进企业全员、全过程、全方位安全管理，全面实施安全生产标准化，夯实安全生产基层基础工作，提升安全生产管理工作的规范化、科学化水平，有效遏制重特大事故发生，为实现安全生产提供基础保障。

（2）健全和完善责任体系

1）落实企业法定代表人安全生产第一责任人的责任。法定代表人要依法确保安全投入、管理、装备、培训等措施落实到位，确保企业具备安全生产基本条件。

2）明确企业各级管理人员的安全生产责任。企业分管安全生产的负责人协助主要负责人履行安全生产管理职责，其他负责人对各自分管业务范围内的安全生产负领导责任。企业安全生产管理机构及其人员对本单位安全生产实施综合管理；企业各级管理人员对分管业务范围的安全生产工作负责。

3）健全企业安全生产责任体系。责任体系应涵盖本单位各部门、各层级和生产各环节，明确有关协作、合作单位责任，并签订安全责任书。要做好相关单位和各个环节安全管理责任的衔接，相互支持、互为保障，做到责任无盲区、管理无死角。

(3) 健全和完善管理体系

1）加强企业安全生产工作的组织领导。企业及其下属单位应建立安全生产委员会或安全生产领导小组，负责组织、研究、部署本单位安全生产工作，专题研究重大安全生产事项，制订、实施加强和改进本单位安全生产工作的措施。

2）依法设立安全管理机构并配齐专（兼）职安全生产管理人员。矿山、建筑施工单位和危险物品的生产、经营、储存单位及从业人员超过 300 人的企业，要设置安全生产管理专职机构或者配备专职安全生产管理人员。其他单位有条件的，应设置安全生产管理机构，或者配备专职或兼职的安全生产管理人员，或者委托注册安全工程师等具有相关专业技术资格的人员提供安全生产管理服务。

3）提高企业安全生产标准化水平。企业要严格执行安全生产法律法规和行业规程标准，按照《企业安全生产标准化基本规范》（AQ/T 9006—2010）的要求，加大安全生产标准化建设投入，积极组织开展岗位达标、专业达标和企业达标的建设活动，并持续巩固达标成果，实现全面达标、本质达标和动态达标。

（4）健全和完善基本制度

1）安全生产例会制度。建立班组班前会、周安全生产活动日，车间周安全生产调度会，企业月安全生产办公会、季安全生产形势分析会、年度安全生产工作会等例会制度，定期研究、分析、布置安全生产工作。

2）安全生产例检制度。建立班组班前、班中、班后安全生产检查（即"一班三检"）、重点对象和重点部位安全生产检查（即"点检"）、作业区域安全生产巡查（即"巡检"），车间周安全生产检查、月安全生产大检查，企业月安全生产检查、季安全生产大检查、复工复产前安全生产大检查等例检制度，对各类检查的频次、重点、内容提出要求。

3）岗位安全生产责任制。以企业负责人为重点，逐级建立企业管理人员、职能部门、车间班组、各工种的岗位安全生产责任制，明确企业各层级、各岗位的安全生产职责，形成涵盖全员、全过程、全方位的责任体系。

4）领导干部和管理人员现场带班制度。企业主要负责人、领导班子成员和生产经营管理人员要认真执行现场带班的规定，认真制订本企业领导成员带班制度，立足现场安全管理，加强对重点部位、关键环节的检查巡视，及时发现和解决问题，并据实做好交接。

5）安全技术操作规程。分专业、分工艺制定安全技术操作规程，并当生产条件发生变化时及时重新组织审查或修订。对实施作业许可证管理的动火作业、受限空间作业、爆破作业、临时用电作业、高空作业等危险性作业，要制定专项安全技术措施，并严格审批监督。企业员工应当熟知并严格执行安全技术操作规程。

6）作业场所职业安全卫生健康管理制度。积极开展职业健康安全管理体系认证。依照国家有关法律法规及规章标准，完善现场职业安全健康设施、设备和手段。为员工配备合格的职业安全卫生健康防护用品，督促员工正确佩戴和使用，并对接触有毒有害物质的作业人员进行定期的健康检查。

　　7）隐患排查治理制度。建立安全生产隐患全员排查、登记报告、分级治理、动态分析、整改销号制度。对排查出的隐患实施登记管理，按照分类分级治理原则，逐一落实整改方案、责任人员、整改资金、整改期限和应急预案。建立隐患整改评价制度，定期分析、评估隐患治理情况，不断完善隐患治理工作机制。建立隐患举报奖励制度，鼓励员工发现和举报事故隐患。

　　8）安全生产责任考核制度。完善企业绩效工资制度，加大安全生产挂钩比重。建立以岗位安全绩效考核为重点，以落实岗位安全责任为主线，以杜绝岗位安全责任事故为目标的全员安全生产责任考核办法，加大安全生产责任在员工绩效工资、晋级、评先评优等考核中的权重，重大责任事项实行"一票否决"。

　　9）高危行业（领域）员工风险抵押金制度。根据各行业（领域）特点，推广企业内部全员安全风险抵押金制度，加大奖惩兑现力度，充分调动全员安全生产的积极性和主动性。

　　10）民主管理监督制度。企业安全生产基本条件、安全生产目标、重大隐患治理、安全生产投入、安全生产形势等情况应以适当方式向员工公开，接受员工监督。充分发挥班组安全管理监督作用。

　　保障工会依法组织员工参加本单位安全生产工作的民主管理和民主监督，维护员工安全生产的合法权益。

　　11）安全生产承诺制度。企业就遵守安全生产法律法规、执行安全生产规章制度、保证安全生产投入、持续具备安全生产条件等签订安全生产承诺书，向企业员工及社会作出公开承诺，自觉接受监督。同时，员工就履行岗位安全责任向企业作出承诺。

　　各类企业均要建立以上基本制度，同时要依照国家有关法律法规及规章标准规定，结合本单位实际，建立健全适合本单位特点的安全生产规章制度。

(5) 加大安全投入

1）及时足额提取并切实管好用好安全费用。煤矿、非煤矿山、建筑施工、危险化学品、烟花爆竹、道路交通运输等高危行业（领域）企业必须落实提取安全费用税前列支政策。其他行业（领域）的企业要根据本地区有关政策规定提足用好安全费用。安全费用必须专项用于安全防护设备设施、应急救援器材装备、安全生产检查评价、事故隐患评估整改和监控、安全技能培训和应急演练等与安全生产直接相关的投入。

2）确保安全设施投入。严格落实企业建设项目安全设施"三同时"制度，新建、改建、扩建工程项目的安全设施投资应纳入项目建设概算，安全设施与建设项目主体工程同时设计、同时施工、同时投入生产和使用。高危行业（领域）建设项目要依法进行安全评价。

3）加大安全科技投入。坚持"科技兴安"战略。健全安全管理工作技术保障体系，强化企业技术管理机构的安全职能，按规定配备安全技术人员。切实落实企业负责人安全生产技术管理负责制，针对影响和制约本单位安全生产的技术问题开展科研攻关，鼓励员工进行技术革新，积极推广应用先进适用的新技术、新工艺、新装备和新材料，提高企业本质安全水平。

(6) 加强安全教育培训

1）强化企业人员素质培训。落实校企合作办学、对口单招、订单式培养等政策，大力培养企业专业技术人才。有条件的高危行业企业可通过兴办职业学校培养技术人才。结合本企业安全生产特点，制订员工教育培训计划和实施方案，针对不同岗位人员落实培训时间、培训内容、培训机构、培训费用，提高员工安全生产素质。

2）加强安全技能培训。企业安全生产管理人员必须按规定接受培训并取得相应资格证书。加强新进人员岗前培训工作，新员工上岗前、转岗员工换岗前要进行岗位操作技能培训，保证其具有本岗位安全操作、应急处置等知识和技能。特种作业人员必须取得特种作业操作资格证书方可上岗。

3）强化风险防范教育。企业要推进安全生产法律法规的宣传贯彻，做到安全宣传教育日常化。要及时分析和掌握安全生产工作的规律和特点，定期开展安全生产技术方法、事故案例及安全警示教育，普及安全生产基本知识和风险防范知识，提高员工安全风险辨析与防范能力。

4）深入开展安全文化建设。注重企业安全文化在安全生产工作中的作用，把先进的安全文化融入企业管理思想、管理理念、管理模式和管理方法之中，努力建设安全诚信企业。

（7）加强重大危险源和重大隐患的监控预警

1）实行重大隐患挂牌督办。企业应当实行重大隐患挂牌督办制度，并及时将重大隐患现状、可能造成的危害、消除隐患的治理方案报告企业所在地相关政府有关部门。对政府有关部门挂牌督办的重大隐患，企业应按要求报告治理进展、治理结果等情况，切实落实企业重大隐患整改责任。

2）加强重大危险源监控。企业应建立重大危险源辨识登记、安全评估、报告备案、监控整改、应急救援等工作机制和管理办法。

设立重大危险源警示标志，并将本单位重大危险源及有关管理措施、应急预案等信息报告有关部门，并向相关单位、人员和周边群众公告。

3）利用科学的方法加强预警预报。企业应定期进行安全生产风险分析，积极利用先进的技术和方法建立安全生产监测监控系统，进行有效的实时动态预警。遇重大危险源失控或重大安全隐患出现事故苗头时，应当立即预警预报，组织撤离人员、停止运行、加强监控，防止事故发生和事故损失扩大。

（8）加强应急管理，提高事故处置能力

1）加强应急管理。要针对重大危险源和可能突发的生产安全事故，制定相应的应急组织、应急队伍、应急预案、应急资源、应急培训教育、应急演练、应急救援等方案和应急管理办法，并注重与社会应急组织体系相衔接。加强应急预案演练，及时分析查找应急预案及其执行中存在的问题并有针对性地予以修改完善，防止因撤离不及时或救援不适当造成事故扩大。

2）提高应急救援保障能力。煤矿、非煤矿山和危险化学品企业，应当依法建立专职或兼职人员组成的应急救援队伍；不具备单独建立专业应急救援队伍的小型企业，除建立兼职应急救援队伍外，还应当与邻近建有专业救援队伍的企业或单位签订救援协议，或者联合建立专业应急救援队伍。根据应急救援需要储备一定数量的应急物资，为应急救援队伍配备必要的应急救援器材、设备和装备。

3）做好事故报告和处置工作。事故发生后，要按照规定的报告时限、报告内容、报告方式、报告对象等要求，及时、完整、客观地报告事故，不得瞒报、漏报、谎报、迟报。发生事故的企业主要负责人必须坚守岗位，立即启动事故应急救援预案，采取措施组织抢救，防止事故扩大，减少人员伤亡和财产损失。

4）严肃事故调查处理。企业要认真组织或配合事故调查，妥善处理事故善后工作。对于事故调查报告提出的防范措施和整改意见，要认真吸取教训，按要求及时整改，并把落实情况及时报告有关部门。

4. 《危险化学品安全管理条例》（修订版）相关要点

2011 年 3 月 2 日，国务院公布修订后的《危险化学品安全管理条例》（国务院令第 591 号），自 2011 年 12 月 1 日起施行。

《危险化学品安全管理条例》分为八章一百零二条，各章内容为：第一章《总则》，第二章《生产、储存安全》，第三章《使用安全》，第四章《经营安全》，第五章《运输安全》，第六章《危险化学品登记与事故应急救援》，第七章《法律责任》，第八章《附则》。制定本条例的目的，是为了加强危险化学品的安全管理，预防和减少危险化学品事故，保障人民群众生命财产安全，保护环境。

（1）有关总则中的原则性规定

在第一章《总则》中，对一些原则性相关事项作了规定。

《危险化学品安全管理条例》规定：危险化学品生产、储存、使用、经营和运输的安全管理，适用本条例。

本条例所称危险化学品，是指具有毒害、腐蚀、爆炸、燃烧、助燃等性质，对人体、设施、环境具有危害的剧毒化学品和其他化学品。

危险化学品目录，由国务院安全生产监督管理部门会同国务院工业和信息化、公安、环境保护、卫生、质量监督检验检疫、交通运输、铁路、民用航空、农业主管部门，根据化学品危险特性的鉴别和分类标准确定、公布，并适时调整。

危险化学品安全管理，应当坚持安全第一、预防为主、综合治理的方针，强化和落实企业的主体责任。生产、储存、使用、经营、运输危险化学品的单位（以下统称危险化学品单位）的主要负责人对本单位的危险化学品安全管理工作全面负责。

危险化学品单位应当具备法律、行政法规规定和国家标准、行业标准要求的安全条件，建立、健全安全管理规章制度和岗位安全责任制度，对从业人员进行安全教育、法制教育和岗位技术培训。从业人员应当接受教育和培训，考核合格后上岗作业；对有资格要求的岗位，应当配备依法取得相应资格的人员。

任何单位和个人不得生产、经营、使用国家禁止生产、经营、使用的危险化学品。国家对危险化学品的使用有限制性规定的，任何单位和个人不得违反限制性规定使用危险化学品。

（2）有关生产、储存安全的规定

在第二章《生产、储存安全》中，对相关事项做了规定。

《危险化学品安全管理条例》规定：新建、改建、扩建生产、储存危险化学品的建设项目（以下简称建设项目），应当由安全生产监督管理部门进行安全条件审查。

生产、储存危险化学品的单位，应当对其铺设的危险化学品管道设置明显标志，并对危险化学品管道定期检查、检测。

危险化学品生产企业进行生产前，应当依照《安全生产许可证条例》的规定，取得危险化学品安全生产许可证。

危险化学品生产企业应当提供与其生产的危险化学品相符的化学品安全技术说明书，并在危险化学品包装（包括外包装件）上粘贴或者拴挂与包装内危险化学品相符的化学品安全标签。化学品安全技术说明书和化学品安全标签所载明的内容应当符合国家标准的要求。

《危险化学品安全管理条例》规定：危险化学品生产装置或者储存数量构成重大危险源的危险化学品储存设施（运输工具加油站、加气站除外），与下列场所、设施、区域的距离应当符合国家有关规定：

1）居住区以及商业中心、公园等人员密集场所；

2）学校、医院、影剧院、体育场（馆）等公共设施；

3）饮用水源、水厂以及水源保护区；

4）车站、码头（依法经许可从事危险化学品装卸作业的除外）、机场以及通信干线、通信枢纽、铁路线路、道路交通干线、水路交通干线、地铁风亭以及地铁站出入口；

5）基本农田保护区、基本草原、畜禽遗传资源保护区、畜禽规模化养殖场（养殖小区）、渔业水域以及种子、种畜禽、水产苗种生产基地；

6）河流、湖泊、风景名胜区、自然保护区；

7）军事禁区、军事管理区；

8）法律、行政法规规定的其他场所、设施、区域。

《危险化学品安全管理条例》规定：生产、储存危险化学品的单位，应当根据其生产、储存的危险化学品的种类和危险特性，在作业场所设置相应的监测、监控、通风、防晒、调温、防火、灭火、防爆、泄压、防毒、中和、防潮、防雷、防静电、防腐、防泄漏以及防护围堤或者隔离操作等安全设施、设备，并按照国家标准、行业标准或者国家有关规定对安全设施、设备进行经常性维护、保养，保证安全设施、设备的正常使用。生产、储存危险化学品的单位，应当在其作业场所和安全设施、设备上设置明显的安全警示标志。

生产、储存危险化学品的单位，应当在其作业场所设置通信、报警装置，并保证处于适用状态。

生产、储存危险化学品的企业，应当委托具备国家规定的资质条件的机构，对本企业的安全生产条件每 3 年进行一次安全评价，提出安全评价报告。安全评价报告的内容应当包括对安全生产条件存在的问题进行整改的方案。

危险化学品应当储存在专用仓库、专用场地或者专用储存室（以下统称专用仓库）内，并由专人负责管理；剧毒化学品以及储存数量构成重大危险源的其他危险化学品，应当在专用仓库内单独存放，并实行双人收发、双人保管制度。危险化学品的储存方式、方法以及储存数量应当符合国家标准或者国家有关规定。

(3) 有关使用安全的规定

在第三章《使用安全》中，对相关事项作了规定。

《危险化学品安全管理条例》规定：使用危险化学品的单位，其使用条件（包括工艺）应当符合法律、行政法规的规定和国家标准、行业标准的要求，并根据所使用的危险化学品的种类、危险特性以及使用量和使用方式，建立、健全使用危险化学品的安全管理规章制度和安全操作规程，保证危险化学品的安全使用。

使用危险化学品从事生产并且使用量达到规定数量的化工企业（属于危险化学品生产企业的除外，下同），应当依照本条例的规定取得危险化学品安全使用许可证。

申请危险化学品安全使用许可证的化工企业，应当向所在地设区的市级人民政府安全生产监督管理部门提出申请，并提交其符合本条例第三十条规定条件的证明材料。设区的市级人民政府安全生产监督管理部门应当依法进行审查，自收到证明材料之日起 45 日内作出批准或者不予批准的决定。予以批准的，颁发危险化学品安全使用许可证；不予批准的，书面通知申请人并说明理由。

（4）有关经营安全的规定

在第四章《经营安全》中，对相关事项作了规定。

国家对危险化学品经营（包括仓储经营，下同）实行许可制度。未经许可，任何单位和个人不得经营危险化学品。

从事危险化学品经营的企业应当具备下列条件：

1）有符合国家标准、行业标准的经营场所，储存危险化学品的，还应当有符合国家标准、行业标准的储存设施；

2）从业人员经过专业技术培训并经考核合格；

3）有健全的安全管理规章制度；

4）有专职安全管理人员；

5）有符合国家规定的危险化学品事故应急预案和必要的应急救援器材、设备；

6）法律、法规规定的其他条件。

从事剧毒化学品、易制爆危险化学品经营的企业，应当向所在地设区的市级人民政府安全生产监督管理部门提出申请，从事其他危险化学品经营的企业，应当向所在地县级人民政府安全生产监督管理部门提出申请（有储存设施的，应当向所在地设区的市级人民政府安全生产监督管理部门提出申请）。

申请人持危险化学品经营许可证向工商行政管理部门办理登记手续后，方可从事危险化学品经营活动。法律、行政法规或者国务院规定经营危险化学品还需要经其他有关部门许可的，申请人向工商行政管理部门办理登记手续时还应当持相应的许可证件。

危险化学品经营企业不得向未经许可从事危险化学品生产、经营活动的企业采购危险化学品，不得经营没有化学品安全技术说明书或者化学品安全标签的危险化学品。

危险化学品生产企业、经营企业销售剧毒化学品、易制爆危险化学品，应当如实记录购买单位的名称、地址、经办人的姓名、身份证号码以及所购买的剧毒化学品、易制爆危险化学品的品种、数量、用途。销售记录以及经办人的身份证明复印件、相关许可证件复印件或者证明文件的保存期限不得少于 1 年。

剧毒化学品、易制爆危险化学品的销售企业、购买单位应当在销售、购买后 5 日内，将所销售、购买的剧毒化学品、易制爆危险化学品的品种、数量以及流向信息报所在地县级人民政府公安机关备案，并输入计算机系统。

(5) 有关运输安全的规定

在第五章《运输安全》中，对相关事项作了规定。

从事危险化学品道路运输、水路运输的，应当分别依照有关道路运输、水路运输的法律、行政法规的规定，取得危险货物道路运输许可、危险货物水路运输许可，并向工商行政管理部门办理登记手续。危险化学品道路运输企业、水路运输企业应当配备专职安全管理人员。

危险化学品道路运输企业、水路运输企业的驾驶人员、船员、装卸管理人员、押运人员、申报人员、集装箱装箱现场检查员应当经交通运输主管部门考核合格，取得从业资格。具体办法由国务院交通运输主管部门制定。

危险化学品的装卸作业应当遵守安全作业标准、规程和制度，并在装卸管理人员的现场指挥或者监控下进行。水路运输危险化学品的集装箱装箱作业应当在集装箱装箱现场检查员的指挥或者监控下进行，并符合积载、隔离的规范和要求；装箱作业完毕后，集装箱装箱现场检查员应当签署装箱证明书。

运输危险化学品，应当根据危险化学品的危险特性采取相应的安全防护措施，并配备必要的防护用品和应急救援器材。

通过道路运输危险化学品的，应当按照运输车辆的核定载质量装载危险化学品，不得超载。危险化学品运输车辆应当符合国家标准要求的安全技术条件，并按照国家有关规定定期进行安全技术检验。危险化学品运输车辆应当悬挂或者喷涂符合国家标准要求的警示标志。

通过道路运输危险化学品的，应当配备押运人员，并保证所运输的危险化学品处于押运人员的监控之下。

运输危险化学品途中因住宿或者发生影响正常运输的情况，需要较长时间停车的，驾驶人员、押运人员应当采取相应的安全防范措施；运输剧毒化学品或者易制爆危险化学品的，还应当向当地公安机关报告。

剧毒化学品、易制爆危险化学品在道路运输途中丢失、被盗、被抢或者出现流散、泄漏等情况的，驾驶人员、押运人员应当立即采取相应的警示措施和安全措施，并向当地公安机关报告。公安机关接到报告后，应当根据实际情况立即向安全生产监督管理部门、环境保护主管部门、卫生主管部门通报。有关部门应当采取必要的应急处置措施。

禁止通过内河封闭水域运输剧毒化学品以及国家规定禁止通过内河运输的其他危险化学品。通过内河运输危险化学品，应当由依法取得危险货物水路运输许可的水路运输企业承运，其他单位和个人不得承运。托运人应当委托依法取得危险货物水路运输许可的水路运输企业承运，不得委托其他单位和个人承运。

载运危险化学品的船舶在内河航行、装卸或者停泊，应当悬挂专用的警示标志，按照规定显示专用信号。

（6）有关危险化学品登记与事故应急救援的规定

在第六章《危险化学品登记与事故应急救援》中，对相关事项作了规定。

国家实行危险化学品登记制度，为危险化学品安全管理以及危险化学品事故预防和应急救援提供技术、信息支持。

危险化学品生产企业、进口企业，应当向国务院安全生产监督管理部门负责危险化学品登记的机构（以下简称危险化学品登记机构）办理危险化学品登记。

危险化学品登记包括下列内容：

1）分类和标签信息；

2）物理、化学性质；

3）主要用途；

4）危险特性；

5）储存、使用、运输的安全要求；

6）出现危险情况的应急处置措施。

危险化学品单位应当制定本单位危险化学品事故应急预案，配备应急救援人员和必要的应急救援器材、设备，并定期组织应急救援演练。危险化学品单位应当将其危险化学品事故应急预案报所在地设区的市级人民政府安全生产监督管理部门备案。

发生危险化学品事故，事故单位主要负责人应当立即按照本单位危险化学品应急预案组织救援，并向当地安全生产监督管理部门和环境保护、公安、卫生主管部门报告；道路运输、水路运输过程中发生危险化学品事故的，驾驶人员、船员或者押运人员还应当向事故发生地交通运输主管部门报告。

发生危险化学品事故，有关地方人民政府应当立即组织安全生产监督管理、环境保护、公安、卫生、交通运输等有关部门，按照本地区危险化学品事故应急预案组织实施救援，不得拖延、推诿。

（7）有关法律责任的规定

在第七章《法律责任》中，对相关事项作了规定。

生产、经营、使用国家禁止生产、经营、使用的危险化学品的，由安全生产监督管理部门责令停止生产、经营、使用活动，处 20 万元以上50万元以下的罚款，有违法所得的，没收违法所得；构成犯罪的，依法追究刑事责任。

有前款规定行为的，安全生产监督管理部门还应当责令其对所生产、经营、使用的危险化学品进行无害化处理。

5.《特种设备安全监察条例》（修订版）相关要点

2009年1月14日，国务院公布《关于修改〈特种设备安全监察条例〉的决定》（国务院令第549号），自2009年5月1日起施行。

新修订的《特种设备安全监察条例》分为八章一百零三条，各章内容为：第一章《总则》，第二章《特种设备的生产》，第三章《特种设备的使用》，第四章《检验检测》，第五章《监督检查》，第六章《事故预防和调查处理》，第七章《法律责任》，第八章《附则》。制定本条例的目的，是为了加强特种设备的安全监察，防止和减少事故，保障人民群众生命和财产安全，促进经济发展。本条例所称特种设备是指涉及生命安全、危险性较大的锅炉、压力容器（含气瓶，下同）、压力管道、电梯、起重机械、客运索道、大型游乐设施和场（厂）内专用机动车辆。

《特种设备安全监察条例》规定：特种设备的生产（含设计、制造、安装、改造、维修，下同）、使用、检验检测及其监督检查，应当遵守本条例，但本条例另有规定的除外。房屋建筑工地和市政工程工地用起重机械、场（厂）内专用机动车辆的安装、使用的监督管理，由建设行政主管部门依照有关法律、法规的规定执行。

《特种设备安全监察条例》规定：国务院特种设备安全监督管理部门负责全国特种设备的安全监察工作，县以上地方负责特种设备安全监督管理的部门对本行政区域内特种设备实施安全监察（以下统称特种设备安全监督管理部门）。

特种设备生产、使用单位应当建立健全特种设备安全、节能管理制度和岗位安全、节能责任制度。特种设备生产、使用单位的主要负责人应当对本单位特种设备的安全和节能全面负责。特种设备生产、使用单位和特种设备检验检测机构，应当接受特种设备安全监督管理部门依法进行的特种设备安全监察。

(1) 对特种设备生产的有关规定

《特种设备安全监察条例》规定：特种设备生产单位，应当依照本条例规定以及国务院特种设备安全监督管理部门制订并公布的安全技术规范（以下简称安全技术规范）的要求，进行生产活动。

锅炉、压力容器中的气瓶（以下简称气瓶）、氧舱和客运索道、大型游乐设施以及高耗能特种设备的设计文件，应当经国务院特种设备安全监督管理部门核准的检验检测机构鉴定，方可用于制造。

锅炉、压力容器、电梯、起重机械、客运索道、大型游乐设施及其安全附件、安全保护装置的制造、安装、改造单位，以及压力管道用管子、管件、阀门、法兰、补偿器、安全保护装置等（以下简称压力管道元件）的制造单位和场（厂）内专用机动车辆的制造、改造单位，应当经国务院特种设备安全监督管理部门许可，方可从事相应的活动。

特种设备的制造、安装、改造单位应当具备下列条件：

1）有与特种设备制造、安装、改造相适应的专业技术人员和技术工人；

2）有与特种设备制造、安装、改造相适应的生产条件和检测手段；

3）有健全的质量管理制度和责任制度。

《特种设备安全监察条例》规定：特种设备出厂时，应当附有安全技术规范要求的设计文件、产品质量合格证明、安装及使用维修说明、监督检验证明等文件。

锅炉、压力容器、电梯、起重机械、客运索道、大型游乐设施、场（厂）内专用机动车辆的维修单位，应当有与特种设备维修相适应的专业技术人员和技术工人以及必要的检测手段，并经省、自治区、直辖市特种设备安全监督管理部门许可，方可从事相应的维修活动。

锅炉、压力容器、起重机械、客运索道、大型游乐设施的安装、改造、维修以及场（厂）内专用机动车辆的改造、维修，必须由依照本条例取得许可的单位进行。电梯的安装、改造、维修，必须由电梯制造单位或者其通过合同委托、同意的依照本条例取得许可的单位进行。电梯制造单位对电梯质量以及安全运行涉及的质量问题负责。

特种设备安装、改造、维修的施工单位应当在施工前将拟进行的特种设备安装、改造、维修情况书面告知直辖市或者设区的市的特种设备安全监督管理部门，告知后即可施工。

电梯的制造、安装、改造和维修活动，必须严格遵守安全技术规范的要求。电梯制造单位委托或者同意其他单位进行电梯安装、改造、维修活动的，应当对其安装、改造、维修活动进行安全指导和监控。电梯的安装、改造、维修活动结束后，电梯制造单位应当按照安全技术规范的要求对电梯进行校验和调试，并对校验和调试的结果负责。

《特种设备安全监察条例》规定：移动式压力容器、气瓶充装单位应当经省、自治区、直辖市的特种设备安全监督管理部门许可，方可从事充装活动。充装单位应当具备下列条件：

1）有与充装和管理相适应的管理人员和技术人员；

2）有与充装和管理相适应的充装设备、检测手段、场地厂房、器具、安全设施；

3）有健全的充装管理制度、责任制度、紧急处理措施。

气瓶充装单位应当向气体使用者提供符合安全技术规范要求的气瓶，对使用者进行气瓶安全使用指导，并按照安全技术规范的要求办理气瓶使用登记，提出气瓶的定期检验要求。

（2）对特种设备使用的有关规定

《特种设备安全监察条例》规定：特种设备使用单位，应当严格执行本条例和有关安全生产的法律、行政法规的规定，保证特种设备的安全使用。特种设备使用单位应当使用符合安全技术规范要求的特种设备。特种设备在投入使用前或者投入使用后 30 日内，特种设备使用单位应当向直辖市或者设区的市的特种设备安全监督管理部门登记。登记标志应当置于或者附着于该特种设备的显著位置。

特种设备使用单位应当建立特种设备安全技术档案。安全技术档案应当包括以下内容：

1）特种设备的设计文件、制造单位、产品质量合格证明、使用维护说明等文件以及安装技术文件和资料；

2）特种设备的定期检验和定期自行检查的记录；

3）特种设备的日常使用状况记录；

4）特种设备及其安全附件、安全保护装置、测量调控装置及有关附属仪器仪表的日常维护保养记录；

5）特种设备运行故障和事故记录；

6）高耗能特种设备的能效测试报告、能耗状况记录以及节能改造技术资料。

《特种设备安全监察条例》规定：特种设备使用单位应当对在用特种设备进行经常性日常维护保养，并定期自行检查。特种设备使用单位对在用特种设备应当至少每月进行一次自行检查，并作出记录。特种设备使用单位在对在用特种设备进行自行检查和日常维护保养时发现异常情况的，应当及时处理。特种设备使用单位应当对在用特种设备的安全附件、安全保护装置、测量调控装置及有关附属仪器仪表进行定期校验、检修，并做出记录。

特种设备使用单位应当按照安全技术规范的定期检验要求，在安全检验合格有效期届满前 1 个月向特种设备检验检测机构提出定期检验要求。检验检测机构接到定期检验要求后，应当按照安全技术规范的要求及时进行安全性能检验和能效测试。未经定期检验或者检验不合格的特种设备，不得继续使用。

特种设备出现故障或者发生异常情况，使用单位应当对其进行全面检查，消除事故隐患后，方可重新投入使用。特种设备不符合能效指标的，特种设备使用单位应当采取相应措施进行整改。特种设备存在严重事故隐患，无改造、维修价值，或者超过安全技术规范规定使用年限，特种设备使用单位应当及时予以报废，并应当向原登记的特种设备安全监督管理部门办理注销。

《特种设备安全监察条例》规定：电梯的日常维护保养必须由依照本条例取得许可的安装、改造、维修单位或者电梯制造单位进行。电梯应当至少每15日进行一次清洁、润滑、调整和检查。电梯的日常维护保养单位应当在维护保养中严格执行国家安全技术规范的要求，保证其维护保养的电梯的安全技术性能，并负责落实现场安全防护措施，保证施工安全。电梯的日常维护保养单位，应当对其维护保养的电梯的安全性能负责。接到故障通知后，应当立即赶赴现场，并采取必要的应急救援措施。

《特种设备安全监察条例》规定：电梯、客运索道、大型游乐设施等为公众提供服务的特种设备运营使用单位，应当设置特种设备安全管理机构或者配备专职的安全管理人员；其他特种设备使用单位，应当根据情况设置特种设备安全管理机构或者配备专职、兼职的安全管理人员。特种设备的安全管理人员应当对特种设备使用状况进行经常性检查，发现问题的应当立即处理；情况紧急时，可以决定停止使用特种设备并及时报告本单位有关负责人。

客运索道、大型游乐设施的运营使用单位在客运索道、大型游乐设施每日投入使用前，应当进行试运行和例行安全检查，并对安全装置进行检查确认。电梯、客运索道、大型游乐设施的运营使用单位应当将电梯、客运索道、大型游乐设施的安全注意事项和警示标志置于易于为乘客注意的显著位置。

《特种设备安全监察条例》规定：锅炉、压力容器、电梯、起重机械、客运索道、大型游乐设施、场（厂）内专用机动车辆的作业人员及其相关管理人员（以下统称特种设备作业人员），应当按照国家有关规定经特种设备安全监督管理部门考核合格，取得国家统一格式的特种作业人员证书，方可从事相应的作业或者管理工作。特种设备使用单位应当对特种设备作业人员进行特种设备安全、节能教育和培训，保证特种设备作业人员具备必要的特种设备安全、节能知识。特种设备作业人员在作业中应当严格执行特种设备的操作规程和有关的安全规章制度。特种设备作业人员在作业过程中发现事故隐患或者其他不安全因素，应当立即向现场安全管理人员和单位有关负责人报告。

（3）对检验检测的有关规定

《特种设备安全监察条例》规定：从事本条例规定的监督检验、定期检验、型式试验以及专门为特种设备生产、使用、检验检测提供无损检测服务的特种设备检验检测机构，应当经国务院特种设备安全监督管理部门核准。特种设备检验检测机构，应当具备下列条件：

1）有与所从事的检验检测工作相适应的检验检测人员；

2）有与所从事的检验检测工作相适应的检验检测仪器和设备；

3）有健全的检验检测管理制度、检验检测责任制度。

从事本条例规定的监督检验、定期检验、型式试验和无损检测的特种设备检验检测人员应当经国务院特种设备安全监督管理部门组织考核合格，取得检验检测人员证书，方可从事检验检测工作。检验检测人员从事检验检测工作，必须在特种设备检验检测机构执业，但不得同时在两个以上检验检测机构中执业。

特种设备检验检测机构和检验检测人员应当客观、公正、及时地出具检验检测结果、鉴定结论。检验检测结果、鉴定结论经检验检测人员签字后，由检验检测机构负责人签署。特种设备检验检测机构和检验检测人员对检验检测结果、鉴定结论负责。

(4) 对监督检查的有关规定

《特种设备安全监察条例》规定：特种设备安全监督管理部门依照本条例规定，对特种设备生产、使用单位和检验检测机构实施安全监察。对学校、幼儿园以及车站、客运码头、商场、体育场馆、展览馆、公园等公众聚集场所的特种设备，特种设备安全监督管理部门应当实施重点安全监察。

特种设备安全监督管理部门根据举报或者取得的涉嫌违法证据，对涉嫌违反本条例规定的行为进行查处时，可以行使下列职权：

1) 向特种设备生产、使用单位和检验检测机构的法定代表人、主要负责人和其他有关人员调查、了解与涉嫌从事违反本条例的生产、使用、检验检测有关的情况；

2) 查阅、复制特种设备生产、使用单位和检验检测机构的有关合同、发票、账簿以及其他有关资料；

3) 对有证据表明不符合安全技术规范要求的或者有其他严重事故隐患、能耗严重超标的特种设备，予以查封或者扣押。

特种设备安全监督管理部门对特种设备生产、使用单位和检验检测机构进行安全监察时，发现有违反本条例规定和安全技术规范要求的行为或者在用的特种设备存在事故隐患、不符合能效指标的，应当以书面形式发出特种设备安全监察指令，责令有关单位及时采取措施，予以改正或者消除事故隐患。紧急情况下需要采取紧急处置措施的，应当随后补发书面通知。

(5) 对事故预防和调查处理的有关规定

《特种设备安全监察条例》规定：有下列情形之一的，为特别重大事故：

1) 特种设备事故造成 30 人以上死亡，或者 100 人以上重伤（包括急性工业中毒，下同），或者 1 亿元以上直接经济损失的；

2) 600 兆瓦以上锅炉爆炸的；

3) 压力容器、压力管道有毒介质泄漏，造成 15 万人以上转移的；

4）客运索道、大型游乐设施高空滞留 100 人以上并且时间在 48 小时以上的。

有下列情形之一的，为重大事故：

1）特种设备事故造成 10 人以上 30 人以下死亡，或者 50 人以上 100 人以下重伤，或者 5 000 万元以上 1 亿元以下直接经济损失的；

2）600 兆瓦以上锅炉因安全故障中断运行 240 小时以上的；

3）压力容器、压力管道有毒介质泄漏，造成 5 万人以上 15 万人以下转移的；

4）客运索道、大型游乐设施高空滞留 100 人以上并且时间在 24 小时以上 48 小时以下的。

有下列情形之一的，为较大事故：

1）特种设备事故造成 3 人以上 10 人以下死亡，或者 10 人以上 50 人以下重伤，或者 1 000 万元以上 5 000 万元以下直接经济损失的；

2）锅炉、压力容器、压力管道爆炸的；

3）压力容器、压力管道有毒介质泄漏，造成 1 万人以上 5 万人以下转移的；

4）起重机械整体倾覆的；

5）客运索道、大型游乐设施高空滞留人员 12 小时以上的。

有下列情形之一的，为一般事故：

1）特种设备事故造成 3 人以下死亡，或者 10 人以下重伤，或者 1 万元以上 1 000 万元以下直接经济损失的；

2）压力容器、压力管道有毒介质泄漏，造成 500 人以上 1 万人以下转移的；

3）电梯轿厢滞留人员 2 小时以上的；

4）起重机械主要受力结构件折断或者起升机构坠落的；

5）客运索道高空滞留人员 3.5 小时以上 12 小时以下的；

6）大型游乐设施高空滞留人员 1 小时以上 12 小时以下的。

除前款规定外，国务院特种设备安全监督管理部门可以对一般事故的其他情形做出补充规定。

特种设备事故发生后，事故发生单位应当立即启动事故应急预案，组织抢救，防止事故扩大，减少人员伤亡和财产损失，并及时向事故发生地县以上特种设备安全监督管理部门和有关部门报告。县以上特种设备安全监督管理部门接到事故报告，应当尽快核实有关情况，立即向所在地人民政府报告，并逐级上报事故情况。必要时，特种设备安全监督管理部门可以越级上报事故情况。对特别重大事故、重大事故，国务院特种设备安全监督管理部门应当立即报告国务院并通报国务院安全生产监督管理部门等有关部门。

（6）对法律责任的有关规定

《特种设备安全监察条例》规定：未经许可，擅自从事锅炉、压力容器、电梯、起重机械、客运索道、大型游乐设施、场（厂）内专用机动车辆的维修或者日常维护保养的，由特种设备安全监督管理部门予以取缔，处 1 万元以上 5 万元以下罚款；有违法所得的，没收违法所得；触犯刑律的，对负有责任的主管人员和其他直接责任人员依照刑法关于非法经营罪、重大责任事故罪或者其他罪的规定，依法追究刑事责任。

6.《中央企业安全生产监督管理暂行办法》相关要点

《中央企业安全生产监督管理暂行办法》（以下简称《暂行办法》）（国有资产监督管理委员会令第 21 号）自 2008 年 9 月 1 日起施行。本办法分为六章四十三条，各章内容为：第一章《总则》，第二章《安全生产工作责任》，第三章《安全生产工作基本要求》，第四章《安全生产工作报告制度》，第五章《安全生产监督管理与奖惩》，第六章《附则》。制定本办法的目的，是根据《中华人民共和国安全生产法》《企业国有资产监督管理暂行条例》《国务院办公厅关于加强中央企业安全生产工作的通知》（国办发〔2004〕52号）等有关法律法规和规定，为履行国有资产出资人安全生产监管职责，督促中央企业全面落实安全生产主体责任，建立安全生产长效机制，防止和减少生产安全事故，保障中央企业职工和人民群众生命财产安全，维护国有资产的保值增值。

本办法所称中央企业，是指国务院国有资产监督管理委员会（以下简称国资委）根据国务院授权履行出资人职责的国有及国有控股企业。

国资委对中央企业安全生产实行分类监督管理。中央企业依据国资委核定的主营业务和安全生产的风险程度分为三类：

第一类：主业从事煤炭及非煤矿山开采、建筑施工、危险物品的生产经营储运使用、交通运输的企业；

第二类：主业从事冶金、机械、电子、电力、建材、医药、纺织、仓储、旅游、通信的企业；

第三类：除上述第一、二类企业以外的企业。

企业分类实行动态管理，可以根据主营业务内容的变化进行调整。

（1）对安全生产工作责任的有关规定

《暂行办法》规定：中央企业是安全生产的责任主体，必须贯彻落实国家安全生产方针政策及有关法律法规、标准，按照"统一领导、落实责任、分级管理、分类指导、全员参与"的原则，逐级建立健全安全生产责任制。安全生产责任制应当覆盖本企业全体职工和岗位、全部生产经营和管理过程。

中央企业主要负责人是本企业安全生产的第一责任人，对本企业安全生产工作负总责，应当全面履行《中华人民共和国安全生产法》规定的以下职责：

1）建立健全本企业安全生产责任制；

2）组织制定本企业安全生产规章制度和操作规程；

3）保证本企业安全生产投入的有效实施；

4）督促、检查本企业的安全生产工作，及时消除生产安全事故隐患；

5）组织制定并实施本企业的生产安全事故应急救援预案；

6）及时、如实报告生产安全事故。

中央企业必须建立健全安全生产的组织机构，包括：

1）安全生产工作的领导机构——安全生产委员会（以下简称安委会），负责统一领导本企业的安全生产工作，研究决策企业安全生产的重大问题。安委会主任应当由企业安全生产第一责任人担任。安委会应当建立工作制度和例会制度。

2）与企业生产经营相适应的安全生产监督管理机构。

第一类企业应当设置负责安全生产监督管理工作的独立职能部门。第二类企业应当在有关职能部门中设置负责安全生产监督管理工作的内部专业机构；安全生产任务较重的企业应当设置负责安全生产监督管理工作的独立职能部门。第三类企业应当明确有关职能部门负责安全生产监督管理工作，配备专职安全生产监督管理人员；安全生产任务较重的企业应当在有关职能部门中设置负责安全生产监督管理工作的内部专业机构。

安全生产监督管理职能部门或者负责安全生产监督管理工作的职能部门是企业安全生产工作的综合管理部门，对其他职能部门的安全生产管理工作进行综合协调和监督。

中央企业应当明确各职能部门的具体安全生产管理职责；各职能部门应当将安全生产管理职责具体分解到相应岗位。

（2）对安全生产工作基本要求的有关规定

《暂行办法》规定：中央企业应当建立健全安全生产管理体系，积极推行和应用国内外先进的安全生产管理方法、体系等，实现安全生产管理的规范化、标准化、科学化、现代化。中央企业安全生产管理体系应当包括组织体系、制度体系、责任体系、风险控制体系、教育体系、监督保证体系等。中央企业应当加强安全生产管理体系的运行控制，强化岗位培训、过程督察、总结反馈、持续改进等管理过程，确保体系的有效运行。

中央企业应当结合行业特点和企业实际，建立职业健康安全管理体系，消除或者减少职工的职业健康安全风险，保障职工职业健康。

中央企业应当建立健全企业安全生产应急管理体系，包括预案体系、组织体系、运行机制、支持保障体系等。加强应急预案的编制、评审、培训、演练和应急救援队伍的建设工作，落实应急物资与装备，提高企业有效应对各类生产安全事故灾难的应急管理能力。

中央企业应当加强安全生产风险辨识和评估工作，制定重大危险源的监控措施和管理方案，确保重大危险源始终处于受控状态。

中央企业应当建立健全生产安全事故隐患排查和治理工作制度，规范各级生产安全事故隐患排查的频次、控制管理原则、分级管理模式、分级管理内容等。对排查出的隐患要落实专项治理经费和专职负责人，按时完成整改。

中央企业应当严格遵守新建、改建、扩建工程项目安全设施与主体工程同时设计、同时施工、同时投入生产和使用的有关规定。

中央企业应当严格按照国家和行业的有关规定，足额提取安全生产费用。国家和行业没有明确规定安全生产费用提取比例的中央企业，应当根据企业实际和可持续发展的需要，提取足够的安全生产费用。安全生产费用应当专户核算并编制使用计划，明确费用投入的项目内容、额度、完成期限、责任部门和责任人等，确保安全生产费用投入的落实，并将落实情况随年度业绩考核总结分析报告同时报送国资委。

中央企业应当建立健全安全生产的教育和培训制度，严格落实企业负责人、安全生产监督管理人员、特种作业人员的持证上岗制度和培训考核制度；严格落实从业人员的安全生产教育培训制度。

中央企业应当建立安全生产考核和奖惩机制。严格安全生产业绩考核,加大安全生产奖励力度,严肃查处每起责任事故,严格追究事故责任人的责任。

(3) 对安全生产工作报告制度的有关规定

《暂行办法》规定:中央企业发生生产安全事故或者因生产安全事故引发突发事件后,应当按以下要求报告国资委:

1) 境内发生较大及以上生产安全事故,中央企业应当编制生产安全事故快报,按本办法规定的报告流程迅速报告。事故现场负责人应当立即向本单位负责人报告,单位负责人接到报告后,应当于1小时内向上一级单位负责人报告;以后逐级报告至国资委,且每级时间间隔不得超过2小时。

2) 境内由于生产安全事故引发的特别重大、重大突发公共事件,中央企业接到报告后应当立即向国资委报告。

3) 境外发生生产安全死亡事故,中央企业接到报告后应当立即向国资委报告。

4) 在中央企业管理的区域内发生生产安全事故,中央企业作为业主、总承包商或者分包商应当按规定要求报告。

中央企业应当将安全生产方面的重要活动、重要会议、重大举措和成果、重大问题等重要信息和重要事项,及时报告国资委。

(4) 对安全生产监督管理与奖惩的有关规定

《暂行办法》规定:国资委参与中央企业特别重大生产安全事故的调查,并根据事故调查报告及国务院批复负责落实或者监督对事故有关责任单位和责任人的处理。

国资委根据中央企业考核期内发生的生产安全责任事故认定情况,对中央企业负责人经营业绩考核结果进行下列降级或者降分处理:

1) 中央企业负责人年度经营业绩考核期内发生特别重大责任事故并负主要责任的或者发生瞒报事故的,对该中央企业负责人的年度经营业绩考核结果予以降级处理。

2）中央企业负责人年度经营业绩考核期内发生较大责任事故或者重大责任事故起数达到降级起数的，对该中央企业负责人的年度经营业绩考核结果予以降级处理。

3）中央企业负责人年度经营业绩考核期内发生较大责任事故和重大责任事故但不够降级标准的，对该中央企业负责人的年度经营业绩考核结果予以降分处理。

4）中央企业负责人任期经营业绩考核期内连续发生瞒报事故或者发生两起以上特别重大责任事故，对该中央企业负责人的任期经营业绩考核结果予以降级处理。

国资委对年度安全生产相对指标达到国内同行业最好水平或者达到国际先进水平的中央企业予以表彰。国资委对认真贯彻执行本办法，安全生产工作成绩突出的个人和集体予以表彰奖励。

7.《冶金企业安全生产监督管理规定》相关要点

《冶金企业安全生产监督管理规定》（国家安全生产监督管理总局令第26号）自2009年11月1日起施行。本规定分为五章三十九条，各章内容为：第一章《总则》，第二章《安全保障》，第三章《监督管理》，第四章《罚则》，第五章《附则》。制定本规定的目的，是根据安全生产法等法律、行政法规，为了加强冶金企业安全生产监督管理工作，防止和减少生产安全事故和职业危害，保障从业人员的生命安全与健康。本规定适用于从事炼铁、炼钢、轧钢、铁合金生产作业活动和钢铁企业内与主工艺流程配套的辅助工艺环节的安全生产及其监督管理。

《冶金企业安全生产监督管理规定》明确：国家安全生产监督管理总局对全国冶金安全生产工作实施监督管理。县级以上地方人民政府安全生产监督管理部门按照属地监管、分级负责的原则，对本行政区域内的冶金安全生产工作实施监督管理。冶金企业是安全生产的责任主体，其主要负责人是本单位安全生产第一责任人，相关负责人在各自职责内对本单位安全生产工作负责。集团公司对其所属分公司、子公司、控股公司的安全生产工作负管理责任。

（1）对安全保障的有关规定

《冶金企业安全生产监督管理规定》规定：冶金企业应当遵守有关安全生产法律、法规、规章和国家标准或者行业标准的规定。焦化、氧气及相关气体制备、煤气生产（不包括回收）等危险化学品生产单位应当按照国家有关规定，取得危险化学品生产企业安全生产许可证。

冶金企业应当建立健全安全生产责任制和安全生产管理制度，完善各工种、岗位的安全技术操作规程。冶金企业的从业人员超过300人的，应当设置安全生产管理机构，配备不少于从业人员3‰比例的专职安全生产管理人员；从业人员在300人以下的，应当配备专职或者兼职安全生产管理人员。

《冶金企业安全生产监督管理规定》规定：冶金企业应当保证安全生产所必需的资金投入，并用于下列范围：

1）完善、改造和维护安全防护设备设施；

2）安全生产教育培训和配备劳动防护用品；

3）安全评价、重大危险源监控、重大事故隐患评估和整改；

4）职业危害防治，职业危害因素检测、监测和职业健康体检；

5）设备设施安全性能检测检验；

6）应急救援器材、装备的配备及应急救援演练；

7）其他与安全生产直接相关的物品或者活动。

《冶金企业安全生产监督管理规定》规定：冶金企业应当定期对从业人员进行安全生产教育和培训，保证从业人员具备必要的安全生产知识，了解有关的安全生产法律法规，熟悉规章制度和安全技术操作规程，掌握本岗位的安全操作技能。未经安全生产教育和培训合格的从业人员，不得上岗作业。

冶金企业应当按照有关规定对从事煤气生产、储存、输送、使用、维护检修的人员进行专门的煤气安全基本知识、煤气安全技术、煤气监测方法、煤气中毒紧急救护技术等内容的培训，并经考核合格后，方可安排其上岗作业。

冶金企业应当对本单位存在的各类危险源进行辨识，实行分级管理。对于构成重大危险源的，应当登记建档，进行定期检测、评估和监控，并报安全生产监督管理部门备案。

冶金企业应当按照国家有关规定，加强职业危害的防治与职业健康监护工作，采取有效措施控制职业危害，保证作业场所的职业卫生条件符合法律、行政法规和国家标准或者行业标准的规定。

冶金企业应当建立隐患排查治理制度，开展安全检查；对检查中发现的事故隐患，应当及时整改；暂时不能整改完毕的，应当制订具体整改计划，并采取可靠的安全保障措施。检查及整改情况应当记录在案。

冶金企业应当建立安全检查与隐患整改记录、安全培训记录、事故记录、从业人员健康监护记录、危险源管理记录、安全资金投入和使用记录、安全管理台账、劳动防护用品发放台账、"三同时"审查和验收资料、有关设计资料及图纸、安全预评价报告、安全专篇、安全验收评价报告等档案管理制度，对有关安全生产的文件、报告、记录等及时归档。

冶金企业的会议室、活动室、休息室、更衣室等人员密集场所应当设置在安全地点，不得设置在高温液态金属的吊运影响范围内。

冶金企业应当在煤气储罐区等可能发生煤气泄漏、聚集的场所，设置固定式煤气检测报警仪，建立预警系统，悬挂醒目的安全警示牌，并加强通风换气。进入煤气区域作业的人员，应当携带煤气检测报警仪器；在作业前，应当检查作业场所的煤气含量，并采取可靠的安全防护措施，经检查确认煤气含量符合规定后，方可进入作业。

冶金企业应当为从业人员配备与工作岗位相适应的符合国家标

准或者行业标准的劳动防护用品，并监督、教育从业人员按照使用规则佩戴、使用。从业人员在作业过程中，应当严格遵守本单位的安全生产规章制度和操作规程，服从管理，正确佩戴和使用劳动防护用品。

冶金企业从事检修作业前，应当制定相应的安全技术措施及应急预案，并组织落实。对危险性较大的检修作业，其安全技术措施和应急预案应当经本单位负责安全生产管理的机构审查同意。在可能发生火灾、爆炸的区域进行动火作业，应当按照有关规定执行动火审批制度。

冶金企业应当积极开展安全生产标准化工作，逐步提高企业的安全生产水平。

(2) 对监督管理的有关规定

《冶金企业安全生产监督管理规定》规定：安全生产监督管理部门及其监督检查人员应当加强对冶金企业安全生产的监督检查，对违反安全生产法律、法规、规章、国家标准或者行业标准和本规定的安全生产违法行为，依法实施行政处罚。

安全生产监督管理部门应当加强对监督检查人员的冶金专业知识培训，提高行政执法能力。安全生产监督管理部门应当为进入冶金企业特定作业场所进行监督检查的人员，配备必需的个体防护用品和监测检查仪器。

(3) 对罚则的有关规定

《冶金企业安全生产监督管理规定》规定：冶金企业有下列行为之一的，责令限期改正；逾期未改正的，处 2 万元以下的罚款：

1) 安全预评价报告、安全专篇、安全验收评价报告未按照规定备案的；

2) 煤气生产、输送、使用、维护检修人员未经培训合格上岗作业的；

3) 未从合法的劳务公司录用劳务人员，或者未与劳务公司签订合同，或者未对劳务人员进行统一安全生产教育和培训的。

8.《关于冶金企业贯彻落实〈国务院关于进一步加强企业安全生产工作的通知〉的实施意见》相关要点

2010 年 12 月 20 日，国家安全生产监督管理总局印发《关于冶金企业贯彻落实〈国务院关于进一步加强企业安全生产工作的通知〉的实施意见》（安监总管四〔2010〕208 号）。目的是为了认真贯彻落实《国务院关于进一步加强企业安全生产工作的通知》（国发〔2010〕23 号，以下简称国务院《通知》）精神，切实推动冶金企业落实安全生产主体责任，全面加强冶金企业安全生产工作。

结合我国冶金企业安全生产的特点和具体情况，本实施意见中冶金企业（以下简称企业）是指炼铁、炼钢、轧钢企业，以炼铁、炼钢、轧钢为主的钢铁联合企业，以及与之配套的烧结、球团、氧气、耐火、碳素、铁合金等企业。

《实施意见》的主要内容如下：

（1）强化制度建设，切实落实企业安全生产主体责任

1）建立健全安全生产责任体系。企业要建立主要负责人、分管安全生产负责人和其他负责人在各自职责内的安全生产工作责任体系。安全生产责任体系必须做到责任具体、分工清晰，主体明确、责权统一。

企业主要负责人（法定代表人、董事长、总经理等）是企业安全生产第一责任人，全面负责企业的安全生产工作，落实国家安全生产的方针、政策，严格执行有关安全生产的法律法规和标准，建立健全安全生产责任制；建立健全安全生产管理机构，配备与岗位要求能力相适应的人员；组织制定安全生产规章制度和操作规程，督促检查执行落实情况；加强全员的安全教育和技能培训；保证各项安全生产投入的有效落实；组织开展隐患排查治理工作，及时消除生产安全事故隐患；完善生产安全事故应急预案，保证应急处置；及时、如实报告生产安全事故；及时解决各种影响企业安全生产的问题。

集团公司对其所属分公司、子公司、控股公司的安全生产工作负领导和管理责任，强化安全生产管理，确保企业安全生产责任制层层落实到位。

2）建立健全完善安全生产规章制度、标准和规程。企业要按照有关安全生产法律法规、标准和规范性文件的要求，建立健全安全生产管理制度，完善各工种、岗位的安全技术操作规程。必须建立以下安全管理制度：安全设备设施管理、检修施工管理、危险源管理、特种作业管理、危险品存储使用管理、电力管理、能源动力介质使用管理、隐患排查治理、监督检查管理、工作联系和确认、外用工管理、劳动防护用品管理、安全教育培训、事故应急救援、安全分析预警与事故报告、生产安全事故责任追究、安全生产绩效考核与奖惩等制度，并根据国家有关安全生产法律行政法规、国家标准、行业标准的更新和生产需要，及时对安全生产规章制度、作业标准、岗位技术操作规程等进行修订完善。

3）加强安全生产管理机构建设。企业从业人员超过 300 人（含本数）的，应当设置安全生产管理机构，配备不少于从业人员 3‰比例的专职安全生产管理人员；从业人员在 300 人以下的，应当配备专职或者兼职安全生产管理人员。安全生产管理机构应具备相对独立的职能，安全生产管理人员要具备胜任本企业安全生产工作的能力，取得相关证书，同时享受相当类别管理岗位的待遇。

4）实施领导干部和管理人员现场带班制度。企业要针对本企业实际，制定领导干部和管理人员值班和现场带班制度。加强现场安全管理，特别是加强涉及煤气、高温金属液体、交叉作业、受限空间作业等重点环节、部位的安全管理，及时发现和解决问题。值班和现场带班制度要在企业明显场所公告，接受职工监督。

5）保证安全生产投入。企业要保证安全生产所必需的资金投入，足额提取安全资金，并保证下列事项所需资金的提取和使用：

维护、改造、不断完善安全防护设备设施；安全生产教育培训和配备劳动防护用品；安全评价、重大危险源监控、重大事故隐患评估和整改；职业危害防治，职业危害因素检测、监测和职业健康体检；设备设施安全性能检测检验；应急救援器材、装备的配备及应急救援演练；其他与安全生产直接相关的物品或者活动。

6）加强职业健康管理。企业要按照国家有关规定，加强职业危害控制和职业健康监护。企业应保证作业场所的职业卫生条件符合法律法规和标准规定，为从业人员配备与工作岗位相适应的符合国家标准或者行业标准的劳动防护用品，并教育监督从业人员正确佩戴、使用。

7）加强安全文化建设。企业要积极创造良好的安全生产工作氛围，把安全文化建设融入企业管理工作中。倡导班组自主管理，定期交流经验，充分发挥工会、共青团、妇联等组织的作用，倡导全员关爱生命、遵章守纪、安全生产的理念。

（2）强化工艺、装备安全管理，提高本质安全水平

8）加强建设项目安全设施"三同时"制度落实。企业新建、改建、扩建工程项目的安全设施必须符合有关安全生产法律法规、规章和国家标准或者行业标准的规定，并与主体工程同时设计、同时施工、同时投入生产和使用。建设过程中要严格落实建设、设计、施工、监理、监管等各方的安全责任。

企业在建设项目可行性研究阶段应当委托具有相应资质的专业服务机构进行安全预评价。建设项目进行初步设计时，应当选择具有相应资质的设计单位按照规定编制安全专篇；建设项目安全设施设计作重大变更的，应当经原设计单位同意，并报安全监管部门备案。建设项目安全设施应当依法由具有相应资质的施工单位施工，竣工后应当委托具有相应资质的专业服务机构进行安全验收评价，验收合格后方可投入生产和使用。预评价报告、安全专篇、验收评价报告、竣工验收报告应当报安全监管部门备案。

9) 开展危险因素辨识。企业要运用直观性危险因素辨识、专业性危险因素辨识、系统性危险因素辨识等方法以及管理人员、专业人员和从业人员三结合的工作方式，有效组织开展危险因素辨识和风险分析工作，发现并识别生产工艺、设备设施以及作业环境中存在的各类危险因素，并对危险因素进行有效控制。

企业在采用新工艺、新技术、新材料和新设备前，必须了解、掌握其安全技术特性，熟悉各种危险因素及可能造成的危害，有针对性地制定安全预防措施，并对操作和维修人员进行专门的安全生产教育和培训。

10) 及时排查治理事故隐患。企业要把事故隐患排查治理作为日常性工作开展，建立健全事故隐患排查治理、建档和监控等制度，逐级建立并落实从主要负责人到一线作业人员的事故隐患排查治理和监控责任制，做到整改措施、责任、资金、时限和预案"五到位"，对事故隐患整改效果要及时复核确认，确保整改到位。同时要结合事故隐患及治理情况，及时修订和完善相关安全管理规章制度。要建立事故隐患报告和举报奖励制度，鼓励从业人员及时发现和消除事故隐患，并给予适当奖励和表彰。

11) 规范生产行为，淘汰落后技术、工艺和设备。企业要杜绝超生产能力、超负荷、超定员组织生产，坚持不安全不生产；积极采用安全性能可靠适用的技术装备和生产工艺；定期对安全设备设施进行检查、校验。对不符合国家和行业有关安全标准、安全性能低下、职业危害严重、危及安全生产的落后技术、工艺和装备，及时予以淘汰。对现有设备设施进行更新或者改造的，不得降低其安全技术性能。

12) 加强安全防护装置设施管理。企业要建立安全防护装置设施管理登记表和逐级检查台账，健全检查、维护、检修及其评价、管理机制，确保各类安全防护装置设施齐全、完善、有效，切实将作业场所各类危险、有害因素控制在安全范围内，保障作业人员人身安全。

13）加强危险源监控管理。企业要对本单位存在的各类危险源实行分级管理。对于构成重大危险源的，要登记建档，进行定期检测、评估和监控，制定应急预案，告知从业人员在紧急情况下应当采取的应急措施，并报安全监管部门备案。对其他重要危险源，也要登记建档，并自行安排定期检测、评估和监控，确保危险源始终处于受控状态。

企业要对煤气系统、高温液态金属、电气系统等危险性较大的作业进行重点监控。

● 煤气系统监控管理。企业要明确专门机构负责煤气的安全管理，设立人员配备不少于 8 人的煤气防护站，并配足相应的专业技术人员及相关检测检验设备和防护用品。建立健全煤气安全管理制度，如区域管理、教育培训考核、岗位运行检查、专业检查、检修管理、监护等制度；应当对从事煤气生产、储存、输送、使用、维护、检修人员，进行专门的煤气安全基本知识、煤气安全技术、煤气检查方法、煤气中毒紧急救护技术等内容的培训，并经考核合格后，方可安排上岗作业。要对全员进行煤气安全基本知识、煤气中毒紧急救护技术等内容的培训。各种主要的煤气设备、阀门、放散管、管道支架等应编号、设立警示标志，各类带煤气作业处、可能泄漏煤气处均须设立明显警示标志；煤气辅助设施保持完好有效；对于设备腐蚀情况、管道壁厚、支架标高等每年重点检查一次，并将检查情况记录备案；煤气危险区域（如地下室、加压站、地沟、热风炉及各种煤气发生设施附近）的一氧化碳浓度必须定期测定。煤气检修要制定检修工作方案、停气和吹扫方案、送气置换方案等方案。方案应包括组织指挥机构，检修内容和涉及范围，检修程序，安全措施和应急处置等内容，并严格办理有关作业的许可证，做好安全确认，进行严格检测并记录，做到统一指挥、令行禁止。

● 高温液态金属的管理。吊运高温液体应采用冶金专用的铸造起重机，并保证安全可靠。设备本体、抱闸、限位器、钢丝绳、吊具要保持完好；铁水罐、钢包、渣锅、电炉料罐、中包、料槽等设备耳轴、砖炉衬及转炉、电炉、AOD炉炉衬要保证安全可靠。企业的会议室、活动室、休息室、更衣室等人员密集场所必须设置在安全地点，不得设置在高温液态金属的吊运影响范围内；承受重荷载和受高温辐射、热渣喷溅、酸碱腐蚀等危害的建（构）筑物，要按照有关规定定期进行安全鉴定。

● 电气系统的监控管理。企业的各种电气设备指示灯、指示牌、带电显示装置、仪表、保护装置要运行正常，设备闭锁装置完好，无重大隐患、缺陷；按周期对电气设备、绝缘用具进行预防性试验和继电保护调试；二次设备自动保护装置、保护掉牌无事故状态下全部复位，各种计量表记指示正常；电力电缆远离皮带、管道等易燃易爆物品和装置设备，防火封堵良好；严格执行电业安全技术规程；供用电协议手续齐全；事故应急预案完备；作业人员持证上岗；作业过程中组织措施和技术措施正确、完善；运行接线图与实际设备相吻合，运行方式合理。

14）加强安全技术管理和技术研发。企业要明确技术管理机构的安全职能，按规定配备安全技术人员，切实落实企业负责人安全生产技术管理负责制，强化企业主要技术负责人的技术决策和指挥权。要加强安全生产技术研发，积极引进或采用先进适用安全技术、操作规程，加快安全生产关键技术装备的换代升级和采用先进适用的技术装备，提高本质安全水平。

（3）强化作业过程控制，提高企业安全生产管理水平

15）开展作业前风险分析。企业要根据生产操作、工程建设、检维修、维护保养等作业的特点，全面开展作业前风险分析。要根据风险分析的结果采取相应的预防和控制措施，消除或降低作业风险。作业前风险分析的内容要涵盖作业过程的步骤、作业所使用的工具和设备、作业环境的特点以及作业人员的情况等。未实施作业前风险分析、预防控制措施不明确或不落实的不得开始作业。

16）严格危险作业许可管理。企业要建立危险作业许可制度，对动火作业，受限空间作业、临时用电作业、高处作业、抽堵盲板作业、设备检维修作业等危险性作业实施许可管理。能源动力介质设备及设施检修作业必须执行工作票制度，能源动力系统停送必须执行操作票制度。

17）加强作业过程管理与监督。企业要加强对作业人员按照操作规程实施作业的监督，及时纠正和制止违章指挥、违章操作、违反劳动纪律行为。对实施许可的作业，要明确专人进行监督和监护。作业人员必须遵守安全生产规章制度、操作规程和劳动纪律，有权拒绝违章指挥，有权了解本岗位的职业危害；发现直接危及人身安全的紧急情况时，有权停止作业和及时撤离危险场所。

18）加强交叉作业和相关方管理。企业在正常生产与建设施工或检修之间出现交叉作业的情况下，要全面负责建设施工和检修的安全生产工作，对建设施工或检修承担统一、协调、管理的职责，必须签订安全管理协议，将涉及本企业和施工企业、检修单位安全生产管理的事项纳入本企业的安全管理体系；必须制定施工或检修方案，其安全技术措施和应急预案须经相关机构负责人审查同意。对涉及的各项工作内容、各个单位的任务、安全技术交底、职责等作出明确规定，未经重新确认不得更改。企业对承担工程建设、检维修、维护保养的相关方要加强管理。要对相关方进行资质审查，选择具备相应资质、安全业绩好的企业作为相关方。要对进入企业的相关方人员进行安全教育，向相关方进行作业现场安全交底，对相关方的安全作业规程、施工方案和应急预案进行审查，对相关方的作业过程进行全过程监督。严格控制工程分包，严禁违法分包、层层转包。

（4）认真开展安全生产标准化，全面实施企业安全达标

19）开展安全生产标准化创建工作。企业要把安全生产标准化创建工作作为提高企业本质安全水平、保证安全生产的重要抓手，健全企业安全生产标准体系和工作考核激励机制，要按照《企业安全生产标准化基本规范》（AQ/T 9006—2010）和炼铁、炼钢、轧钢等企业安全生产标准化考评标准的具体要求，认真开展好安全生产标准化创建工作。

20）全面开展安全达标。企业要通过安全生产标准化创建工作，加强企业安全生产基础管理，建立健全岗位作业标准，持续改进和提升企业的安全生产管理水平，不断提高作业人员标准化作业能力和水平，实现岗位达标、专业达标和企业达标，做到管理台账化、装备现代化、指令书面化、操作程序化、行为规范化。

（5）规范安全教育培训，提高全员安全素质

21）建立安全培训机制。把安全培训工作纳入本单位年度工作计划，切实做好培训的需求调查、策划、准备、实施、效果评价工作。企业要明确安全培训部门的职责权限、工作程序、要求和目标。建立健全从业人员安全培训档案，详细、准确记录培训考核情况。法人代表、厂长（经理）、分管负责人和安全生产管理人员（专兼职）必须按照国家有关规定，经过专门安全生产教育培训，具备与本单位所从事的生产经营活动相应的安全生产知识和管理能力，经有资质培训机构进行培训考核合格后，取得培训合格证，才能上岗。企业要保证安全生产教育培训所需人员、资金和设施，加强企业内部安全培训师资队伍和教材等建设。没有培训能力的单位可委托有资质的安全生产培训机构进行培训，或利用广播、电视和网络等实行远程培训和社会化教学。

22）加强新进、转岗、离岗后重新上岗等新上岗人员的安全培训工作。企业要对新上岗人员进行厂、车间（工段、作业区、队）、班组三级安全生产教育培训。新上岗人员，在上岗前按照国家规定课时，经过厂、车间（工段、作业区、队）、班组三级安全教育培训，培训合格方可上岗作业。厂级培训不得低于8学时，车间级培训不得低于 16 学时，班组级培训不得低于 24 学时。每年须复训一次，复训时间不少于 18 学时。

23）强化特种作业人员安全教育培训。企业要按照国家有关规定对从事电气、起重吊运（含电梯）、锅炉、压力容器、车辆驾驶（含厂内车辆驾驶）、焊接（电焊、气焊）、高处作业、煤气、爆破、工业探伤等工程的作业人员，进行专门的安全培训，经考核合格，取得有关资格证书后，方可上岗作业。

24）加强相关方人员安全培训教育。对从事本企业生产活动的相关方人员，要纳入本企业全员安全培训教育范围，开展入厂安全教育；临时进驻企业生产作业场所进行技术服务、施工检修、参观访问等相关单位人员，企业要按照有关法律要求，对其进行危险告知义务，同时实施安全交底和安全监护。

(6) 严格安全监督检查和考核

25）加强安全生产监督检查。企业要完善各级监督检查责任，采取日常与定期检查的方式对各项管理制度、规程、标准、要求以及作业现场的整体受控状态进行监督检查。

● 安全监督检查要按照"谁检查、谁负责"、"一级检查一级，一级对一级负责"的原则，明确检查标准、检查内容、检查形式以及检查重点，严肃认真实施监督检查，做好检查记录；并在此基础上，建立、完善相关工作台账，健全基础数据库，定期分析研究安全管控状态，采取针对性对策，推动企业安全监督检查工作走向标准化、规范化。

● 企业要根据各自特点，加强对危险程度较高、事故多发的生产工艺环节的监督检查，要以高炉、转炉等重要设备，铁水、钢水等高温金属液体的吊装和运输等主要环节，煤气等能源动力介质的生产、输送和使用区域，煤粉制备场所等为重点，有针对性地确定监督检查的内容和方式，并进行经常性检查。对检查中发现的隐患，要下达隐患整改指令，实施动态跟踪、闭环管理。隐患整改完成后要进行验证，对没有及时整改或整改不到位，导致发生事故的，要严肃追究相关责任人的责任。

26）严格安全绩效考核。企业要定期对下属单位安全生产状况进行绩效考核。要围绕过程控制和结果设置安全绩效指标，并按照相应职责分解落实到各岗位；通过对分解指标的定期测量、监控、奖惩，严格实行层级负责的制度。要将发生的人身伤害事故、现场作业受控情况、管理制度、标准等的落实情况作为能否完成绩效指标的主要依据，建立激励约束机制，加大安全生产责任追究在职工绩效工资、晋级、评先评优等考核中的权重，重大责任事项实行"一票否决"，不断提升企业安全管理绩效。

（7）强化事故及应急管理，切实提高事故防控处置能力

27）加强应急管理。企业要根据国家相关法规和标准要求，规范应急预案的编制、评审、发布、备案、培训、演练和修订等环节的管理。应急预案编制过程中，要始终把保障从业人员的人身安全作为事故应急响应的首要任务，赋予企业生产现场的带班人员、班组长、生产调度人员在遇到险情时第一时间下达停产撤人命令的直接决策权和指挥权，提高突发事件初期处置能力，最大限度地减少或避免事故造成的人员伤亡。应急预案要与周边相关企业（单位）和当地政府应急预案相互衔接，形成良好的应急联动机制。

● 企业要完善基层作业场所、各岗位的应急处置方案。现场处置方案应结合作业现场的风险特征和事故特点，制定具体的报告、报警、应急处置、个人防护及应急疏散等程序，内容具体、操作便捷。要定期组织开展逐级应急预案的培训、宣传教育和实际操作演练，及时补充和完善应急预案，不断提高应急预案的实用性、针对性和有效性，增强企业应急响应能力。企业要依据安全生产风险评估结果和国家有关规定，配置与抵御企业风险要求相适应的应急装备、物资，做好应急装备、物资的日常管理维护，满足应急的需要。

28）建立完善企业安全生产预警机制。企业要建立危险分级预警体系，通过对系统主要参数进行全过程监测，实现对危险源安全状况的有效监控；完善危险源动态监控，及时发现事故征兆，发布预警信息并启动逐级预警防范措施。有条件的企业要建设具有日常应急管理、风险分析、监测监控、预测预警、动态决策、应急联动等功能的应急指挥平台。

29）规范事故管理。企业要根据有关安全生产法律法规的要求，制定本单位生产安全事故管理办法，明确报告、调查、处理程序及具体要求。要建立举报制度，设立举报电话，鼓励职工举报生产安全事故。发生事故后，要按照有关规定及时报告安全监管部门和其他有关部门，不得迟报、漏报、谎报、瞒报。事故发生后要及时启动事故应急救援预案，采取措施组织抢救，防止事故扩大，减少人员伤亡和财产损失。

30）严格开展事故调查，切实吸取事故教训。要对照安全生产法律法规和有关标准，切实查清事故原因，分清事故责任，明确防范措施和整改要求，保证落实到位。要建立事故警示制度，及时通报各类生产安全事故信息，开展事故案例教育，提高职工安全意识和发现问题、分析问题、整改问题的能力。要结合事故暴露出的问题，针对性地辨识岗位事故隐患和风险，及时制定安全措施，修订安全操作规程和作业标准，改善现场安全设施，改进管理不足。要主动获取国内外同行业的事故信息，对照事故查找自身不足。定期进行事故统计分析，及时发现事故发生的趋势和规律，有效防止各类事故发生。

（8）加强监管执法，促进企业主体责任落实

31）强化安全生产监管执法。各级安全监管部门要根据企业点多面广的实际情况，有计划、有针对性地开展监管执法工作。要针对监管范围内的企业制订检查计划、检查表，组织对企业开展落实安全生产主体责任等方面内容的监督检查。加强对企业安全生产的监督检查，对违反安全生产法律法规、规章、国家标准或者行业标准的安全生产违法行为，依法实施行政处罚。

32）加强建设项目安全监管。各级安全监管部门要建立健全建设项目安全预评价、安全专篇、安全验收评价的备案管理制度，加强建设项目安全设施"三同时"的监督检查，严格落实建设、设计、施工、监理、监管等各方安全责任。

33）强制淘汰落后技术和落后产能。各级安全监管部门要按照国家产业结构调整指导目录和所在地省级人民政府制订的目录，加强淘汰不符合有关安全标准、安全性能低下、职业危害严重、危及安全生产的落后技术、工艺和装备的监督检查。对目前仍使用目录中确定的落后技术装备、构成重大安全隐患的企业，实行逐级挂牌督办和公告，责令限期治理，逾期未治理的，要提请政府依法予以关闭。要支持配合有关部门，按照国家淘汰落后产能的要求，加快淘汰炼铁、炼钢、铁合金等方面规定的落后产能。

34）严肃事故查处，落实防范措施和责任追究。要认真查明事故原因，提出有针对性的防范措施，防止类似事故再次发生，按规定严肃追究事故责任人的责任，并及时将事故调查处理结果向社会公布，接受社会监督。要对事故防范措施的落实情况进行跟踪检查，把事故经济处罚、责任追究落实到位。要加大对事故迟报、漏报、谎报、瞒报的处罚力度。

9. 《关于进一步加强煤矿安全基础管理的通知》相关要点

2008 年 12 月 23 日，国家安全生产监督管理总局、国家煤矿安全监察局下发《关于进一步加强煤矿安全基础管理的通知》（安监总煤行〔2008〕215 号）。通知指出：国家安全监管总局、国家煤矿安监局等 7 部门《关于加强国有重点煤矿安全基础管理的指导意见》（安监总煤矿〔2006〕116 号）和《关于加强小煤矿安全基础管理的指导意见》（安监总煤调〔2007〕95 号）（以下简称两个《指导意见》）下发后，各地区、各部门和广大煤矿企业认真贯彻落实，全力推进安全基础管理工作，促使煤矿安全状况不断改善。为深入贯彻落实好两个《指导意见》，有效防范和遏制重特大事故，需要进一步加强煤矿安全基础管理工作。

通知的主要内容为：

(1) 进一步提高认识，明晰加强安全基础管理工作的思路

1) 充分认识进一步加强煤矿安全基础管理工作的重要性。煤矿安全基础管理是煤矿安全生产的根基。加强煤矿安全基础管理，是控制煤矿安全风险、提高煤矿安全保障能力的需要，是实现煤炭工业安全发展的重要保障。只有不断加强煤矿安全基础管理工作，实现煤矿安全管理的科学化、规范化，才能从根本上扭转煤矿生产安全事故多发的状况，实现煤矿安全生产的长治久安。各单位必须真正把加强安全基础管理工作摆上重要位置，加强领导、明确责任，突出重点、狠抓落实，促进安全基础管理工作再上新水平。

2) 明晰安全基础管理工作的思路。深入贯彻落实科学发展观，坚持安全发展，构建煤矿安全生产长效机制，以煤矿安全质量标准化建设为主线，加强指导、分步推进，严格监管、强化监察，督促煤矿企业达到"系统可靠、装备先进、管理到位、素质提高"的总体要求。通过加强安全基础管理，使煤矿的安全管理水平明显提升，安全生产条件明显改善，从业人员素质明显提高，生产安全事故明显下降。

(2) 抓住关键环节，确保矿井系统可靠

3) 矿井系统要齐全。必须按照《煤矿安全规程》、《煤矿企业安全生产许可证实施办法》等规定，建立健全矿井通风、供电、提升、运输、排水、安全监控、防尘供水、通讯和压风等系统，应抽采瓦斯的矿井要建立瓦斯抽采系统，开采易自燃、自燃煤层的要建立防灭火系统和火灾监测系统，确保矿井系统齐全可靠。

4) 矿井系统要合理。煤矿必须按照《煤矿安全规程》、《煤炭工业矿井设计规范》等标准、规范的要求，设计和建设矿井的各个系统，设备和设施的选型、安装位置和数量、工程质量等要符合有关规定。要根据煤层开采条件，科学合理地确定开拓部署，优化生产系统，采用正规采煤方法，合理组织生产。

5）矿井系统要完好。必须对矿井通风、主副提升、主排水、供电等系统进行定期检测检验、维护保养和全面排查，制定各系统相关管理措施，对系统的可靠性进行分析评价，对排查出的问题，要及时采取措施进行整改，确保系统完好、运行可靠。

（3）加快改造提升，确保技术装备先进

6）淘汰落后装备。煤矿企业要按照《禁止井工煤矿使用的设备及工艺目录》等有关要求，及时淘汰国家明令禁止使用的设备，禁止使用超期服役和不符合《煤矿安全规程》规定的电气设备，坚决取缔井下人力、畜力、三轮车运输。

7）提升机械化水平。煤矿企业要逐步提高采掘机械化程度，淘汰落后的采煤工艺和方法。煤层赋存稳定的矿井，要大力发展机械化开采。有条件的煤矿要重点发展综合机械化，推广使用大采高综采技术装备，鼓励采用全自动化采煤和使用钻、装、锚一体化掘进工艺。要积极推广使用大倾角综采、薄煤层机采等新技术、新装备，进一步提升机械化水平。

8）确保装备可靠。煤矿企业要切实加大安全投入，对在用的安全可靠性差、不能满足矿井安全生产需要的设备和设施进行技术升级和更新改造。要严格落实设备定期检测、维护、保养和检修制度，并严格验收，提高矿井装备的安全可靠性。

（4）采取有效措施，确保安全管理到位

9）落实安全管理责任。煤矿企业要按照两个《指导意见》的要求，依法建立健全安全管理机构，配齐安全管理人员。进一步梳理、细化现有的安全管理制度，把通风、防瓦斯、防尘、防灭火、防治水和顶板、提升运输、火工品管理、应急救援等各个管理环节、各个岗位的工作程序和要求，全部纳入规范化、制度化管理轨道，并根据不断出现的新情况、新问题，及时修订、完善。要落实企业法定代表人、分管负责人、技术负责人和各岗位人员的安全生产责任，形成健全完善的安全生产责任体系，严格考核和责任追究，加大安全奖励和处罚力度，确保安全管理责任落实到位。

10）强化现场安全管理。煤矿区队长、班组长要强化安全意识和责任意识，组织工人严格按照安全规程、作业规程、操作规程作业。现场存在重大隐患时要立即停止作业，采取措施进行处理；存在险情时必须立即将作业人员撤离到安全地点。煤矿负责人和安全管理人员要按照规定切实履行下井带班职责，深入井下一线组织生产，监督检查各区队、班组安全生产状况，严肃查处作业过程中的"三违"行为。

11）深化隐患排查治理。要根据《安全生产事故隐患排查治理暂行规定》（国家安全监管总局令第 16 号），制定本企业的隐患排查治理和报告制度。要立足查大系统、治大隐患、防大事故，以瓦斯、水害等为重点，定期对矿井的采、掘、机、运、通等各个系统和环节进行专业化排查。对发现的安全隐患，要立即进行整改；一时整改不了的，要停止作业，在采取针对性安全措施后，制定整改方案和应急预案，落实资金和责任，限期整改，并按程序组织验收。

12）推进安全质量达标。煤矿企业要明确安全质量标准化管理机构和人员，健全和完善安全质量标准化监督检查和考核验收制度，明确管理责任，细化标准和考评办法，切实抓好安全质量标准化达标工作。区队每周、煤矿每月、集团公司每季度至少要组织一次检查验收，根据考核结果实施奖惩。对工程质量未达标的，要对照标准及时进行整改，确保矿井各系统以及设备、设施的安全质量标准化全面、动态达标。

（5）加强安全教育培训，确保职工素质提高

13）严格安全资格准入。煤矿矿长和分管安全、生产、机电的副矿长、总工程师（技术负责人）要达到两个《指导意见》有关安全资格准入的条件。其他井下从业人员要逐步达到具有初中以上文化程度，按规定参加培训，经考核合格并在有经验的职工带领下实习满 4 个月后方可独立上岗工作，严禁未经培训或培训不合格者入井作业。

14）强化全员安全培训。煤矿企业是安全生产教育和培训的责任主体，要采取多种形式，对从业人员进行安全规程、作业规程、操作规程、岗位标准、操作技能及自救互救等安全生产知识培训，增强职工实际操作和应急处置能力。要组织开展岗位练兵和技术比武，建立师徒合同制度，开展安全警示教育，提高全员安全意识和安全技能。

15）提高安全培训质量。安全培训机构必须取得相应的资质证书，严格按照统一大纲组织教学，并按规定的内容和时间对各类人员进行培训，严格教学管理，改进教学方法，按规定配备实验设备和装备，对职工进行实践操作训练，增强培训针对性。

通知还要求加强行业安全基础管理，强化安全基础管理的监管监察，要严肃查处违法违规生产行为，促进煤矿企业逐步提高安全基础管理水平。

10.《关于加强金属非金属矿山安全基础管理的指导意见》相关要点

2007 年 10 月 17 日，国家安全生产监督管理总局印发《关于加强金属非金属矿山安全基础管理的指导意见》（安监总管一〔2007〕214 号），目的是为了加强金属非金属矿山安全基础管理工作，落实企业的安全生产主体责任，提高企业安全管理的科学化、规范化水平，有效遏制重特大事故的发生，实现安全生产状况的持续稳定好转。

《指导意见》根据《安全生产法》《矿山安全法》以及《金属非金属矿山安全规程》（GB 16423）等法律标准的规定，提出以下指导意见：

(1) 加强金属非金属矿山安全基础管理的重要性和紧迫性

1）金属非金属矿山是我国重要的基础产业，在国民经济中占有重要的地位。近年来，通过开展安全专项整治和实施安全生产许可等工作，金属非金属矿山安全生产事故从 2004 年起呈持续下降的趋势，安全生产状况总体稳定。但是，事故总量仍然较大，重特大事故时有发生，在尾矿库、采空区、露天边坡等方面仍存在重大隐患，安全生产形势依然严峻。对此必须始终保持清醒的认识。

2）我国金属非金属矿山 95% 以上为本质安全程度低的小型矿山，生产工艺相对落后，技术装备水平较低，安全管理机构和管理制度不健全，安全责任不落实，技术管理和现场管理薄弱，安全投入不足和安全培训不到位。因此，必须加强金属非金属矿山安全基础管理，提高安全管理的科学化、规范化水平，促进金属非金属矿山企业的安全发展。

(2) 金属非金属矿山安全基础管理的指导原则、工作目标和主要任务

3）指导原则。认真贯彻"安全第一、预防为主、综合治理"的方针，坚持"安全发展"的科学理念。落实企业安全生产主体责任，全面加强企业安全基础管理，加强政府安全生产监管，建立安全生产长效机制，切实解决影响安全生产的突出问题。

4）工作目标。建立健全和完善金属非金属矿山企业安全管理组织体系、责任体系和制度体系，强化现场安全管理和技术管理；逐步减少事故总量，进一步遏制坍塌、冒顶片帮、放炮、中毒窒息和透水等重特大事故。到 2010 年，金属非金属矿山生产安全事故死亡人数比 2005 年有较大幅度下降，实现金属非金属矿山安全生产形势的明显好转。

5）主要任务。加强金属非金属矿山企业安全管理，建立健全安全管理机构，配备安全管理人员，完善安全管理制度；开展安全教育和培训，提高从业人员的安全意识和技能；强化现场管理和技术管理；加大安全投入，加强隐患治理，增强安全生产保障能力；加强应急救援工作，减少事故损失；依法关闭和取缔非法和不符合安全生产条件的金属非金属矿山。

（3）建立、完善企业安全管理机构和制度

6）设立专门安全管理机构，配备专职安全管理人员。地下矿山专职安全管理人员不少于 3 人，露天矿山不少于 2 人，小型露天采石场不少于 1 人。矿山每班必须确保都有专职安全检查人员。

7）建立、完善各项安全管理制度。金属非金属矿山企业应重点健全和完善 14 项安全管理制度：安全生产责任制度；安全目标管理制度；安全例会制度；安全检查制度；安全教育培训制度；设备管理制度；危险源管理制度；事故隐患排查与整改制度；安全技术措施审批制度；劳动防护用品管理制度；事故管理制度；应急管理制度；安全奖惩制度；安全生产档案管理制度等。

（4）明确安全职责，建立安全生产责任体系

8）建立健全安全生产责任制。金属非金属矿山必须明确企业法定代表人（包括金属非金属矿山的实际控制人、主要负责人，下同）、分管负责人、技术负责人、生产单位、职能机构和各岗位人员承担的安全生产责任，把安全生产的责任逐级逐项分解，落实到各部门和各岗位人员，形成健全、完善的安全生产责任制体系。

9）强化企业安全生产第一责任人责任。企业的法定代表人是安全生产第一责任人，负责全面贯彻执行安全生产法律法规和标准；负责建立、健全本单位安全生产责任制；组织制定本单位安全生产规章制度和操作规程；保证本单位安全生产投入的有效实施；督促、检查本单位的安全生产工作，及时消除事故隐患；组织制定并实施本单位的事故应急救援预案；及时、如实报告生产安全事故。

10）落实新建、改扩建矿山的安全管理责任。新建、改扩建和实行资源整合的金属非金属矿山必须严格执行建设项目的"三同时"制度，按照有关规定办理项目核准手续。建设项目的安全设施必须与主体工程同时设计、同时施工、同时投入生产和使用，严禁边建设边生产。

11）明确承包项目和承包商的安全职责。按照国家有关规定和市场运作机制，建立项目法人负责制、项目招投标制、工程监理制，明确建设方、承包方和监理方的安全职责。建设方与承包商签订安全合同，明确安全责任，并将其安全管理纳入本单位安全管理范畴。

（5）加强和改进安全技术管理

12）建立安全技术管理体系。企业法定代表人负责建立以技术负责人为首的技术管理体系，技术负责人对金属非金属矿山安全生产技术工作负责。矿山设立技术管理机构，配备采矿、机电、地质及测量等专业技术人员，地下矿山还必须配备通风等专业技术人员。技术人员必须具备中专以上学历。

13）加强技术基础工作。技术负责人负责制定金属非金属矿山年度灾害预防计划，并根据实施情况及时修改完善。严格按照《金属非金属矿山安全规程》和相关技术规范等规定，绘制矿山相关图纸，图纸要与实际相符。对矿山地质情况、开采情况、周边采空区情况等要由技术人员定期进行分析，制定针对性的安全技术措施，并形成完整的技术基础资料。

14）加强重点生产场所的技术管理。矿山应加强尾矿库、地下矿山采空区、露天矿山排土场和边坡等的技术管理工作。严格制定并执行防治重大灾害事故的安全技术措施，配备相应的人员和监测设备。技术负责人每季度组织一次重大灾害调查，制定相应的专项防治措施。

15）严格执行地下矿山机械通风的有关规定。地下矿山要按照《金属非金属矿山安全规程》及相关要求，建立通风管理制度，完善机械通风系统，加强作业场所的通风管理。

16）积极推广先进适用技术。积极采用采空区探测、边坡和尾矿库监测、井下作业人员定位跟踪系统等先进技术和装备；在中小型露天矿山推广中深孔爆破技术，改善作业条件和环境。

17）及时解决安全生产技术问题。技术负责人要及时组织技术分析会议，研究解决安全生产技术问题。重大事故隐患或技术难题，应聘请相关专家进行分析论证，采取有效措施，确保安全生产。

（6）加强安全生产现场管理

18）加大现场安全管理力度。应建立企业主要负责人现场检查制度，明确每月现场检查的次数。地下矿山应确保每天至少有 1 名矿级管理人员在现场带班。带班人员要深入采掘工作面，抓安全生产重点环节，督促加强现场管理。

19）推进安全标准化建设工作。矿山企业应根据《金属非金属矿山安全标准化规范》（AQ 2007.1—2006）的要求，开展金属非金属地下矿山、露天矿山、小型露天采石场和尾矿库的安全标准化建设工作。矿山应建立安全标准化管理制度，制订年度达标计划，积极推进矿山的安全标准化工作。

20）做好职业危害的防治工作。矿山企业应配备作业场所职业危害检测和防护设备与装置，认真落实现场防治粉尘、高温、噪声、有毒有害气体和放射性危害的措施，切实改善井下作业环境；按标准为职工免费配备必要的劳动保护用品，定期对从业人员进行职业健康检查；如实向相关部门报告作业场所职业危害情况。

（7）加强隐患排查和治理工作

21）加大安全生产投入。矿山企业应制订年度安全生产资金提取和使用计划，并设立专用账户，专用于安全技术措施和隐患治理。按财政部、国家安全监管总局《高危行业企业安全生产费用财务管理暂行办法》（财企〔2006〕478 号）的规定，提足用好安全生产费用，保证隐患整改的资金投入。

22）加强隐患排查，做好治理工作。矿山应建立安全生产隐患排查制度，明确日常排查、定期排查和分级管理的任务、范围和责任。矿山企业法定代表人或主管负责人要定期组织全面的、以隐患排查为主要内容的安全大检查。对查出的各类隐患要进行登记，落实整改措施和责任人员，限期进行整改。整改结束后，按规定由矿山企业法定代表人或主管负责人组织验收。

23）认真做好复产验收工作。停产整顿的矿山企业要制定整改方案，明确整改内容和安全技术措施，限期完成整改。节假日期间放假或停产检修的矿山必须制定和采取保障安全的措施，恢复生产前，矿山企业要制定具体的复产方案，落实安全保障措施，对员工要集中进行安全培训教育。矿山整顿、整改完毕后应组织验收，未经验收或验收不合格的矿山不得恢复生产。

（8）加强劳动组织和安全培训管理

24）加强作业现场劳动组织管理。建立和完善作业人员岗位责任考核制度，所有作业人员必须严格执行作业规程、操作规程，履行岗位责任，遵守劳动纪律。严肃查处"三违"（违章作业、违章指挥、违反劳动纪律）行为，制定能够有效制止"三违"现象的管理规定。

25）严格从业人员劳动管理。矿山对录用的从业人员（包括农民工），必须按规定到当地劳动保障部门办理录用、备案手续，完成就业前培训，依法与从业人员签订劳动合同，参加工伤保险。严禁使用女职工从事矿山井下作业。

26）落实全员安全培训工作。对新录用的地下矿山作业人员，应进行不少于 72 学时安全教育和培训，考核合格并在有经验的职工带领下实习满 4 个月后方可独立上岗作业；新录用的露天矿山的作业人员，应接受不少于 40 学时的安全教育和培训，经考试合格方可上岗作业；所有生产作业人员，每年接受教育培训的时间不少于 20 学时。矿山主要负责人、安全管理人员和特种作业人员必须经相关机构培训合格、取得相应资格证后方可上岗工作。

（9）加强应急管理和事故处理

27）加强应急管理工作。矿山应制定应急预案，确定事故或紧急状态下的避灾、救灾措施和处置程序，定期组织培训和演练，并报当地政府和相关机构。

28）制定应急管理制度，完善应急救援体系。矿山企业应建立由专职或兼职人员组成的事故应急救援组织，配备必要的应急救援器材和设备；未建立事故应急救援组织的，应与邻近的应急救援组织签订救援协议，保证事故发生后能得到及时救援。

29）落实生产安全事故报告和调查处理制度。发生生产安全事故后，矿山企业负责人应按《生产安全事故报告和调查处理条例》（国务院令第493号）的规定，及时报告有关部门并积极组织抢险，不得迟报、谎报、瞒报、漏报和事故后逃匿；支持和配合事故调查工作，按照"四不放过"原则，认真吸取事故教训，开展警示教育，制定实施切实可行的整改和防范措施，避免类似事故再次发生。

（10）积极推进企业加强安全基础管理工作

30）落实产业政策和加强政策引导。各级安全监管部门要结合安全生产许可制度，进一步推动矿山整合工作，对不符合安全生产条件的矿山提请当地政府关闭，促进矿山逐步实现规模化和集约化生产；积极引导安全监管与技术服务相结合，发挥评价、咨询、技术服务等中介机构的作用，培育和发展面向小型矿山安全基础管理的技术服务体系，促进其安全管理和技术水平的提高。

31）加强部门监管和联合执法工作。安全监管部门要从矿山的设计、施工、投产等环节上依法强化监管，实行综合治理；加大行政执法力度，严厉打击矿山生产中的违法、违规和非法生产行为。对存在非法、违法行为的矿山，依据国家有关法律法规和程序给予罚款、停产整顿、吊销相关证照、关闭等行政处罚；积极配合国土资源、劳动保障、工会等部门开展联合执法活动，落实矿山的安全监管责任。

32）严格事故责任追究。严格依法追究事故责任人特别是直接责任人的责任，涉嫌犯罪的，移交司法机关依法追究刑事责任。对小型金属非金属矿山，发生一次较大责任事故或一年内连续发生两起一般责任事故的主要负责人，暂扣其《安全资格证》，责令参加复训，复训不合格的吊销其《安全资格证》，3年内不得颁发；发生一次重大以上或一年内发生两起较大责任事故的主要负责人，吊销其《安全资格证》，5年内不得颁发。对大型金属非金属矿山，发生一次重大或一年内连续发生两起较大责任事故的主要负责人，暂扣其《安全资格证》，责令参加复训，复训不合格的吊销其《安全资格证》，3年内不得颁发；发生一起特别重大或一年内发生两起重大责任事故的主要负责人，吊销其《安全资格证》，5年内不得颁发。

33）发挥从业人员的监督作用。矿山要保障从业人员对安全生产的知情权、参与权和监督权，切实维护从业人员的合法权益。要建立和落实特聘安全群众监督员制度，为群众监督员履行职责创造必要的工作条件，充分发挥群众监督员的安全生产现场监督作用。

34）党政工团齐抓共管。要充分发挥企业党组织、工会、共青团和职工代表大会在企业安全生产的作用，营造党政工团齐抓共管的良好氛围。

35）加强社会监督。鼓励和支持群众及媒体举报矿山违法违规生产、重大安全隐患和瞒报伤亡事故等行为。大力宣传金属非金属矿山安全基础管理的先进典型和经验，对典型事故案例和严重违法违纪行为，要在媒体曝光，接受社会监督。积极开展安全文化建设，努力营造加强基础管理、搞好安全生产的浓厚氛围。

企业加强安全生产管理工作相关政策法规评述

2010年7月，国务院印发《关于进一步加强企业安全生产工作的通知》（国发〔2010〕23号）。《通知》要求：企业要健全完善严格的安全生产规章制度，坚持不安全不生产；加强对生产现场监督检查，严格查处违章指挥、违规作业、违反劳动纪律的"三违"行为。凡超能力、超强度、超定员组织生产的，要责令停产停工整顿，并对企业和企业主要负责人依法给予规定上限的经济处罚。

在许多企业，存在着安全生产与经济效益的矛盾，特别是遇到一些具体事项，安全生产与经济效益之间的关系就变得格外突出。为此，正确认识安全生产与经济效益的关系，是做好安全工作、促进企业平安经营和快速发展的一个重要问题。

（1）安全生产与经济效益的关系

社会的发展、企业的发展，都离不开经济效益，但是与此同时，经济效益必须建立在安全生产的基础上，离开了安全生产，实际上也就没有了经济效益。据报载：江苏铜山铝制品厂是一家建厂10多年的乡办企业，这个不足400人的小厂，先后有40人被号称"老虎机"的重吨位冲床砸断了77个手背和手指，每年平均4人。而这家厂里的一些职工反映说，厂里领导只注重生产指标、经济效益，不注重安全生产。从一定意义上说，安全生产问题是经济建设中的重要问题，直接影响着企业的经济效益。要想解决这个问题，提高经济效益，就必须加大生产过程中的防范措施，加强安全管理，加大安全生产方面的投入。只有这样才能实现安全生产，也才能够提高经济效益，积累社会财富。而只有安全生产才能创造经济效益，才能确保经济建设的快速发展。在这一过程中，安全与生产组成一个有机整体，经济效益成为最终突出体现这一整体的表达形式。在两者关系上，安全生产是取得经济效益的前提，没有安全生产作保障，也就谈不上经济效益。然而要实现安全生产，就要不断地消除生产过程中的各种不安全因素，不断提高安全技术和改进安全设施，这样可能会暂时增加开支，短期影响了经济效益，但是提高安全技术、改造生产设施，会为长期的生产发展提供必要的物质保障，而这些方面的提高和改进又能促进安全生产，获得经济效益的持续增长。

（2）长期效益与短期效益

企业生产过程的投入主要是以产品产出的形式表现出来的，因此生产过程的产出是直观的。而安全投入的收益具有间接性、滞后性、多效性和长效性，收益不直观，因而使人们误认为生产投入有产出，而安全投入没有产出。故此，有一些企业对生产投入多而对安全投入少，甚至不投入。

那么如何认识安全投入的效益呢？企业的资金投入可以分为长期效益与短期效益两种，一般来讲，安全投入主要是改善生产条件，属于长期效益，在短时间内所能产生的经济效益并不明显。有的企业追求短期效益，特别是一些小企业，拼设备、拼人力，违章指挥，冒险蛮干，导致大量人身伤害事故的发生，结果企业不仅没有获得快速发展，反而因此亏损破产。与此相反，重视安全生产，保证资金投入，结果是企业的不断发展壮大。例如，洛阳市中泰合资北方易初摩托车有限公司有员工 3 000 多人，年产摩托车 20 多万辆。该公司洋老板卢汉志，以在国外亲眼目睹雇员遭受伤害的血淋淋事实告诫管理人员："企业产量、利润受损可以补回来，而员工的身体受到伤害是无法补救的，企业应该把爱护员工放在首位"。如果劳动条件恶劣，发生了伤亡事故或职业病，不仅挫伤了职工的积极性和创造性，而且会给生产造成巨大影响；如果安全生产搞得好，职工精神面貌好，生产积极性高，就能创造出好的经济效益。卢汉志是这样抓安全生产的，他每天上班都要先用 1 分钟强调安全；与员工签订的合同中详细规定了安全生产的责任和义务；定期对特种作业人员和女工进行体检，并建立健康档案；对病、伤、孕、产员工的劳动保护待遇也有一系列专门规定；为改善劳动条件，公司投资 268 万元，完成了焊接线的技术改造，其中用于安全生产技措的资金占 21.71%，另有 8 项大型安全生产技术改造，总投资达 240 余万元。他的心血当然没有白费，员工们以努力工作来作为报答，当年该公司的产值比上年增长了 52%。无数事实证明，劳动环境的改善，工人在较为舒适的安全环境工作心情舒畅，伤亡事故势必减少，财产损失也会降低，这实际上就是长期效益。

（3）安全生产的本身就是经济效益

要实现安全生产，从表面上看，只有投入，没有产出，没有直接经济效益。但是安全生产做得不好，发生事故，就会造成人员伤亡和财产损失，减少产出。安全生产工作搞得好，既能保证生产顺利进行，又能减少因事故造成的财产损失和人员伤亡，有利于企业提高经济效益。从这一意义上说，安全生产出了问题，经济效益就会受到影响，没有安全问题的出现，也就避免了经济损失。有关专家认为：安全生产能够创造效益，只是这种效益隐藏在事故之中，没有事故人们就忽略了它，出了事故人们也只能说影响了经济效益；而很少有人这样说：不出这起事故，这笔事故损失额就是效益的一部分。这就是说，安全生产在促进经济建设快速发展的同时，本身就是经济效益。

安全生产问题实质是一个经济问题。首先，它的经济效益直接体现在降低由于伤亡事故等造成的损失；其次，它的间接损失是无法估量的；最后，生产事故对财产和设备破坏等造成的损失是巨大的。一些企业的领导往往只注重直观的经济效益，片面追求企业的经济效益而忽视对安全生产的投入，漠视人的生命价值。事实上人的生命是无价的，即使是按死亡一个人的损失与赔偿来看，经济损失也甚为可观。由此可见，减少伤亡事故的发生会带来巨大的经济效益。其结论就是：安全生产与经济效益甚至与企业的生存休戚相关，没有安全生产做保障，就没有企业的经济效益，没有经济效益的企业就会失去生机。

二、企业加强安全生产管理
工作做法与经验

"安全第一，预防为主"，是人们所熟悉的安全生产方针。"安全第一"是指如何看待和处理安全与生产以及其他各项工作的关系，在各种关系中要强调安全，突出安全，要把安全放在一切工作的首要位置。"预防为主"是指实现"安全第一"的前提条件，要实现"安全第一"就必须以预防为主。在事故预防与事故处理的关系上，以预防为主，防微杜渐，防患于未然；"预防为主"还意味着依靠技术进步和科学管理，运用系统安全原理和方法，采取有效的措施，最大限度地消除危及人身安全和健康的一切不良条件。一般来讲，在企业安全管理中，管理方法不同，员工的感受也就不同，所收到的效果也就不同。所以，重视管理方法，不断改进管理方法，也是安全管理工作的一个重要内容。

（一）冶金企业加强安全生产管理工作做法与经验

1. 太原钢铁集团公司完善管理机制强化过程控制的做法

太原钢铁（集团）有限公司是一个集矿山开采、炼焦、炼铁、炼钢、轧钢、运输为一体的特大型钢铁联合企业，也是全球产能最大的不锈钢生产企业，拥有全球规模最大、装备水平领先的全流程不锈钢生产线，不锈钢、冷轧硅钢、热轧碳卷、火车轮轴钢、合金模具钢、军工钢等产品的市场占有率居国内第一。

近年来，太钢公司认真贯彻落实"安全第一，预防为主，综合治理"的安全生产方针和安全生产法律法规的要求，不断探索、实践科学方法，完善管理机制，强化过程控制，以严格、细致、扎实的作风狠抓责任落实，安全工作不断得以推进，人身伤害事故总数逐年大幅下降，重大事故得到有效控制，为企业的发展创造了稳定的安全环境。

太原钢铁集团公司完善管理机制强化过程控制的做法主要是：

(1) 构建具有太钢特色的安全文化，强化全员安全意识

太钢公司领导认识到，安全生产也是竞争力，建设具有竞争力的企业，首先要建设安全的企业。秉承"安全是最大的效益"的理念，太钢公司确立了"以人为本，用户至上，质量兴企，全面开放，不断创新"的企业核心价值观，把安全工作作为一切工作的出发点和立足点。

● 确立"以人为本"的安全管理理念，高起点认识并确立安全理念，开阔思维构建安全文化。把"以人为本"的企业核心价值观体现到安全生产过程中，减少事故，保护好职工生命安全，首先要形成浓厚的安全生产氛围，将安全意识、安全价值观转化成职工共有的工作标准和日常习惯，进而形成文化。太钢公司先后两次邀请杜邦（中国）公司高级安全咨询顾问举办了安全文化、安全管理实务讲座，公司领导、厂（处）长、安全主管参加培训并结合实际加以运用。由主管安全生产、企业文化的公司领导带队，到韩国的浦项制铁、台湾地区的中钢等企业进行安全文化考察，开阔了视野，拓宽了工作思路。经过广泛征集和选择，确立了"珍爱生命，我要安全"为核心的安全理念。公司运用报纸、电视、网络等媒体，进行广泛宣传和灌输，使安全理念深入人心，为实现安全生产提供了强大的思想基础。

● 倡导严格管理的安全文化。通过对历年来的死亡事故进行原因分析、归纳和总结，公司发现，由于人的不安全行为诱发的事故比例最高。为防范重复性事故，最大程度保障职工生命安全，公司对事故经过和原因进行提炼，明确了 10 条禁止行为，形成《太钢职工生命保障规则》，经过职代会讨论，配套出台了《太钢〈职工生命保障规则〉管理制度》，明确规定对于违反制度人员，经查证属实的，要到公司劳务市场待岗；性质严重的，要解除劳动合同。该项制度的出台和实施，对安全意识不强、行为不规范、屡屡违章的人员产生了极大的威慑力。

● 严格安全问责。对于违章职工要从严查处，对于不认真履行安全职责的领导干部，更要严肃实施责任追究。为此，太钢出台了《安全生产问责制度》，从公司董事长到岗位操作人员，凡未认真履行安全生产职责，造成安全生产责任事故、重大险肇事故或公共安全事件的，都将视情节严重程度被严格问责。作为问责制的主要手段，"引咎辞职"的推出，将各级领导干部、专业管理人员、基层职工的权利和责任紧密联系在一起，督促各级人员正确、充分履行安全职责。

加强过程惩处。在《安全生产奖惩制度》中，太钢明确列举了22项重大安全管理问题、9项不履行安全生产责任制的相应处罚，日常管理过程中一旦发现，都要严肃惩处。近年来，先后有2名厂长因安全管理不善被撤职。

● 开展形式多样的安全文化活动。为了让职工理解、接受、认同并主动践行安全管理理念，太钢公司充分利用《太钢安全》报、《太钢日报》、内部网络广泛宣传安全理念的内涵。利用每周安全学习日，组织开展"珍爱生命、我要安全""我的安全职责是什么"等主题大讨论，引导职工正确树立安全价值观。还组织开展安全改善提案活动，职工参与度达到82%以上，安全改善提案活动成为职工参与安全管理的重要途径。在"安全生产月""百日安全无事故竞赛"等阶段性活动中，坚持开展安全签名、安全知识竞赛、安全文艺汇演等形式多样的文化活动，营造了浓厚的安全文化氛围，全员安全理念不断提升。

(2) 推进闭环管理；建立职业健康安全管理体系

太钢公司认真分析多年来的人身伤害事故特点，借鉴职业健康安全管理体系的思想，确定了"危险辨识—标准化作业—安全培训教育—安全评价"的安全工作闭环管理思路，通过一环扣一环地把各项工作做扎实，推进持续改进。

● 以危险辨识为源头，提升现场本质安全化水平。充分考虑危险辨识工作的特点，太钢公司提出了领导干部、专业技术人员、岗位职工三结合的组织方法和直观性、专业性、系统性相结合的工作模式，开展危险辨识，对辨识结果建册登记，对危险因素实施治理，从源头上控制事故发生。

● 规范重大危险源管理。太钢公司严格按照《安全生产法》和《重大危险源辨识》（GB18218—2000）中的相关规定，运用作业条件危险性评价法，有计划地对重大危险源的危险程度实施评估，定量分级。为防范重大危险源失管失控诱发事故，制定了详细的安全防范措施，分级建立了突发性生产安全事故应急救援预案，健全组织机构，落实救援物资，配备救援器材，定期进行演练，确保发生突发事件能够积极应对。还按照山西省的统一部署，进行重大危险源登记建档，在省级信息化系统平台下形成了太钢公司危险源信息库。

● 以标准化作业为根本，提高职工安全操作技能。太钢公司把推行安全生产标准化工作作为提高职工安全操作技能、控制违章诱发事故的有效方法来抓，并按照"管理标准化是基础、现场标准化是条件、操作标准化是核心"的原则坚持不懈，持续推进。按照事事有标准的要求，每个岗位都建立了作业标准，配套三大规程，形成了完整、能够确保安全的标准体系。太钢公司还开展了"岗位标准化操作竞赛活动"，以班组为单位选拔操作标准的职工，进行对口竞赛，评选出该岗位、工种表现最好的员工，树为安全生产标准化操作标兵。对获得公司级年度"安全生产标准化操作标兵"的职工，人均奖励一万元。

● 以安全培训教育为保障，全面提升职工安全素质。强化对一把手安全责任意识教育。定期组织厂（矿）长安全管理培训班，讲解安全生产法律法规、太钢安全理念及工作思路，宣传典型经验与方法，强化一把手抓好安全工作的责任感、紧迫感和自信心。在安全培训上，把重点放在培训教材选取、师资力量培育、培训教育三个方面。

● 以安全评价为手段，促进逐级安全责任落实。建立安全评价标准体系。太钢公司根据全流程钢铁企业的安全生产特点，依据安全生产法律、法规和标准，结合多年安全生产管理的实际经验，分别制定了人的行为、物的状态方面的通用和专用安全评价标准，涉及矿山、冶炼、轧材等全流程各工序、岗位（工种）、主辅设备和工器具，累计制定安全技术评价标准9 000余条，管理评价标准500余条。

在落实"危险辨识—标准化作业—安全培训教育—安全评价"安全工作思路的过程中，太钢公司分批次建立职业健康安全管理体系，目前已经全面完成建立工作。

（3）完善安全生产运行机制，强化责任落实

安全生产是企业发展的永恒主题。在企业生产中要居安思危，牢牢绷紧安全生产这根弦，不断发现新情况，解决新问题，探索新思路，坚持不懈地抓好各项安全措施的落实，重心下移，关口前移，加强安全预控，确保分公司持续、安全、稳定地发展。太钢公司在完善安全生产运行机制方面，主要采取这样几项措施。

● 健全安全管理网络。按照《安全生产法》等法律法规的要求，太钢公司级设有安全生产委员会，下设消防、交通、民爆和职业卫生四个专项委员会。公司一级设置安全管理机构；二级厂设有安全主管部门或专职安全人员；作业区、班组均设有专兼职安全员，形成了纵到底、横到边的较为完善的安全管理网络，在安全生产工作中发挥着重要作用。

● 坚持安全工作会议制度。太钢公司每季度组织召开一次安委会会议，公司副总以上领导和成员单位行政一把手参加，重点研究解决当前安全生产工作中的突出和重大问题，每季度召开一次安全

工作会议，由总经理对安全生产的重大决策和工作要点进行部署。每月召开一次安全生产电话会议，通报当前安全生产动态。每周分片召开一次安全专业人员例会，研究推进工作的有效措施和方法，协调解决工作过程遇到的问题。针对国内同业、公司安全动态和国家重大事项，及时组织召开安全专题会议，统一思想，研究措施，从构建和谐社会的高度制定并落实安全措施。

● 推行安全预算管理模式。为加强过程控制，太钢公司以安全标准化思想为指导，结合闭环管理的思路，综合考虑导致事故发生的人、物、环境等方面的因素，把安全管理控制度、标准执行率、危险源的危险品三个指标作为安全工作的主要考核依据。年初预算核定各单位指标，过程分阶段评价检查、动态指导，测评指标完成情况并进行经济责任制考核，促使各单位对安全工作关口前移，重心下移。

● 坚持厂长安全述职制度。为强化厂（矿）长安全责任意识，太钢公司连续五年推行安全生产述职制度。每季度选取五位厂（矿）长，针对事先确定的主题从安全工作思路、安全投入、过程控制等方面进行述职，重点剖析问题。公司主要领导、安委办成员单位和职工代表当场提问并打分，肯定成绩，指出不足，明确提出改进要求，以督促二级单位一把手投入更多的精力研究安全工作并抓好落实。

● 完善规章制度。结合流程再造和机构重组，太钢公司及时修订《安全生产责任制》。适应国家安全生产法律法规变化和自身发展要求，及时完善了《安全生产责任制》《安全生产奖惩制度》《生产安全事故报告和调查处理规定》《危险源管理办法》《危险化学品安全管理办法》《全员安全培训管理办法》《职工生命保障规则》等制度，形成了较为完善的安全管理制度体系，为实现管理标准化和从严管理提供了依据。

● 加强安全队伍建设。太钢公司领导一贯高度重视安全队伍建设工作，强调要把责任心强、实践经验丰富、理论水平高的人才充实到安全管理队伍。建立安全人员进入与退出机制，通过业务考评、业绩考核、奖惩激励，培养了一支素质过硬、富有热情的安全专业管理团队。近年来，通过公开选拔，分两批外派 55 名安全管理人员到北京科技大学进行脱产学习，接受系统安全知识培训。

太钢公司严格按照《安全生产法》等法律法规的要求，认真落实企业主体责任，强化过程控制，安全生产形势保持了稳定发展的态势，推动各项安全生产工作扎实有效开展。

2. 江苏永钢集团公司加强制度建设推行"三全"管理的做法

江苏永钢集团有限公司创办于 1984 年，经过二十多年的建设，企业已发展成集采矿、炼铁、炼钢和轧钢为一体的大型联合钢铁企业，名列全国 500 强企业的第 200 位，为中国冶金行业 30 强企业。目前有员工 6 000 多人，总资产 60 亿元，年炼钢、轧钢能力达 400 万吨。

近年来，永钢集团公司在持续、快速发展的同时，始终坚持"安全第一，预防为主"的方针，把安全生产工作放在企业发展的重要位置，加大安全投入，注重加强制度建设，积极推行"三全"管理，强化安全技术措施，狠抓各项安全生产制度和措施的落实，及时消除了一批安全隐患，为公司的快速、健康、稳定发展营造了一个安全的外部环境。

江苏永钢集团公司加强制度建设推行"三全"管理的做法主要是：

（1）加强组织领导，健全管理网络

在企业安全生产管理上，永钢集团公司专门成立了由总经理任组长、分管安全生产的副总经理任副组长的安全管理领导小组，并按照"管生产必须管安全"的原则，明确规定各分厂主要负责人为安全生产第一责任人。每年年初，公司总经理都要与各分厂、各部门负责人签订年度安全生产目标管理责任书，落实公司安全生产目

标、责任和工作规范等。与此同时，各分厂、各部门将各项安全管理目标、要求逐级分解落实到车间、班组、岗位直至每个职工，确保每项安全措施真正落实到位。

公司不断完善安全生产管理网络，构建"金字塔"形安全管理体系，在公司总部设立了安环处，在各分厂设立安环科，在各车间班组设立专职安全员。在专职安全管理人员的配置上，把重心向分厂、车间、班组倾斜，重点在生产一线配足配强企业安全管理员。在每个生产班组设立"一长两员"，根据班组实际情况，选派好班组安全的领头羊"班长"，并明确了专、兼职安全员和工会小组安全监督员。

目前公司拥有专职安全管理人员 92 名，与职工总数之比达到了1：82。通过明确各级安全管理机构及安管员的监管职责，统一行使对企业生产全过程的安全生产管理职能，实现了企业内部安全生产管理的全覆盖。

（2）加强制度建设，推行"三全"管理

永钢集团公司始终遵循"安全生产，制度先行"理念，健全完善各项安全生产管理制度。2005 年以来，公司全面修订和完善了公司的各项安全管理制度和操作规程，并根据企业的实际情况，借鉴其他企业的经验，制定出一整套各工种安全操作规程和安全管理制度，从而确保了在安全管理上"有章可循"。具体做到了"三个全"：

●"全方位"管理。对公司所有危险源划分等级，确定"A"级危险源 4 个，"B"级危险源 69 个，"C"级危险源 112 个。对这些危险源点，公司专门建立了危险源安全管理台账，有针对性地制定安全管理制度和应急预案。

●"全过程"管理。在职工中推行"大安全"教育理念，即包括职工上下班道路交通安全、厂区道路车辆行驶安全、生产作业岗位操作安全等方面。

●"全参与"管理。公司在安全管理实践中，总结出一套以"职工互保联保责任制"为主的安全管理制度，即工作在同一岗位、同一区域的职工，就是一个安全生产整体，小组成员工作中做到互相关心、互相监督、互相协调、互相制约，共保安全。公司还制定了职工互保联保责任制，以责任书的形式由所在分厂、单位的领导与各联保小组签订合同，明确互保联保各方职责和考核奖惩细则。

在企业发展过程中，公司经常组织有关部门对各项现行的安全操作规程和安全管理制度进行必要的修订和完善，以适应企业快速发展的需要，防止因管理制度的滞后而引发安全生产事故。

（3）加强教育培训，强化考核奖惩

近年来，公司坚持开展形式多样、持续不断、广泛深入的安全生产宣传教育，使职工的安全生产意识和操作技能得到不断提高。在教育方法上，不断探索新的思路和方式。一是培训时间巧安排，利用车间、班组的班前会开展教育培训；二是培训有针对性，考核有灵活性，对每个工种均有不同的试卷，摒弃以往死记硬背办法，提倡让职工自己判断、结合自己的体会去发挥；三是利用各种喜闻乐见的方式，如图片、资料、板报等媒介，对员工进行安全教育，公司安环处积极采用电化教育办法，使培训效果更加明显；四是认真编写事故案例教材，由各单位开展事故案例教育；五是每月从一线职工中，随机抽取一部分职工进行安全知识和操作规程考试，考试的成绩与工资挂钩，有效督促职工自觉学习安全知识和安全操作规程。

在加强安全生产教育培训的同时，公司还不断完善对职工遵章守纪情况、现场安全管理情况等的综合性考核体系。每月组织一次安全考核，对考核成绩名列第一、第二位的单位，分别奖励 5 000 元、3 000 元；对名列倒数第一、第二的，分别处以 5 000 元、3 000 元罚款；对考核分低于 95 分的，除按比例扣除单位的总工资外，还要按比例扣除主管领导和安全管理人员的工资，切实增强了安全生产激励约束机制。

(4) 加大安全投入，完善安全设施

公司充分认识到企业是安全生产的责任主体，逐年加大安全生产投入。对新建、改建、扩建项目，严格按照"三同时"原则，切实做到安全防护设施和主体工程同时设计、同时施工、同时竣工验收并投入生产使用。

在项目建设资金的安排上，十分注重安全技术设施的投入，确保安全防护设施设备达到国家标准要求。重点加强对生产作业现场的安全防护，按照"有洞必有盖、有台必有栏、有轴必有套、有轮必有罩、有轧头必有挡板、有特危必有联锁"的要求，积极整改事故隐患。

此外，公司还定期收集职工的意见，认真采纳他们有关安全防护方面的合理化建议。针对炼铁、炼钢生产工艺过程复杂、作业层面和危险源点多的特点，进一步完善高温作业、登高作业、涉及煤气作业等方面的安全防护设施，有效保证了炼铁、炼钢的生产作业安全。

(5) 加强安全检查，抓好工程管理

公司十分重视安全生产检查工作，采取多种方法，动员广大职工一起纠违章、共同除隐患。一是分厂定期自查。公司各下属单位同样也是安全生产责任主体，负有对其所辖区域的安全管理职责，每月 22 日，要求各分厂把上个月的安全自查和整改情况以书面形式向公司主管部门汇报，发现重大隐患的，要随时上报。二是职能部门定点巡查。公司安环处对专职安全管理人员实行划区包干、责任到人的办法，加强日常巡查。三是加强夜间安全监管。实行不定期夜间抽查制度，每星期不少于 1 次，根据需要或节假日期间，适当加大检查频次。四是组织专项安全检查。根据季节的变换，有针对性地开展防雷专项检查、防汛专项检查、防暑降温专项检查、移动电器专项检查、消防器材专项检查等。生产指挥中心还组织有关职能部门，对特种设备和动力设备等定期开展安全专项检查。五是实

行重点检查。对危险性较大的检修、安装作业，公司安环处派员进行现场检查和作业监护，确保施工作业安全。

切实加强工程项目安全管理，特别加强外包工程项目的安全管理。公司对每一项外包工程，都与承包单位签订安全生产管理协议，约定各自的安全生产管理职责。公司还成立了专门机构，配备 2 名安全监管人员，专门负责对承包、承租单位安全工作的管理和协调。对监管中发现的问题，及时与承包单位负责人进行沟通。对经教育仍未改正的，按照安全生产管理协议书规定，对违章人所在的单位实行经济处罚。通过公司和各承包单位的共同努力，近年来，所有承包施工单位都没有发生重伤以上的安全生产事故，发包方、承包方、监理方对取得这样的成绩都感到十分满意。

3. 武汉钢铁（集团）公司高炉大修工程安全风险抵押管理的做法

武汉钢铁（集团）公司于 1955 年开始建设，1958 年 9 月建成投产，拥有从矿山采掘、炼焦、炼铁、炼钢、轧钢及配套公辅设施等一整套先进的钢铁生产工艺设备，是我国重要的优质板材生产基地，目前已成为生产规模逾 4 000 万吨的大型企业集团，居世界钢铁行业第四位。

武钢公司所属炼铁厂五高炉于 1991 年建成投产，是武钢第一座 $3 200 m^3$ 的大型高炉。2007 年 5 月 30 日，五高炉开始停炉大修，从设备拆除到安装计划工期只有 6 个月，工期非常紧。高炉施工工程量大，上下多层交叉作业多，高处作业多，施工平面窄，环境复杂，施工队伍水平参差不齐，给大修拆除、施工、安装工作带来了巨大的压力和挑战。

为确保五高炉大修工程安全文明施工和顺利投产，防止人身伤亡事故发生，在五高炉停炉前，工程指挥部安全组结合四高炉大修改造的经验和教训，特别制定了《五高炉大修工程安全管理规定》，落实指挥部各专业组、监理公司和施工单位的安全管理职责和管理要求。同时，安全组还制定了《五高炉大修工程安全风险抵押管理办法》，该办法规定施工单位上场前必须到安全组办理施工安全协议，进行安全交底，交纳安全风险抵押金。对于未交纳安全风险抵押金的施工单位，指挥部安全组向指挥部书面通报情况，指挥部按照规定禁止该单位上场施工作业。施工单位安全风险抵押金不够扣款金额时，必须停工，待重新交纳安全风险抵押金后方能复工。所有施工单位必须根据中标工程的大小交纳安全风险抵押金，安全风险抵押金交纳力度非常大，最高可达50万元。通过加大安全风险抵押金额，提高了施工单位安全责任意识。实施工程安全风险抵押管理办法，不仅保证了五高炉大修工程的顺利进行，同时也保证了作业人员和设备设施的安全。

武钢集团公司高炉大修工程安全风险抵押管理的做法主要是：

(1) 健全管理网络，统一组织协调安全管理工作

五高炉大修改造工程之前，武钢公司专门成立了工程指挥部，指挥部下设安全组，由公司安全管理部门、产权单位、监理公司、施工单位及其他相关部门、单位有关安全专业人员组成，负责统一组织、协调、指挥整个工程施工的安全管理工作，并负责对各单位安全工作进行指导、咨询、督促、检查、考核。

各施工单位的项目负责人对安全施工全面负责，建立并落实安全管理制度，建立安全网络图，制定本单位安全管理规定，建立健全检查、整改、考核等管理台账，明确现场安全责任人和安全专职管理人员。同时，安全组强调每个施工单位必须设专职安全管理人员，每个作业点必须配备现场安全管理人员，现场安全管理人员必须佩戴醒目标志（袖标），负责对施工现场进行监督检查，督促落实事故隐患整改和违章违制的纠正查处。凡现场安全管理人员未按要求佩戴袖标的，视同无安全管理人员，并纳入考核。

指挥部各专业组按照"谁主管，谁负责"的原则，认真履行安全职责。施工组开具的施工小票要保证安全手续齐全，符合各项法律法规及相关规章制度的要求，且具备安全开工的条件；物料组和三电组提供的材料和设备，必须是有资质的单位生产的合格产品。

（2）发挥监理作用，制定大修安全管理办法

在五高炉大修改造工程中，对监理公司实行严格的监督管理。由于监理公司专业管理人员熟悉工程进度、作业方案，而且24小时和施工单位在一起，因此，必须充分发挥他们的安全监理作用。相关部门要求监理公司按照法律、法规和工程建设强制性标准实施监理，并制定《五高炉大修安全管理办法》，对整个大修工程的安全承担监理责任。

一般情况下，建设工程只有施工单位交纳安全风险抵押金，监理公司不交，但在大修过程中，《安全风险抵押管理办法》明确要求监理公司也必须交纳安全风险抵押金，这样有利于提高监理公司安全责任意识。安全组对监理公司进行严格考核，发现施工现场的违章违制现象和安全措施不落实的，除对施工单位考核外，还对监理公司进行连带考核。

在检修过程中，武钢公司始终按规定严格审查各施工单位的资质、施工方案及安全措施。监理公司对施工单位施工资质（总包和分包）、施工组织设计中的安全技术措施、施工方案是否符合规定和标准进行严格审查。监理公司在监理过程中，对发现的事故隐患，及时通知施工单位进行整改；情况严重的，对施工单位进行停工处理，并及时报告工程指挥部。

施工单位上场前必须对施工项目、现场环境进行危害辨识，对作业人员进行安全教育和安全交底，制定的施工方案、安全措施由监理公司和施工组审查认可，并交安全组备案后方可作业。

（3）严管严查严考，加强隐患排查与整改

五高炉大修从拆除开始就实行了封闭管理，在五高炉施工现场四周设置了安全警戒区围栏。安全组每天深入现场检查，每周组织一次由施工单位项目负责人、安全管理人员、监理公司等单位人员参与的安全大检查，设立安全曝光台，对每天检查的问题进行曝光，每周发布一期安全检查通报，每周召开一次安全组例会，听取施工单位汇报施工安全情况，通报违章检查考核情况，协调施工中现场存在的问题及布置的安全工作。整个五高炉大修工程共出通报 22 期，组织各类专项检查 10 次，举办施工单位负责人安全学习班 5 期。

安全组和监理公司对各施工单位资质、安全许可证、安全协议、人员培训、安全交底、特殊工种人员登记台账、安全检查考核台账等组织多次专项检查；对施工单位现场作业人员（包括现场管理人员）实行挂牌管理，所有人员在现场都必须佩戴五高炉大修施工证，施工证上写明施工人员的姓名、单位，做到一人一牌，严禁借用，安全组对未执行挂牌或人证不相符的人员进行严格检查和考核；领导必须在现场进行 24 小时值班，加强现场安全监管和协调。

工程指挥部还加强了对重要部位拆除、安装和大型吊件的监督管理，对施工方案和安全措施严格把关，对各种起重设备的资质进行审查。所有拆除难度大的项目和重大结构吊件作业，安全组和监理公司人员及施工单位主要负责人一起进行现场监护。对于脚手架搭设的安全管理，施工单位必须按照国家标准进行搭设，搭设完毕后由专业部门和监理公司检查验收方可投入使用。

针对武汉夏季天气炎热的特点，工程指挥部切实做好了施工现场防暑降温工作，合理安排作息时间；对身体不适的人员进行妥善安排，尽量使其避免高温时间作业。加强安全监护与联保互保；加强能源介质和气瓶的安全管理，做好防雨、防雷、防漏电等工作，防止各类事故发生。所有用电施工单位要严格执行安全用电管理规定，严禁乱搭乱接，电焊机接线必须"一闸一机"。气瓶管理严格执行公司规定，如使用的仪表必须完好且乙炔瓶必须有安全回火装置，使用的乙炔瓶和氧气瓶必须保持 10 m 以外的距离等。

与此同时，工程指挥部加强了隐患的排查与整改，组织各施工单位积极开展隐患排查整改工作，对查出的问题及时落实整改。如对那些坑、洞、孔等危险地方或场所采取安全有效措施，设置安全栏杆和警戒线等。据统计，五高炉共排查隐患 113 项，隐患整改率达 100%。

针对国内冶金行业试生产过程中，及武钢公司以往在新项目投产前易发生事故的问题，工程指挥部组织召开了五高炉生产准备工作安全专题会，专题会要求相关单位认真把好"三同时"关，督促隐患排查整改，使各安全设施符合国家规定的要求，达到安全生产条件；各产权单位完善安全操作规程，组织新上岗职工集中进行安全教育培训，并经考试合格后方可上岗，特殊作业人员 100% 持证上岗等。

通过完善的制度、严格的检查、周密的布置和有效的措施，五高炉历时 6 个月的施工后顺利投产，实现了无重伤以上事故的安全目标。

4. 云铜集团按照科学规范系统原则推进安全生产管理的做法

云南铜业集团是以铜金属的地质勘探、采矿选矿、冶炼加工、科技研发、进出口贸易为主的有色金属企业，现有全资、控股企业 34 个，参股企业 19 个，从业人员约 2 万人，总资产 445 亿元，净资产 179.8 亿元。

云铜集团始终坚持"以人为本，安全第一，科学发展，安全发展，共建和谐"的理念，安全生产工作按照科学、规范、系统的原则，根据"技术装备现代化、现场管理精细化、制度落实行为化、作业行为规范化"的总要求，以"岗位、班组、矿山、企业标准化"的"金字塔"方式推进安全标准化建设。突出抓巩固、抓班组、抓典型、抓扩面、抓升级、抓消除死角，现在已经全面进入提质提速阶段。

云铜集团按照科学规范系统原则推进安全生产管理的做法主要是：

(1) 持续强化主体责任，落实各项规定要求

云铜集团及所属各企业认真贯彻落实企业安全生产主体责任和"一岗双责"，落实行政第一负责人对安全生产工作全面负责，分管领导直接负责，职能部门业务保安的各级安全生产责任制。

● "八个亲自"。云铜集团要求领导干部必须做到"八个亲自"：亲自制定个人安全行动计划，认真落实和实施；亲自主持召开健康安全环保工作会议，研究解决生产中健康安全环保重大问题；亲自组织开展职业健康安全环保审核，及时发现并改进健康安全环保管理薄弱环节；亲自组织开展健康安全环保危害辨识、风险评价与控制工作，推动全员辨识、分级管理、系统评价、监督实施；亲自宣传贯彻企业健康安全环保理念，讲授法律法规和健康安全环保管理相关知识；亲自到联系点开展健康安全环保活动并填写反馈单，解决基层单位健康安全环保管理活动中存在的问题；亲自组织安全大检查，督促健康安全环保工作系列措施的落实；亲自检查考核副职履职情况，督促副职健康安全环保责任落实。

● "一票否决"。云铜集团严格执行"一票否决"，建立安全高压线，加大考核力度，严肃事故责任追究。对安全生产责任制年度考评达不到优秀的，干部年度绩效考核不评为优秀。实行安全风险抵押和经营业绩双挂钩考核。2010年的年终考核，对发生生产安全事故的单位实行倒扣分制度，对经营业绩和领导班子绩效年薪进行严格扣分。共处罚3家单位，经营绩效处罚金额共300余万元，处罚个人36人，降职5人。

● 领导带班。为认真落实领导带班下井制度，云铜集团于2010年8月10日印发了《关于落实现场带班制度强化监督检查指导的实施意见》，结合执行过程中的问题，公司进一步修改完善《领导下井现场带班管理规定》。一是扩大范围，冶炼单位要参照《金属非金属地下矿山企业领导带班下井及监督检查暂行规定》执行值班制度；二是明确企业各级负责人和生产安全管理人员现场带班和检查的次

数；三是赋予企业生产现场带班人员、班组长和调度人员，在遇到险情第一时间下达停产撤人命令的直接决策权和指挥权；四是将下井带班制度落实情况纳入干部管理考核，并作为干部考核的重要内容。

对地下矿山单位带班管理规定主要有：矿长每月带班 8 个以上；安全生产副矿长、设备能源副矿长、总工程师每人每月带班 12 个以上；党委书记、党委副书记、经营副矿长每人每月带班 6 个以上；副总工程师每人每月带班次数，在满足领导班子带班的前提下计划安排，但必须确保每班有领导现场带班；所属生产工区（工段），实行领导三班轮流带班作业，保证每班有一名工区领导或值班长和专职安全管理人员带班作业，与作业人员同时下井，同时升井；各矿山单位依法引入的矿山采掘施工企业，必须严格执行各矿山单位领导下井现场带班管理规定、制度或实施办法，实行项目负责人现场带班下井制度。

(2) 建立隐患排查治理的长效机制

云铜集团致力于隐患排查治理长效机制的建立，并做到"八个坚持，三个完善，三级督办，一个结合，一个落实"。

● 八个坚持——坚持有计划、有组织、按步骤开展安全生产隐患排查治理工作；坚持排查认真、仔细，不留盲区、不留死角，不留下事故萌芽；坚持治理坚决、彻底，认真落实"三定四不推"的要求；坚持重特大事故隐患及时上报，并编制整改方案，对一时难以治理的隐患，要做到"五落实"限期整改；坚持落实安全措施的费用投入有保证；坚持"三同时"制度严格执行，实现新建企业，改、扩建工程项目百分之百安全生产"三同时"验收合格；坚持已初步形成的隐患排查治理长效机制的运行和完善；坚持"标本兼治，重在治本"的原则。

● 三个完善——完善隐患排查治理的工作计划、工作程序、考核办法。

● 三级督办——重大隐患由集团公司挂牌督办；较大隐患由二级企业督办；一般隐患由矿（车间）督办。

● 一个结合——安全生产隐患排查治理与安全标准化建设工作相结合。

● 一个发挥——充分发挥科学技术在隐患排查治理工作中的作用。包括千米深井开采工艺，空区充填、地压处理、安全生产数字化远程监控管理等。

● 一个落实——全面落实隐患排查治理责任和效果。

2010 年，云铜集团隐患排查及安全检查总共排查出事故隐患 8 773 项，其中：一般事故隐患有 8 617 项，已整改 8 587 项，整改率 99.6%；较大隐患 156 项，已整改 151 项，整改率 96.8%。对查出的问题和隐患，公司坚持"定责任、定措施、定时间、定资金、定预案"的"五定"原则按期进行整改。

（3）强化矿山和危化品安全管理，推进四级安全标准化建设

云铜集团在强化矿山和危化品安全管理上，积极做好所属各单位安全标准化建设。

● 抓升级。按照科学、规范、系统的原则，坚持从无到有，从低到高的原则有序推进，突出抓好 1～2 家二级标准化企业的创建工作，并实现了五个新突破：一是消化吸收新标准，巩固成效有新突破；二是改进完善采矿、掘进、机电、提升运输、通风、排水等主要生产系统有新突破；三是规范管理，健全并严格执行规章制度有新突破；四是关键要害环节的新技术、新工艺、新设备、新材料、更新改造有新突破；五是"六大系统建设"有新突破（3 家单位已启动建设）。

● 抓安全标准化建设。在巩固提高的基础上，依据国家有关规定要求，全面推进公司安全标准化工作，坚决要求所属各单位在国家及省安监局规定的时限内达标验收。

● 抓班组标准化。云铜集团制定了《云南铜业（集团）有限公

司班组生产安全标准化工作实施方案（试行）》《云南铜业（集团）
有限公司班组生产安全标准化验收考核评分表》，并明确了班组达标
的目标是：全公司 3 500 个班组力争通过两年或三年，100％的生产
企业基本通过集团公司班组生产安全标准化达标验收。即：2011 年
内实现 1 000 个班组，占总班组的 29％；2012 年实现 2 000 个班组，
占总班组的 57％；2013 年实现 500 个班组，占总班组的 14％，并在
巩固的基础上，按照突出重点、讲求实效、以点促面，先易后难、
分批达标、不断巩固、持续改进的总要求全面推进。与企业标准化
建设，目标责任考核挂钩实施奖罚。每达标一个班组，地表企业奖
励 2 000 元/班组，井下企业奖励 3 000 元/班组，未实现年度企业计
划指标，每差一个班组，地表单位处罚 2 000 元，井下单位处罚
3 000 元。

（4）推进全过程"反违章"活动，推进外来施工企业专项整治

云铜集团还独具特色开展了"新反三违"活动，与传统反三违
（反违章指挥、反违章操作、反违反劳动纪律）不同，这次提出的
"新反三违"是指：反设计违章、反管理违章、反现场违章。并将
2010 年定为"反违章活动年"，2011 年定为"反违章活动综合治理
年"。

● 反设计违章。对新改扩建项目科研、初步设计、施工图设计
等存在违反现有安全生产、环境保护、职业健康的法律、法规和技
术标准要求的违章行为等，从设计源头上查找问题，消除隐患。

● 反管理违章。包括各级、各部门管理人员违反安全生产法律
法规、相关规章制度的违章行为；新改扩建项目违反安全生产"三
同时"、不按规定程序和技术标准验收的违章行为；管理人员违章指
挥等。

● 反现场违章。包括违反岗位操作规程的违章行为；违反安全
生产确认制的违章行为；新改扩建项目偷工减料、随意变更项目内
容、不按设计要求施工、违反安全文明施工的违章行为；不按规定

佩戴劳动防护用品进入生产和施工现场的违章行为等。

为了保障生产安全，云铜集团推进外来施工企业专项整治及"执法"检查。由于矿山采掘施工企业外来人员众多，队伍庞大，部分外来矿山采掘施工企业缺乏系统的安全生产组织管理能力，安全生产主体责任落实不到位、技术支撑力量薄弱，缺乏规范性、长期的安全生产管理机制，从业人员技能素质差、流动性大，因此给企业的安全管理带来诸多难题。为此，云铜集团坚持"安全发展、以人为本"的理念和"安全第一"的思想，保持铁腕重拳高压态势，采取更加有效的措施和更加严格的管理，切实规范了外来采掘施工企业的安全管理。按照"三个坚决取缔"原则，即无证、无资质、资质达不到要求的坚决取缔；连续两年发生工亡事故的坚决取缔；不履行安全生产责任，不能接受甲方安全生产监督管理的坚决取缔。

几年来，云铜集团通过实施"铁腕重拳"系列措施，千人负伤率明显下降，安全生产呈现出良性平稳的发展态势。

5. 金川集团公司用安全文化理念引领企业安全发展的做法

金川集团有限公司是采矿、选矿、冶炼配套的有色冶金和化工联合企业，主要生产镍、铜、钴、铂族贵金属，有色金属压延加工产品，化工产品，有色金属化学品等。目前公司已经成为全球同类企业中生产规模大、产品种类多、产品质量优良的知名企业。

近年来，金川集团公司坚持"安全第一，预防为主，综合治理"的安全生产方针，牢固树立"员工生命和健康高于一切""一切事故皆可预防，一切事故皆可避免"的安全理念，在学习借鉴国内外先进管理经验的基础上，提出了"用先进的安全文化理念引领企业安全发展"的思路和对策，以构建金川特色安全文化为基础，以"实现零伤害"为总体目标，积极开展和创新各项工作，不断强化各层级员工规则意识的树立、良好安全行为的养成，通过扎实有效地推进科学、卓越的"五阶段梯进式"安全管控模式，不断强化人、机、环境匹配化建设，提高了安全保障能力，企业安全生产保持了相对稳定并明显趋于好转的发展态势。

金川集团公司用安全文化理念引领企业安全发展的做法主要是：

(1) 开展安全文化建设，规划"金川模式"安全文化体系构架

2009年，集团公司把安全管理上升到安全文化管理的高度，明确提出建设具有金川特色的企业安全文化，用先进的安全文化引领公司发展，为实施跨国经营，建设百年金川指明了前进的方向。按照这一思路，公司积极组织人员在深刻理解和把握公司主要领导指示精神的基础上，结合国家《企业安全文化建设导则》（AQ/T 9004—2008），经过考察学习、分析研究、系统策划，制定了《金川集团有限公司企业安全文化建设实施方案》，从理念文化、制度文化、行为文化和物质文化四个方面研究构建企业安全文化创建理论模型，稳步推进具有金川特色的企业安全文化建设工作，努力构建平安金川，打造本质安全化金川。

"金川模式"安全文化体系构架主要是：

以国家法律法规、行业规范、先进的管理方法、科研成果、试验结论以及事故教训等为依据，建立起一套具有"配套性、科学性、先进性、可操作性"高效运作、实用性强的安全制度文化体系，建立健全了以安全生产责任制及其配套制度为核心的25个配套制度模块以及决策层、管理层、操作层三层级员工安全行为规范，消除了安全管理低效运作瓶颈，实现了由人治向法治的根本性转变，打通了安全管理高效运作流程，提高了安全管理制度的执行效率。

创建具有金川特色的安全文化—安全理念文化、安全制度文化、安全行为文化、安全物质文化以及岗位安全文化，以浓厚的安全文化氛围、用安全文化的力量引领员工安全价值观的转变、规则意识的树立、良好行为的养成，以特色安全文化引领公司安全发展，为构建平安金川，打造本质安全化金川提供有力的安全文化支撑。

金川集团公司以企业多年积淀下来的厚重安全文化底蕴为基础，挖掘安全文化基因，优化安全文化要素，整合安全文化资源，归纳提炼安全文化理念体系，以安全理念引领员工安全价值观的转变、规则意识的树立、良好安全行为的养成。安全物质文化创建理论模块。人、机、环境高安全风险阶段→物质文化创建标准设计阶段→人、机、环境本质安全化创建阶段→人、机、环境科学匹配化建设阶段→人、机、环境安全风险评估阶段→人、机、环境安全风险评估阶段。

(2) 确定安全文化建设重点，扎实推行"五阶段"梯进式安全管控模式

公司在对各单位现有安全管理资源及管理现状进行全面、系统调研的基础上，结合国内外先进的安全管理模式，公司组织研究制定了《关于实施"五阶段"梯进式安全管控模式指导意见》。这一安全管控模式，从观念认识、方式方法、制度管理、领导管理、操作管理、现场本质安全化程度、安全效果7个方面，将公司实行的安全管控模式划分为五个阶段，即：粗放、松散型安全管控阶段（无规则阶段）；强制被动执行阶段（要我管理、要我遵章守纪阶段）；依赖引领阶段（我要管理、我要遵章守纪阶段）；自我安全管控阶段（能管、会管阶段）；行为养成阶段（文化形成阶段），并分析了五个阶段的管理特点，表明了只有当企业安全管理进入第五阶段行为养成阶段即安全文化形成阶段时，才能真正实现零伤害、零事故。

公司要求各项安全工作都要以"五阶段"梯进式安全管控模式为主线，各单位要按照"五阶段"梯进式安全管控模式指导意见和评价标准，以厂矿、车间为单元通过单位自我评价、公司验收评价进行安全管控阶段准确定位，并分析查找缺陷与不足，找出原因，制定改进和提高措施，实施梯进式推进，推动各单位由粗放、松散型管理向精细化、集约化管理转变；由无规则阶段向自我管控、行为养成阶段转变。通过集团公司组织"五阶段"梯进式安全管控模式的定位评价，不断促进和提升各单位"五阶段"梯进式安全管控水平。公司已组织人员按照公司指导意见和评价标准对所属20家单位 163 个车间进行了三次评价，通过评价确定达到进入自我管控阶段的车间为 107 个，占总车间数的 65.6%，达到由自我管控向行为养成阶段过渡的车间 23 个，首次进入行为养成阶段的车间 9 个。

(3) 积极推进各单位安全标准化建设，建立自我约束、持续改进的安全生产长效机制

一是严格按照《金属非金属矿山安全标准化规范》和《金属非金属地下矿山、金属非金属露天矿山、尾矿库的安全标准化评定标准》，研究制定《金川集团公司安全标准化实施指导意见》，聘请专家来公司对相关单位厂（矿）长、车间（工区）主任、安全管理人员进行了安全标准化的培训和指导，认真组织开展安全标准化建设工作，并结合公司开展的样板盘区创建活动，积极开展矿山安全标准化创建工作。经过国家安监总局审查评审，公司龙首矿、二矿区、三矿区于 2010 年 8 月份被国家安监总局命名为大中型金属非金属矿山安全标准化建设示范单位。

二是矿山单位积极开展盘区安全标准化建设工作。通过规范管线架设、安全防护、进路规格控制、色彩管理、照明等方面管理，完善矿山标准化盘区建设的体制机制，修订完善井下标准化盘区验收标准，制定盘区创建考评办法，每月进行一次抽检，每季度进行一次全面综合评价验收，实行动态管理。对在综合评价验收中达到样板盘区的进行重奖，同时，对达不到标准化或已经被评为样板盘区、标准化盘区而又下滑的盘区进行经济处罚。通过一系列强有力措施的实施，矿山标准化工作取得了良好成效，现场环境得到明显改善，设备故障率明显下降，劳动生产率得到提高，出矿品位得到提高和稳定，员工按标作业的执行力得到提升，矿山生产安全事故大幅度下降。

三是按照《危险化学品从业单位安全标准化通用规范》和《氯碱生产企业安全标准化实施指南》，组织化工厂积极开展了安全标准化创建工作。委托咨询服务机构进行安全标准化工作的指导，严格按照单位自评、中介机构预评程序，对照标准，积极寻找差距，限期整改，不断提升标准化管理水平，2010年8月份通过了甘肃省安监局组织的验收，被命名为危险化学品从业单位安全标准化二级企业。

(4) 学习借鉴先进管理经验，建立管理科学、运作有效的零伤害构架体系

按照集团公司制定的"一年降低事故总量，两年杜绝死亡事故，三年实现零伤害"的安全管理目标，提出将必和必拓公司作为公司安全管理标杆。公司组织人员赴澳大利亚考察学习必和必拓公司零伤害管理先进经验和做法，并邀请必和必拓公司安全专家来金川对"零伤害"管理进行指导培训，掌握必和必拓公司零伤害构架体系、零伤害管理体制和运作机制、领导安全管理模式以及作业现场本质安全化建设、员工安全培训教育、事故预防控制与责任追究、风险识别与控制等管理方法和理念，在系统地总结分析集团公司安全生产管理现状的基础上，研究提出了金川特色的零伤害理论模型，即无隐患＋零违章＝零伤害。并从设备机具本质安全化、工艺系统本质安全化、作业环境本质安全化、员工行为本质安全化四个系统，从方法引领、层级领导、设备机具、安全防护与人机隔离、工艺系统、厂区三区控制、作业区三区控制、安全确认、安全许可、岗前准入、行为训练和塑培教育"十二个管理层面"，以厂矿、车间、班组为单元，研究制定各层级的运行机制和过硬措施，狠抓落实，大力促进"人、机、环境"科学匹配化建设，夯实公司实现零伤害目标的基础。

为持续改善安全生产状况，提高员工的安全技能和防范事故能力，最大限度地消除事故隐患，防止生产安全事故发生，确保安全生产，努力实现零伤害目标，金川集团实施全员安全生产承诺制度，组织各厂矿、分子公司签订了《零死亡承诺书》，各内设机构、车间、班组签订了《无隐患、零违章、零伤害承诺书》，各级管理人员

签订了《零违章管理承诺书》，生产操作员工均签订《零违章操作承诺书》。通过各层级安全生产承诺书的签订，明确承诺目标、承诺事项和践诺措施，有力地促进了安全生产责任制的落实。

(5) 以开展"安全对标管理年"活动为载体，建立完善安全生产对标管理体系，不断提升安全管理水平

为了积极推动安全管理向精细化、集约化、流程化、模式化、机制化迈进，金川集团将2011年确定为"安全对标管理年"，并研究制定了《金川集团有限公司"安全对标管理年"活动方案》，按照"行业选标，企业树标"兼而施之的原则和"典型引路，标杆带动，整体推进"的安全对标管理思路，在全公司各厂矿、分（子）公司全面开展了"安全对标管理年"活动。各厂矿、分（子）公司按照现状分析、选树标杆、制定方案、对标实践、管理评估、改进提高六个步骤积极推进，已经完成了行业选标和内部树标工作，目前正在进行对标实践。

● 公司依据安全文化建设要求和安全管理发展形势提出多种科学、卓越的安全管控模式。具体情况如下：在全公司各主要生产单位和辅助单位所有班组实施岗前员工劳保品穿戴、安全操作规程掌握、特殊作业人员持证上岗、身体状况与精神状态五项安全准入和安全宣誓工作，员工上下楼梯扶扶手、驾乘车系安全带、厂区道路行走人行通道和斑马线、规范穿戴劳动防护用品等基本安全行为习惯正在逐步养成；研究重点、要害、危险岗位以及关键危险作业环节安全操作控制方法和手段。组织人员研究制定了重点要害岗位隐患排查标准与隐患整改核销流程，在危险要害岗位与关键环节实施手指口述本质安全确认操作法和挂牌走动巡检制，重点要害危险岗位和关键操作环节安全隐患得到了有效控制；倡导"安全源于良好的领导力"的观念，公司各级领导和管理人员按照公司董事长提出"逢会必讲安全，下现场必检查安全"的精神，深入现场调查、协调和解决安全生产中存在的问题，检查指导安全生产工作，定期组织召开安委会或安全工作会议研究、安排和布置安全生产工作，许多影响安全生产的突出问题及时得到有效解决，安全责任进一步得到落实，安全责任区网络化与职能部门专业化管理步入规范化、标准化和流程化轨道。

● 实施科学、卓越的安全管控模式取得的成效。大力实施人机隔离与安全防护工程，对危险作业环境和关键工艺系统按照三区控制进行管理。完成了 454 条 35 860 米皮带的安全防护；完善机械设备传动转动部位安全防护 5 672 处；完善平台、走台安全防护栏杆 2 389 米；对所有电气设备均进行了人机隔离；悬挂安全标志、警示标志 12 560 块；建设安全文化长廊 58 个、安全文化园地 582 个，对 89 个危险要害岗位实行了"红区"控制；对各工艺系统 789 个关键变量参数实施了"三区"控制；在厂区主要交通道路与厂房交叉地带统一设置车辆减速带、画斑马线、设置道路交通凸面镜，在主要道路干线两侧桥架柱子刷防撞标志，道路交叉处刷黄黑警示标志，在主厂房设置人行通道、车行道、作业区等措施，促进人流、物流、车流规范有序，规范所有作业现场的各类管线架设；完善各类安全标志，提升现场安全文明生产水平。

(6) 实施安全生产预警机制、责任区网络化安全管理

通过管理项目推进、安全审计等手段提升专业化安全管理水平，全面落实安全生产责任。为保证公司各项安全管理工作得到有效落实，切实落实各单位、各层级人员的安全责任，及时发现和消除生产现场隐患，杜绝违章违纪行为，形成人人抓安全，人人管安全的良好安全文化氛围，达到降低事故总量，预防和杜绝重伤及其以上事故的目的。

● 公司在全公司范围内实行"黄色、橙色、红色"三色预警机制，制定了《金川集团有限公司安全预警管理办法》，明确了预警示的内容、对象、程序和对预警单位及责任的处理措施。公司通过对凡是存在安全管理目标未达标、安全纠察中出现重复性隐患、安全工作下滑严重、公司级隐患不按规定整改、安全管理工作落实或执行严重不到位、重大安全事故隐患等安全问题的单位或车间（工区、队、段）实施安全预警，达到提前警示，及时纠偏和改进的目的。

● 为了强化安全责任区管理，公司研究制定了《金川集团公司关于加强安全责任区网络化管理体系建设的指导意见》，各单位建立完善了安全责任区领导分工负责制、责任区领导巡检制、责任区例会制、自我安全评价制、事故责任追究制或事故问责制、职能部门与安全责任区管理挂钩考核制及事故隐患举报制等责任区配套制度体系，同时各单位根据本单位两层级领导班子调整或分工情况，及时调整或完善了以行政一把手为核心的厂矿级领导安全责任区网络体系、以安全主管部门为核心的职能部门安全责任区网络体系以及车间工区级安全责任区网络体系，从而提升了安全责任区执行效率。

● 要求各单位定期召开安全管理项目推进例会，要求就安全管理项目存在的问题及难点进行组织讨论并提出解决措施。同时，公司每月召开一次全公司安全管理项目推进例会，各单位就本月安全管理项目进展情况进行汇报。

近几年来，金川公司呈现了生产事故起数明显下降，事故发生的周期不断延长，安全生产形势明显趋于好转的发展态势。目前，公司已初步形成一套安全价值观念领先、员工广泛认同、具有金川特色的企业安全文化，并得到国家安监总局和甘肃省安监局的肯定。2011 年 4 月 7 日，金川集团冶炼厂被国家安监总局授予"全国安全文化建设示范企业"称号。

6. 中国铝业中州分公司严把外协用工"三关口"的做法

中国铝业中州分公司隶属于中国铝业股份有限公司，主要从事氧化铝生产，目前已形成年产 200 万吨氧化铝的生产能力，可规划建设年产 300 万吨氧化铝的生产能力，主要产品为冶金级氧化铝和化学品氢氧化铝。

氧化铝生产工艺流程复杂，具有高温、高压、高湿、强碱等特点，日常检修、清理任务十分繁重。生产系统主要存在压力容器爆炸、火灾、中毒、灼烫、机械伤害、起重伤害、高处坠落、电气伤害、粉尘、噪声、电离辐射等危险有害因素。受氧化铝生产工艺特点的制约，中州分公司需要雇用一定数量的外协用工充实生产一线岗位，担当设备操作、清理和检修任务，目前外协用工职工有 1 135 人，被长期派往分公司生产作业岗位，分公司与劳务派遣公司签订劳务派遣协议，安全生产管理按照分公司现行的安全生产管理制度同等执行。

多年来，中州分公司一直秉承"同岗位同标准""同工种同待遇"的指导思想，将外协用工的管理纳入企业安全生产管理中，不断探索强化外协用工安全生产管理的新思路、新方法，依法依规办事，自觉主动履行企业的社会责任，重点把好资质准入、岗位培训和现场管理三个关口。

中国铝业中州分公司严把外协用工"三关口"的做法主要是：

(1) 严把资质准入关确保用工质量

外协用工资质管理主要涉及两个方面：一是劳务派遣公司资质管理，二是外协用工人员资质管理。在劳务派遣公司资质管理方面，中州分公司主动与地方劳动和社会保障部门沟通，经过多方比对，最终选定了一家具备完全劳务派遣资质的人力资源服务公司，并签订了劳务派遣协议。在外协用工人员资质管理方面，严把质量，严控数量。

● 严格录用条件。企业安全管理，其核心是对人的管理，人员整体素质越低，企业安全管理风险就越大。严把外协用工"准入"关，是外协用工安全管理的首要任务。首先，要严格录用外协用工条件，不符合条件不予录用；其次是严格录用外协用工程序。从严审批用工人数，控制用工总量；严格个人信息收集、登记，认真核对相关证件信息真假；按要求组织人力资源管理专业人员进行面试，了解个人表达、反应、工作决心等各方面情况；录用前体检，身体健康不符合要求直接淘汰；劳务派遣公司履行个人劳动合同等手续，明确用人及用工主体；按要求组织新人培训及安排上岗；录用特种作业岗位人员，必须具有相关职业资质证要求，如电工、焊工等，没有相应职业资格，录用初始阶段就直接不予考虑。

● 控制用工人数。外协用工安全是企业安全管理的薄弱环节，外协用工人数越多，企业安全管理难度越大。根据中国铝业总部"从严从紧用工管理"的政策要求，2009年以来，中州分公司从严从紧控制外协用工人数，实行"严进宽出"的管理控制措施，因个人原因解除合同或其他原因减员的，优先考虑从企业内部进行调剂；同时科学合理核定各生产岗位工作量，本着人工成本最小化原则，将外协用工纳入各单位定编定员范畴，2009年精减劳务派遣人员714人。企业在严格控制外协用工数量、大力精简外协用工的同时，也降低了企业用工安全风险。

(2) 严把岗位培训关提高用工技能

为加强外协用工安全管理，中州分公司强化了外协用工上岗前和在岗中的安全培训，从岗位操作基本技能到危险源辨识、风险控制技术，公司进行全面系统的安全培训。从提高外协用工整体素质入手，增强外协用工风险防范能力。

中州分公司有岗前培训，新录用人员应接受为期3~6个月的学徒期培训，考试合格后，方可上岗；有岗中常规培训，外协用工和正式员工一样参加班组"两会"（班前会、班组活动日）、转（复）岗教育和"四新"安全教育，每年对在岗人员进行1~2次集中安全技术培训，稳步提高外协用工安全技术素质；特种作业、特种设备操作人员的培训、取证、复审换证及持证管理工作由专业管理部门负责组织（分别由安全环保健康部和装备能源部实施），做到培训专业化，更具针对性和协调性。不同形式的强化培训，不仅提高了外协用工的安全操作技能，端正安全生产态度，而且还有效地降低了违章违纪行为的发生。

(3) 严把现场管理关保证用工安全

中州分公司制定有《外来施工单位及人员安全健康环境管理办法 (修订) 》和《关于规范顶岗劳务人员劳动防护用品管理的通知》，与劳务派遣公司签有《安全管理协议书》，明确双方安全职责，对劳务派遣公司提出具体、明确的安全管理要求，并定期检查劳务派遣公司落实协议书的情况。

● 在遵章守纪管理上，中州分公司专门为外协用工制定了《安全告知书》，明确了进入中州分公司区域应该遵守的安全规则，颁布了《安全记分考核试行办法》，依据违章严重程度分为 1~10 分的 5 个等级，涉及 105 种违章行为，明确了记分周期、记分权限、记分争议处理等内容。外协用工的作业行为同样纳入安全记分考核的范畴，对于一年内连续多次违章，累计记分达到 30 分以上的，将提请劳务派遣公司解除与其订立的劳动合同。未达到 30 分者，依据分值大小分别给予不同额度的经济处罚。

● 在维护外协用工合法权益方面，中州分公司严格贯彻落实国家法律、法规和政策，在实际工作中真正体现了"同岗位同标准"和"同工种同待遇"的基本原则。劳务派遣人员的劳保用品、保健、防暑降温、工伤保险等待遇，遵照国家相关安全管理规定和要求，按照"同岗位同待遇"的原则，执行分公司正式员工标准，由各用工单位统一发放，并对劳保用品穿戴情况进行监督检查，应急管理也是执行中州分公司统一规定。

● 在职业健康管理上，中州分公司提供了上岗前的职业健康培训和在岗期间的定期职业健康培训，不断普及职业健康知识，督促外协用工遵守职业危害防治标准和操作规程。对接触职业危害的外协用工，分公司组织上岗前、在岗期间和离岗时的职业健康检查，将检查结果如实告知他们，并为其建立了职业健康监护档案，对在职业健康检查中发现有与所从事职业相关的健康损害的外协用工，分公司及时将其调离原工作岗位。

(4) 积极落实承包商安全责任

除了相对长期固定的外协用工以外，中州分公司还有外包工程（项目）使用的劳务人员，主要是指分公司将生产岗位作业以外的清理、检修、装卸、包装等劳务作业以工程项目形式整体发包给承包商，与承包商签订外包工程项目协议（合同），由承包商雇佣劳务作业人员完成项目内容。分公司定期监督检查承包商贯彻落实国家安全生产法律、法规，履行协议（合同）情况，指导和支持承包商开展好安全教育培训，组织日常安全检查，督促整改事故隐患，落实劳动防护用品、防暑降温等安全保障待遇。外包工程项目劳务人员安全防护与应急管理，由承包商具体负责，分公司足额支付给承包商安全生产费用并进行检查。

由于外包工程项目是由承包商安排人员组织施工作业，现场安全管理主要由承包商自主管理。同时，分公司各二级单位也要遵照"属地管理"的原则对外包工程项目施工区域进行安全监管。

为督促承包商自主管理，中州分公司为承包商建立了信用档案，对于不严格遵守分公司安全管理规定，导致事故发生，损害外协用工身体健康的承包商予以清退。对于新进入的承包商，中州分公司对其安全资质和风险控制能力进行符合性评价，评价合格后方能进入。每年3月份，组织所有承包商开展"安全质量月"活动，提高承包商的安全管理水平。

中州分公司通过严格把好"三个关口"，外协用工违章违纪行为及事故发生率呈现出明显下降趋势，并杜绝了重伤及以上事故的发生，保障了外协用工的合法权益。在今后的工作中，公司将持续加大外协用工安全教育培训力度，不断提高外协用工自我防护技能，实现"流得进、留得住、有技能、干得好"的目标。

冶金及有色企业加强安全生产管理工作做法与经验评述

冶金与有色金属行业共同的特点，是产业链长，工艺流程复杂，生产作业人员众多，具有高温高压、连续作业等特点，生产系统存在着起重伤害、机械伤害、电气伤害、高处坠落等伤害，以及粉尘、噪声、电离辐射等危险有害因素。如何保证生产作业安全，不发生各类事故，的确是一个难题。

安全生产具有较强的系统性特征。系统安全工程就是利用系统论的观点，为保证系统在其整个运行周期内的安全而进行的各项工作的总称。随着现代管理知识的日益应用，安全生产的系统性越来越强，利用系统安全工程的理论与方法，分析生产过程中的安全问题，分析安全管理中的系统问题，特别是像冶金企业、有色金属企业这样系统性很强的企业，更加需要运用系统理论进行分析。

（1）安全生产的系统性特征

系统一般意义上是指由人、设备与过程等相互作用且相互依赖的两个或两个以上因素，按一定规律结合而成，并具有特定功能的有机整体。主要具有下列四项基本特征：一是整体性。即指系统至少由两个或两个以上可以相互区别的单元按一定方式所组成的、具有特定功能的集合体，而不是各单元的简单相加。二是相关性。系统内各单元之间是相互联系、相互制约的，而且这种依赖关系具有一定的规律性。三是目的性。任一系统都具有特定的功能，特别是事关人类自身活动的系统，总是具有整体的目的，系统内各单元正是按照这个目的组织起来的。四是环境适应性。任一系统都存在于一定的环境中，它必然与周围环境发生物质、能量和信息的交换，系统必须适应外部环境。

从安全生产的基本概念来看，安全生产具有极为明显的系统性基本特征。安全生产是多种要素的集合体，各要素之间相互联系、相互制约，而又不可分割，具有较强的整体性和相关性。同时，安全生产的一切活动都是围绕人类自身而展开的，它的本质属性就是以人为本，根本目的是保证人身安全与健康，基本方法是保持人、物、环境的有机协调。由此可见，安全生产具有明确的目的性和极强的环境适应性。

(2) 安全生产的构成要素及相互关联性

从系统安全工程论的观点来看，构成安全生产的三大要素是人、物、环境。随着人类社会进入工业化的时代，这三大要素也被称作：人、机、环境。安全生产不是人、物、环境这三要素之间的简单相加，而是三要素之间以特定的方式相互联系、相互作用，共同构成的一个系统。在一定的环境中，人的不安全行为作用在一定的物（设备）上，就有可能形成事故。同样，在一定的环境中，物的不安全状态通过人的行为也有可能形成事故。此外，一个不协调、不安全的环境对人的行为、物的状态都有着不可忽视的影响。

分析大量事故形成的过程可以发现，事故的发生不外乎是物的不安全状态和人的不安全行为两大因素共同作用的结果。在生产经营的活动中发生人身伤害事故，按照事故运动轨迹交叉理论，伤害事故是一系列有序事件的结果，是人的行动轨迹和物（机械、设备、装置、工具、物料等）的运动轨迹在时空中发生非正常接触而引起的。因此，从事故发生的过程来看，要想不发生事故，根本的措施只能是消除潜在的危险因素（物质的不安全状态）和使人不发生误判断、误操作（人的不安全行为）。

安全生产就是充分发挥人的主观能动性，积极、认真地认识客观存在的生产经营活动，进行科学的预测和决策，在系统的设计、施工和运行的全过程中，对人、物、环境、信息等实行全面的系统的管理，做到安全第一、预防为主，消灭事故于未然，实现安全生产。

(3) 安全生产的过程分析

虽然工业生产系统的实际构成千变万化，但是从系统的观点看，它们都是由人（操作人员）、机（设备）和作业环境组成的人—机—环境系统。生产系统中始终存在物质流、能量流和信息流三种流动，通过这三种流动使生产系统中各要素之间和生产与周围环境系统之间产生作用与反作用，构成一个有机的整体。

安全生产贯穿于生产经营活动的全过程。对于安全生产工作必须实行全面、全员、全天候的管理。从时间逻辑的角度去分析，安全生产大致可分成源头治理、过程监控、应急救援、事后查处四大环节。这四大环节相互联系、相互作用、互为一体，是一项系统性工程，具有整体性、相关性的特点。对照安全生产的系统性的特征，安全生产四大环节相互制约、相互作用、互为一体。源头治理是本，过程监控是标，安全生产四环节体现出标本兼治、重在治本，综合治理、重在预防的安全生产根本工作方法。

企业安全管理就是遵照国家的安全生产方针、法规，根据企业实际情况，从组织管理与技术管理上提出相应的安全管理措施，在对国内外安全管理经验教训研究的基础上，寻求适合企业实际的安全管理方法。而这些管理措施和方法的作用都在于控制和清除影响企业安全生产的有害因素，从而保障企业不发生人身伤亡事故和职业病，不发生设备事故、火灾事故及险肇事故。

（二）煤矿企业加强安全生产管理工作做法与经验

7. 神华集团强化风险预控管理努力实现安全发展的做法

神华集团是一个以煤为基础，煤电路港航油（化）一体化运营的特大型国有企业，共有 52 处生产矿井、12 处在建矿井，分布在陕西、山西、内蒙古等省区，2011 年生产原煤达到 4 亿吨。

近几年来，神华集团立足于走新型工业化道路，始终坚持把安全生产放在重中之重的位置，在煤炭产量实现跨越式发展的同时，安全生产形势持续稳定好转，实现了科学发展、安全发展。52 处生产矿井中，大部分建成安全质量标准化矿井，安全生产状况发生了巨大的变化。神华集团之所以取得上述成效，在于能够抓住制约和影响煤矿安全生产的突出矛盾和问题，遵循煤矿安全生产的一般规律，强化风险预控管理，全面推进理念创新、体系构建、产业升级、队伍建设和文化铸魂，不断创新和完善安全生产机制，探索出了一条具有神华特色的安全发展之路。

神华集团强化风险预控管理，努力实现安全发展的做法主要是：

(1) 树立先进的安全理念，为实现安全发展奠定坚实的思想基础

神华集团领导层认为，企业能否实现科学发展，关键取决于能否实现安全发展。神华集团作为一个以煤为主的企业，安全发展的重中之重在煤矿。煤矿安全生产的好坏，又首先取决于广大煤矿员工，特别是各级"一把手"对安全生产的认识。神华集团提出并践行"煤矿能够做到不死人"的理念，彻底改变了"煤矿生产难免不死人"的传统认识，把对煤矿安全生产的认识提升到了一个新高度。并且以理念指导行动，从源头上控制人的不安全意识和行为，从方法手段上消除了引发事故的隐患，实现了安全生产工作的"知行合一"。

● 在煤矿安全发展的目标上，坚持"从零开始，向零奋进"。煤矿安全生产只有起点、没有终点，必须警钟长鸣、常抓不懈。为了实现"零死亡"的奋斗目标，神华集团严格执行各生产环节的"零目标"控制，努力做到系统运行零隐患、设备状态零缺陷、工程质量零次品、生产组织零"三违"、操作过程零失误、隐患排查零盲区、隐患治理零搁置、责任落实零距离。通过严格管理，大大减少了轻伤以上的各类事故，延长了矿井生产的安全周期。

● 在煤矿的安全定位上，力争把煤炭生产建设成为安全的产业。谈起煤矿，人们往往会联想到事故。因为煤炭生产，时刻面临水、火、瓦斯、煤尘、顶板等灾害威胁。因事故多发，历来被认为是高危行业。神华集团果断提出要"把高危的煤炭行业建设成为安全的产业"，彻底颠覆煤矿安全传统的思维定式，并采取了一系列重要措施，主动赶超世界先进水平。经过神华集团上下的共同努力，煤矿百万吨死亡率、千人重伤率等一些主要指标都居世界先进国家煤炭企业的前列。

● 在煤矿的劳动组织上，奉行"无人则安，人少则安"的理念。

神华集团通过提升信息化、自动化水平，大幅度减少井下高危险岗位的用人，客观上降低了事故发生的概率。神华集团以这一理念重新审视煤矿的建设和发展，大力应用先进技术与装备，优化矿井劳动组织管理。主力矿井采用一个综采队每班 7 人的采煤劳动组织方式，井下通风、变电所、排水等固定场所更是实现了自动控制和无人值守，井下用工大幅度减少。

● 在煤矿瓦斯治理上，坚持"瓦斯超限就是事故"。神华集团坚持认为，只要做到科学管理，将各类隐患当作事故进行处理，就能够将瓦斯控制在安全范围内，从根本上控制和消除隐患，防止瓦斯事故的发生。这一理念进一步强化了科学管理的重要性和有效性，集中体现了关口前移、超前防范的安全管理思想。

● 在煤矿安全投入上，坚信"安全投资能产生最佳的效益"。只要煤矿安全需要投入，神华集团就坚定不移地予以保证。在按照规定提取并全额使用安全费用的基础上，还投入了数百亿元用于更新提高安全科技装备水平；针对部分老矿井的人员多、系统复杂等情况，主动在安全投入上给予倾斜，加大生产安全系统的改造力度，不仅实现了安全生产，而且取得了巨大的经济效益。

(2) 构建风险预控管理体系，为实现安全提供有效的管理手段

在国家安监总局和国家煤矿安监局的指导下，神华集团从 2005 年开始组织国内许多知名专家，专题研究煤矿安全管理问题。经过 6 年多的艰苦探索和实践，形成了一套以危险源辨识和风险评估为基础，以风险预控为核心，以不安全行为管控为重点的安全管理方法——风险预控管理体系。

风险预控管理体系就是运用系统的原理，对煤矿各生产系统、各工作岗位中存在的与人、机、环境、管相关的不安全因素进行全面辨识、分析评估；对辨识评估后的各种不安全因素，有针对性地制定管控标准和措施，明确管控责任人，进行严格的管理和控制；同时借助信息化的管理手段，建立危险源数据库，使各类危险源始终处于动态受控的状态。

风险预控管理体系由五部分构成：一是风险辨识与管理。主要规定了煤矿危险源辨识、风险评估流程和职责、风险控制措施的制定和落实以及危险源监测、预警和消警等要求，其作用是将风险预控的思想和理念全面贯彻到体系运行的全过程。二是不安全行为控制。主要规定了煤矿各岗位不安全行为的梳理、机理分析和管控纠正的要求，其作用是保障每个岗位能严格执行正确的安全程序和标准，防止因人的失误而导致事故和伤害。三是生产系统控制。主要规定了煤矿采、掘、机、运、通等生产活动，特别是防突、防瓦斯、防火、防水等系统的管控要求，其作用是将煤矿安全生产的法律法规以及安全质量标准化的标准全面贯彻到生产各环节，实现动态达标。四是综合要素管理。主要规定了生产系统以外的其他煤矿生产辅助系统安全管理的要求，其作用是实现煤矿安全管理全过程、全方位和全员参与。五是预控保障机制。主要规定了体系运行组织机构及其安全责任制、体系方针和目标、体系文件化以及体系评价等要求，其作用是保障体系能推动起来和运行下去。神华集团风险预控管理体系的 5 部分构成中，有 28 个子系统、160 个元素、746 个条款。

与传统的安全管理方法相比，风险预控管理体系有其突出的优势和鲜明的特点：一是建立了科学的安全管理流程。主要是通过全面辨识各生产系统、各作业环节、各工作岗位存在的不安全因素，明确安全管理的对象；对辨识出来的各种不安全因素进行风险评估，确定其危险程度，进一步明确各个环节安全管理的重点；依据国家法律法规等要求，结合生产实际，有针对性地制定管控标准和措施，明确安全管理的依据和手段；通过落实管控责任部门和责任人，保证管控标准和措施执行到位。这一流程通过体系内部的预控保障机制得以有效运行，保证了隐患排查治理的有效性。二是把安全生产责任落到了实处。风险预控管理体系强调要建立全方位的安全生产责任制度，对体系中的每个管控元素进行细化分解、责任到人，形成"纵向到底、横向到边"的责任体系。在纵向上，明确了集团公司、各子（分）公司、各矿安全管理的责任关系，什么问题，由哪一级负责，由谁负责，非常清晰。在横向上，通过系统危险辨识，明确了各业务部门的安全管理责任，把安全管理责任由安全管理部门一家延伸到所有业务部门，实现了部门业务保安；通过岗位危险源辨识，明确了职工的岗位安全责任，实现了安全管理责任的全员化。三是实现了超前预防管理。风险预控管理体系要求煤矿全面开展危险源辨识和风险评估，制定风险控制标准和严密的保障措施，使煤矿安全管理由传统管理转变为"辨识和评估风险—降低和控制风险—预防和消除事故"的现代科学管理，同时建立信息网络系统，运用系统自动预警等功能，对各类危险源进行跟踪管控，真正实现了关口前移和超前防范，开创了风险预控、主动式管理的全新模式。四是突出了风险控制的重点和考核机制。主要控制两类危险源：一类是以领导干部和业务部门为主体，开展系统重大危险源辨识与评估，并落实整改措施，杜绝重特大事故；第二类是以区队、班组和一线员工为主体，开展岗位危险源的辨识与评估，并制定有针对性的管控措施，力争杜绝事故的发生。同时，对各矿风险预控管理体系执行情况进行严格考核，将考核结果在全集团公司内排序通报，并与全员安全结构工资挂钩，不同岗位的挂钩比例有所区别，矿级领导挂钩比例高达60%。推行安全风险预控管理体系以来，神华集团安全隐患大幅度下降，重大隐患得到了超前控制。五是建立了循环闭合的运行体系。风险预控管理体系严格执行PDCA（计划、执行、检查、处理）循环管理方法，建立了从管理对象、管理职责、管理流程、管理标准、管理措施直至管理目标的一整套自动循环、闭环管理的长效机制。管理体系内部各子系统之间既相互联系，又独立循环，有力促进了闭环管理持续改进机制的形成，使安全质量标准和措施在体系运行过程中得到执行、隐患在体系运行过程中得到消除。据统计，神华集团推行煤矿风险预控管理体系以来，员工"三违"现象减少了 80% 以上，设备故障率下降了 77%。六是简便实用，便于职工掌握。从某一个矿辨识的危险源来看，多达几千条，似乎难以掌握，但具体到某个部门和岗位，仅有几条或十几条，做成一张小卡片带在身上，就可以随时掌握岗位危险因素和作业规范，保证了每个员工更清楚自己该做什么、按什么标准做，切实形成了全员参与安全管理的格局。

神华集团在煤矿推行风险预控管理体系，其可贵之处在于"落实了一个思想，提供了一套方案，解决了一系列问题"，就是把"安全第一、预防为主"的思想落到了实处，提供了一套系统性的安全管理解决方案，最大限度地解决了因规定不具体而"严不起来"、因操作性不强而"落实不下去"的问题，实现了岗位自主管理和风险超前防范。实践证明，风险预控管理体系是一套全面的、系统的、循序渐进的现代安全管理方法，是一套能够集中解决目前我国煤矿安全管理突出问题的长效机制，是不断提升煤矿安全管理水平的重要抓手。

（3）探索建设现代化矿井的途径，为实现安全发展开辟新的道路

神华集团的快速发展起步于 20 世纪 90 年代初期。当时我国煤炭工业的整体水平还相对落后，安全生产水平较低。神华集团以国家实施能源战略西移、重点开发建设神东煤田为契机，确立了高起点、高技术、高质量、高效率、高效益的"五高"建设方针，开始了神华集团的跨越式发展。经过 20 余年的努力，走出了一条具有神华集团特色的"系统科学化、生产规模化、技术现代化、服务专业化、管理信息化"的现代化矿井建设之路。

● 采用先进科学的矿井设计理念建设新矿井、改造老矿井，最大限度地实现系统优化和集约生产。在新井建设上，充分利用煤层赋存稳定、埋藏浅的优势，优化设计，简化系统，工作面走向延长到 3 000～6 000 米，工作面长度延长到 240～400 米；采用大断面、

多通道的巷道布置方式，实现了低阻力通风，有效控制了煤层的自然发火；采用无轨胶轮化运输，减少了辅助运输环节，大幅度提升了运输能力，减轻了工人劳动强度；采用地面箱式移动变电站，从地面通过钻孔直接向井下供电，满足了工作面长距离供电的要求，安全保障能力大幅提高。神东公司先后建设了世界上首个7米大采高重型工作面、首个中厚煤层综采自动化工作面和国内第一个千万吨矿井，建成了大柳塔、补连塔等7个千万吨矿井群和上湾等3个千万吨综采工作面。同时，神华集团将这一先进的设计理念，应用于老矿井的兼并重组和技术改造，全面推行"一井一面"综合机械化开采，矿井生产能力、现代化水平、安全状况都有了很大提升，使老矿井焕发出了新活力。

● 大投入引进开发先进的安全生产技术装备，推进生产技术装备的现代化。神华集团神东公司瞄准国内外最新、最先进的技术、装备和工艺，先后投入数百亿资金，从美、英、德、澳、南非等国的20多家公司引进生产装备100多种、1 300多台（套）。其中，采煤机功率达到2 925千瓦，实现了煤机电气系统的自我调节、机械故障的自动诊断，生产效率得到了极大提升。液压支架用电液控制系统实现了双向自动控制和成组顺序控制，最大工作阻力可达18 000千牛，使用这种高强度、大阻力、稳定性好、能够带压移动的支架，有效地预防了顶板事故。顺槽采用长距离胶带运输机，使运输能力达每小时3 500吨以上。工作面电气设备采用了高电压、大容量的组合式自动调节控制开关，装备了功能齐全的工况参数监控系统，对设备实现在线监控，使故障判断准确、维修方便，有效地防止了机电事故的发生。同时，神华集团坚持产学研相结合，实现了液压支架、刮板运输机、掘锚机等主要采掘设备的国产化，国产化率已达80%左右，提高了我国煤矿装备制造水平。

● 着力打造高素质的专业化服务机构，助推煤矿安全发展。为了改变煤矿生产、辅助、后勤等一应俱全，机构庞大、人员众多的局面，神华集团在各子公司强力推行专业化建设，以安全生产为中心，将矿井开拓准备、综采工作面回撤安装、设备管理与维修、物资供应、洗选加工、地质测量、车辆管理、后勤服务等 20 多项业务从煤炭生产核心业务中分离出来，成立了生产服务中心、开拓准备中心、设备维修中心、洗选中心等十大专业化服务单位，不仅有效消除了传统煤矿粗放式管理带来的管理人员多、机构设置多、安全管理难度大等弊端，而且集中了人才、资源等优势，提高了设备、人员工作效率，实现了全公司的减人提效。实施专业化服务后，综采工作面回撤平均用时由 26 天降为 9 天，工作面安装平均用时由 15 天降为 6 天，不仅极大地提高了安装、回撤效率，而且提高了设备利用效率和安全生产水平。

● 多系统集成应用安全生产网络管理资源，推进安全管理的信息化和自动化。神华集团积极推进安全生产信息化、数字化、自动化建设，建设了国内先进的综合信息系统，搭建了集团总部、子（分）公司、煤矿三级信息网络平台。充分利用信息化技术，先后实现了煤矿监测监控和综合信息管理系统的网络化，实现了胶带运输和辅助生产系统的自动化，实现了井上下变电所、风机房、水泵房等岗位的自动控制和无人值守；全部生产矿井建立了较为完善的监测监控和人员定位系统，90％以上的生产矿井安装了移动通信系统。除井下移动设备以外，所有固定设备均实现了远程控制、监测和诊断，全部生产过程及设备控制均可以在地面调度室完成，在调度室就可以监控多达上万个点的生产运行状况。特别是自动化综采工作面的实施，实现了工作面的记忆割煤、液压支架与采煤机联动；大运量、大功率、单点多驱动、超长距离胶带运输机的使用，加上 CST 软启动或变频启动、自动顺序开停机、全机分段通信和监控系统等技术的应用，使主运系统便捷、安全、可靠。井下无线移动通信的投入使用，可以随时掌握井下作业人员的工作动态，极大地方便了生产指挥和安全管理。这些信息化、自动化技术的普遍应用，大幅度减少了井下作业人员数量，简化了作业环节，降低了员工劳动强度，提升了整体安全水平。

(4) 打造高素质的员工队伍，为实现安全发展构筑人才保障

在安全生产工作中，人的因素始终是决定性的因素。提高人的素质，不仅可以实现自保，更能实现互保。神华集团正是基于这种认识，从战略的高度更加重视煤矿人才的引进和队伍的教育培训，实现了矿工队伍素质和自保互保能力的持续提高。

● 着力构建人岗相宜、人尽其才的选人用人机制，充分发掘人力资源的潜能。2000 年以后，面对煤炭市场好转、人才竞争越加激烈的形势，神华集团及时调整人才引进策略，变招工为招生，大力引进大中专毕业生。人才的大量引进，不仅使公司员工的整体文化素质得到了进一步提升，而且使员工的年龄和专业结构得到了不断优化。目前公司员工 21 576 人中，大专以上学历人员占 52%，35 岁以下员工占总数的 50%。在选人用人方面，坚持大学毕业生到基层锻炼，从工人做起，从班组长做起；建立了公平的干部选拔任用机制，健全了公开竞聘、"三推三考"制度，即根据任职条件，由员工自我推荐、职工联名推荐、单位推荐，经过书面考试、答辩面试、组织考核来甄选人才，同时根据安全状况实行"一票否决"。2009 年8 月以来，先后组织了 10 多次管理干部公开竞聘活动，共选拔了259 名中层以上管理干部充实到公司重要岗位。同时，在干部使用过程中注重轮岗交流，2009 年以来共交流 17 批 337 名中层以上的干部，有效促进了企业文化的融合，促进了公司复合型管理人才的培育。

● 建设培训中心和实训基地，转变培训方式，进一步提升培训质量和效果。神华集团成立了神华管理学院，在北京建设了集培训、研发、成果推广为一体的培训基地；在神东公司建成了多功能的教育培训中心；在神宁公司建立了银川综合实训基地和灵新矿采掘实训基地等五大培训基地。在教育培训工作中，大力推进"三个转变"：一是在培训内容和项目上，推进由基础性培训向专业化培训转变，进一步提升培训的针对性与超前性。二是在培训的方式和方法上，推进由分散无序的单一培训向系统化、规范化的体系培训转变，建立"教材、课程、课件、实操、师资、考务"六大培训管理系统，进一步提升培训效果。三是在教育培训管理上，推进由单一课堂模式向多元教学模式的转变，充分利用实操基地进行实践教学，极大地促进了员工职业技能水平的提高。2007年以来，神东公司共开展安全管理、岗位技能等各类集中培训1 058期，培训员工11.3万余人次，实现了全员持证上岗，广大员工基本上能够做到熟系统、懂原理、严操作、会保安。

●加强班组建设和班组长的培养，重点提升班组长的安全技能和综合素质。一是深化班组建设。神宁公司推行了"四五六"班组管理新模式（即坚持安全、工作、学习、活动四位一体，创建学习、安全、创新、专业、和谐五型班组，构建班组建设组织、制度保障、现场安全风险管控、教育培训、文化引领、考核评价六大体系）。深入推进"手指口述"和"准军事化"管理。二是加强班组长培养和选拔。始终注重对员工的理论培训和实践锻炼，把优秀员工选拔到班组长的岗位上来。先后对2 868个班组的3 007名班组长全部进行了公推直选，涌现出了一批安全生产5 000天以上的煤矿和安全生产先进区队、优秀班组、全国及行业先进个人。三是打造班前"第一课堂"。把煤矿每天30分钟的班前会作为对班组安全教育的最前沿阵地，组织员工进行安全教育学习，使班前会真正成为安全生产的第一道工序、安全教育的第一课堂和安全管理的第一道防线。

●为适应公司发展战略需要，着力打造世界一流的高端管理人才。坚持把矿长作为煤矿安全生产的关键性人物，下大力气打造矿长团队。从2007年开始，神华集团从"提升安全理念，抓好质量标准化建设，提高矿井现代化程度，消除重大隐患，增强安全生产执行力，培养过硬作风，创造良好安全环境，提高员工安全素质"等方面对做合格矿长提出了要求，制定了选拔及考核标准，有效促进了矿长团队综合素质的不断提升。

(5) 培育具有神华特色的安全文化，为实现安全发展营造良好氛围

多年来，神华集团在注重理念引领的基础上，把文化作为一种软实力，坚持"安全文化、重在建设"的原则，紧扣"科学发展、安全发展"这一主题，遵循煤矿安全生产规律，始终把文化建设作为铸魂、育人、塑形的战略措施，树标杆、争一流、创品牌，形成了底蕴深厚、朴素贴切的具有神华特色的安全文化，为安全发展提供了有力的文化支撑。

● 以"树生命至上的安全观，做安全幸福的神华人"为核心，不断丰富完善安全文化建设内容。尊重人、理解人，生命至上、安全第一，是神华集团安全文化建设的重要指导思想。神华集团把这一思想贯穿于生产经营的每个环节，坚决做到"不安全、不生产"，体现了生命至上的庄重宣言。这一安全誓言感染着每一位员工，他们基本上都能做到认真落实岗位责任，自觉践行着自保互保的岗位职责。2008年以来，神华集团全面推进"幸福员工"工程，从提高职工收入、开展沉陷区治理和棚户区改造、改善职工住房和就医、方便子女入学等方面，全方位地提高煤矿职工的幸福指数，神华集团煤矿员工的收入大幅增长，职工居住环境大幅改善，职工幸福感油然而生。特别是通过加强矿井现代化建设，井下文明生产环境得到了极大改善，员工劳动强度大幅度减轻；通过定期为矿工进行健康检查，配备先进防护设施，采取多种措施对矽肺病等职业性伤害进行预防等，使矿工珍惜工作岗位的情感和意识不断增强，极大地鼓舞了广大员工做好安全生产工作的积极性和主动性。

● 加强安全文化传承与创新的融合，着力凝聚安全发展的精神支撑力量。神华集团虽然成立时间不长，但逐步形成了一种独具神华特色的"敢于超越、勇争一流"的现代企业精神。神华集团各级管理人员和广大员工来自五湖四海，再加上大量的大中专毕业生等人才的引进，为煤矿安全文化建设和发展注入了新鲜血液。这些精神在安全发展这一共同目标的指引下，相互融合、互相影响，凝聚成了神华集团煤矿安全发展的强大精神力量。

● 不断丰富煤矿安全文化建设载体，为煤矿安全发展营造轻松愉悦的环境。神华集团十分重视文化载体建设，充分利用各种生动活泼的文化载体，着力营造浓厚的安全文化气息。许多煤矿在上下井主巷道中，悬挂着安全文化标牌，上面既有矿工亲人的照片，也有矿工家人的温情寄语，浓厚的亲情文化氛围让一种珍惜生命和眷念亲人的思想情怀油然而生。神华集团还经常开展面向全家福宣誓、家属井下探亲、事故现身说法、安全文艺汇演、安全漫画展览、安全事故案例展、安全论坛等一系列活动，让职工群众在喜闻乐见的活动中接受教育、提高认识、陶冶情操。这些丰富的宣教方式，不仅让员工在轻松之余受到了安全文化的感染，而且为煤矿的安全发展营造了浓厚的安全文化氛围。

● 把严格要求并执行到位变成自觉行动，使安全文化的软实力变成安全发展的硬动力。严格要求并执行到位是神华集团安全管理的一条重要原则。为了确保各项措施和要求能够执行到位，神华集团把每一项制度措施量化到每一个环节、每一个岗位、每一位职工，要求职工严格执行，同时根据执行情况实行激励与惩罚并重的机制。通过长期的程序化管理和标准化操作，促进职工把执行制度变成习惯，把遵章守纪转变成为广大干部员工的自觉行动，使安全文化外化于形、内化于心，真正起到了促进安全生产工作的重要作用。

8. 潞安矿业集团公司抓"三个安全"建"三大机制"的做法

潞安集团的前身为潞安矿务局，2000 年 8 月整体改制为潞安矿业（集团）有限责任公司，经过十年的建设发展，现在已经发展成为一个以煤为基础，煤、电、油、化、硅综合发展的绿色新型能化企业集团，成为山西省五大煤炭企业集团之一。2010 年，潞安集团煤炭产量突破 7 000 万吨，实现营业收入 900 亿元。

在企业的高速发展过程中，潞安集团以完善安全质量标准化为手段，以建设新型大安全管理格局为主线，突出抓好"三个安全"，着力完善"三大机制"，不断强化"三种力量"构建了横向到边、纵向到底的高标准"大安全"格局，有效地促进了安全生产。

潞安矿业集团公司抓"三个安全"建"三大机制"的做法主要是：

（1）完善安全管理支撑系统，突出"三个安全"

近年来，随着潞安集团的发展，新建投产矿井和新加盟矿井不断增多，在地质条件多样化，地面高危产业管理经验欠缺，安全管理幅度、跨度进一步加大，瓦斯、水患等重大事故威胁日益严峻的情况下，潞安集团重点实施了各产业安全质量标准化工程，完善安全管理的三大支撑系统，突出抓好了高端化的源头安全、高可靠的变化安全、高标准的动态安全"三个安全"。

● 高端化的源头安全。高端化的源头安全，是以安全集约高效为核心，落实人少的安全理念，将复杂安全标准化简单化，奠定大安全根本性基础。潞安集团领导认为，"安全是企业绝对的第一战略、职工绝对的第一福利、各级班子绝对的第一责任"，安全投入是企业的"第一投资序列"。因此，公司近年来重点实施了各产业安全质量标准化、自动化矿井集成创新、大长厚工作面开采工艺完善、透明地质保障平台建设、瓦斯抽采治理平台建设、煤矿新型防护体系建设、煤基合成油示范厂安全防护系统完善、整合矿井九大系统完善等。其中，"特厚煤层安全开采关键装备及自动化技术"荣获了国家科技进步二等奖。公司在成功建成 280 米超长工作面基础上，又建成了 300 米超长工作面，探索了复杂条件下安全集约高效开采的新模式。

● 高可靠的变化安全。以大超前管理为主线，以分级管理为抓手，最大限度地减少变化，最大限度地控制变化，最有效地管理变化，突出抓好了高可靠的变化安全。集团实施了重大异常日报、调度通报、及时上报、现场特别管理和特别监察、集体现场办公和领导分级跟班制度，健全了周一大调度例会和月度"大超前"管理专题例会制度，推行了变化调度分级运行管理机制，完善了"三大六超前"（大衔接、大系统、大布局和技术超前、措施超前、地质超前、装备超前、通风超前和抽采超前）管理运行体系，以"三个调度会"（超前调度，重点调度，变化调度）为切入点，建立了强有力的调度指挥体系，将"大超前"管理体系落实到了日常管理中，提高了管理的高度、力度和精度，构建了透明、简洁、高效的生产管理体系。对生产变化环节和重点生产环节进行超前管理、超前控制，对阶段性重点工作进行重点落实、重点管理，真正达到了"管重点、管变化、管提升"。

●　高标准的动态安全。以动态安全质量标准化达标为主题，以一流的高标准确保一流的高安全，创建本质安全大环境，实现了高标准的动态安全。潞安集团全面强化了正规循环作业和正规有序管理，严格遵循"安全质量标准化不达标不生产"的理念，以点带面，建立完善了动态达标管理运行机制，构建了监督管理体系，强化现场安全质量考核，推行透明化、标志化和形象化的管理运行机制，全面强化了安全生产动态达标。集团本部 11 座矿井，全部达到省安全质量标准化一级矿井标准，其中，王庄矿、常村矿等 8 座矿井，还被评为国家级安全质量标准化煤矿。

"三个安全"的深入推进，进一步夯实了集团安全生产基础，安全质量标准化精品矿井建设的深入开展，创建了集团公司的本质安全型企业环境。

（2）建立安全管理新格局，完善"三大机制"

重大事故预防机制、安全管理机制和合力运行机制这"三大机制"，是潞安集团安全管理格局中的关键运行机制。

●　重大事故预防机制。首先，集团坚持重金、高投入，重锤、大力度，重心、抓关键，努力实现不超限、不突出、不自燃，全力构建了重大事故预防机制。随着资源整合和兼并重组，近年来，新加盟矿井不断增多，集团面临如何保障这些处于过渡期、危险期矿井安全的问题。2010年，集团先后对31个整合煤矿进行了复工复产验收，对25座矿井进行了复工复产批复；对整合矿井分区域、分责任人进行摸底跟踪，建档管理；对整合矿井"六大员""五部一室"、特殊工种人员进行了高标准培养配置，配备总人数达到1 368人。在此基础上，推行了"以矿带矿、以科带科、以队带队"的管理办法、专家会诊制度、"六大员"精细化管理制度，使这些整合矿井管理水平实现了快速提升。同时，按照"特殊区域，特别管理"原则，对整合矿井实行了"隐患建账，分类管理，闭合运行，跟踪监督"的办法，强化了整合矿井隐患排查。同时，采取了隔离开采、锁定管理、专家会诊、"五人小组"等特殊措施，加大安全监管力度。例如，对采空区、老窑、废巷等可疑区域全部留设有效隔离煤柱；锁定作业区域、锁定作业项目、锁定作业人员，确保责任落实；聘请外部专家对整合煤矿进行了安全技术会诊等，全力推进了整合矿井安全集约高效生产和现代化建设工作。

● 安全管理机制。全面提升职工素质，完善了主动的安全管理机制。集团实施了"全员培训计划"，仅2010年就投入近亿元，建成了一个国家一级、一个国家三级和八个国家四级安全培训平台，培训各类工种5万人次。开办了井下一线班组长学历提升班，录取了122名基层优秀班组长；加强了"五大长"和通风区长的选拔培养，在山西省率先建立了近300人的"五长和通风区长人才库"；加大了技能鉴定和技能人才培养力度，仅2010年就有4 859名员工通过技能鉴定取得职业资格证书；组织多晶硅、太阳能、煤基合成油的有关岗位人员和技术人员，到江西、上海、江苏等地院校及相关公司进行专业技术培训，为新兴产业培养了大批熟练工人和高技能人才。同时还变招工为招生，全年招收1 006名高考落榜生充实到生产一线，从源头上提高了员工队伍素质。目前，集团技术工人就有33 303人，占员工总数的74％。其中，有高级技师149名，首席技师、首席工程师和首席专家43名。

● 合力运行机制。坚持多措并举，实现了全方位、多层次、立体化的合力运行机制。集团将所有生产企业分门别类，全部纳入"大安全"管理体系，分类管理。2010年，集团还下发《关于2010年地面生产经营企业安全质量标准化工作安排的通知》，对煤基合成油、电力、民爆、矿山机械、焦化、运输、工程建筑等安全质量标准化工作进行完善；向地面重点行业、整合煤矿、煤基合成油等新型煤化工企业派驻独立安全监察站，在各类矿井、各个产业、各子分公司及跨区域公司健全后勤保障、医疗急救、交通安全、治安消防等安全质量管理标准，并严格量化考核，加大安全质量在分配中的比重，最高奖励可达到10万元，同时实行隐患举报和收购奖励机制，形成了领导高度重视，各部门齐抓共管，职工广泛参与的"大安全"管理格局。

(3) 强化"三种力量"，积极营造安全氛围

近年来，潞安集团在企业安全生产管理中，还着力提升了"三种力量"，积极营造安全氛围。安全氛围具有较强的潜移默化的作用，能够加强安全理念的渗透，使安全理念渗透到每个员工的内心深处，真正构建内化于心、外化于形的强势安全文化，从而启发员工的安全觉悟，引导安全行为，促进安全生产目标的实现。

潞安集团着力提升了"三种力量"是：

● 安全执行力。为强化高效的安全执行力，集团建立了垂直管理的独立安全监察机制，坚持"培养与引进"相结合，打造高素质的独立监察队伍。在全集团推行了"红线"管理，将"未执行先探后掘、未实行隔离开采、未在透明地质平台下作业、未严格执行领导干部下井带班规定"等50条内容，全面纳入"红线"管理规定，触犯"红线"的，领导免职、员工解聘。推行了安全约谈制度，安

全工作做得最差、隐患整改不到位、整改率最低的单位，主要领导都要召回集团进行述职。此外，集团还落实了干部政绩与安全挂钩制度，加大了责任追究力度，实行了隐患通报、电视亮相等管理制度，强化了安全执行力。

● 安全危机应急力。集团注重全面提升安全危机应急力，建立新型的煤矿防护救援体系，在采、掘工作面等作业人员较集中的地点设置移动救生舱，在采区和矿井主要大巷设置永久救生硐室，并完善了监测监控、人员定位、紧急避险、压风自救、供水施救、通信联络六大安全保障系统，构建了"防得住、躲得开、救得快"的新型煤矿防护救援系统，做到了应急反应快速响应、集体响应、现场响应。2010年5月19—20日，国家安监总局、国家煤监局专门召开"全国煤矿坚决遏制重特大事故推广井下救生舱等避险设施现场会"，在全国推广潞安常村试点经验。

● 持续的创新力。近年来集团以开放的态度，学习神华先进的自动控制、通讯等技术，学习淮南矿业集团瓦斯治理理念，学习南非新型煤矿防护救援系统，学习澳大利亚安全惩戒制度，学习兖矿集团"抓基础、抓基层、抓基本功"的重要措施等，将国内外和自己的先进成果、技术和管理经验进行优势嫁接，实现优势集成，集成创新，走出了一条具有潞安特色、充满创新的安全发展之路。集团自主创新的综采放顶煤技术，被誉为"潞安采煤法"，并引领了世界厚煤层采煤技术的发展潮流。近年来集团在企业主导技术、装备水平、效率效益方面始终名列全行业前茅，三次荣获全国企业管理最高奖。

"安全是潞安最大的效益工程，是生命工程"。集团以完善安全质量标准化为手段、建设了本质安全型矿区，逐步构建起了适应跨越发展的新型"大安全"管理格局，企业不仅杜绝了重大事故，而且百万吨死亡率始终控制在0.025以下，达到国际领先水平，形成了"安全高效"的生产模式，保持了集团的安全快速发展。

9. 小河嘴煤矿依靠标准化实现连续多年安全生产的做法

四川煤炭产业集团达竹公司小河嘴煤矿始建于 1989 年，为高瓦斯矿井，核定年生产能力 45 万吨。该矿煤层极薄，煤层倾角变化大，煤层赋存条件差，安全管理难度大。1994 年由于国家煤炭产业政策的调整，曾被列为停缓建，直到 1998 年才正式投产。

小河嘴煤矿作为一家初期投入不足，基础建设落后，后来边生产边建设的国内西南地区典型的大倾角极薄煤层和高瓦斯矿井，该矿始终坚持"安全第一，预防为主"的安全生产方针，深入推进安全质量标准化工作，不断规范班组基础工作，积极推进精细化管理，在职工中开展上标准岗、干标准活、干部不违章指挥、工人不违章作业活动，增强了生产现场的管理和控制能力，实现连续多年安全生产，打造出"全国极薄煤层同类型一流煤矿"。

小河嘴煤矿依靠标准化实现连续多年安全生产的做法主要是：

(1) 建立教育阵地，灌输安全意识

近年来，小河嘴煤矿坚持理念灌输引导，先后提出了"安全第一、生产第二""事故可防可控，必防必控""一切以安全为重、一切为安全让路"等安全理念，要求"塑本质安全型员工、铸本质安全型班组"，全矿全员"抓好标准化，争做安全人"。

为此，该矿首先建立了安全质量标准化工作"五个一"教育阵地，即以采掘头面为主的安全教育"一条线"，从井口到井下运输大巷为主的安全教育"一条龙"，以地面工业广场、生活区街道为主的安全教育"一条街"，以区队、班组学习室为主的安全教育"一园地"，以广播、电视、板报为主的安全教育"一载体"，打造了覆盖全矿的安全学习主阵地。平时，矿政工部就利用广播、电视、宣传橱窗、简报、安全学习日、班前会等宣传媒介，不断加强对广大职工的教育培训，提高职工"上标准岗，干标准活"的自觉性和主动性。

除班前会、周三安全学习外，该矿还专门设立了安全活动日，

将安全质量标准化工作有机融入安全演讲、安全评书、安全情景剧等安全主题教育活动中去，增强安全质量标准化教育培训的针对性、时效性、生动性和趣味性，做到全员齐参与、常年不断线，引导员工主动投身其中。同时，该矿每周还编辑出版一期全矿安全质量标准化工作《考核情况通报》，将考核结果在矿区广播上播出。通过这些活动，员工的安全质量意识不断增强，"抓好标准化，争做安全人"成为广大员工的自觉行动。2010年年底，矿安监处统一组织安全质量标准化知识考试，全矿18个工种856人全部达到92分以上，合格率达到100%。

（2）细化考核标准，健全考核机制

为了将安全质量标准化抓好、抓细、抓出成效，小河嘴煤矿专门成立了安全质量标准化领导机构，明确矿、科（队）、班组三级的工作职责，从而形成了"党政牵头、专业主抓、区队配合、部门协作、职工参与"的安全质量标准化建设机制和工作格局，确保了安全质量标准化工作有制度、有措施、有督导、有考核、有评比，做到了"人员、机构、制度、保障、责任、监督、考核"7个落实。

在此基础上，小河嘴煤矿认真细化了考核标准。全矿成立了采煤、掘进、机电、运输、通风、地测防治水、调度、爆破器材、交通消防、安全管理10个标准制定专业组，从标准、目标、责任、措施、考核等环节入手，制定安全质量标准化考核内容和考核标准。为了做到考核标准制定工作的公开、公正、透明，使制定出的考核标准更加具有针对性、适用性和可操作性，标准制定小组还把基层班组生产骨干纳入其中。

考核内容主要围绕安全质量标准化工作的完成情况以及安全效果情况进行，"重点是掘进，'一通三防'是重中之重，瓦斯治理是关键环节"。根据这些重点内容，全矿制定出了包括近200项考核内容和扣分标准的考核实施细则，考核细则制定出来后，矿里每年还要根据实际情况，重新修订不同机采、倾角的标准化考核扣分细则。

　　同时，该矿还结合实际，制定了《小河嘴煤矿安全质量标准化检查考核实施办法》《班组工程质量验收制度》《小河嘴煤矿安全质量标准化评比及奖惩制度》《安全质量标准化现场隐患治理及管理办法》《安全质量标准化隐患认定、治理过程安全防范、跟踪检查管理办法》等安全质量标准化制度，并不断进行补充完善。

　　如《小河嘴煤矿安全质量标准化检查考核实施办法》要求，凡是发生一级非伤亡事故或重伤以上事故的，每次扣责任单位及机关各部门管理人员 30 分，其余单位与部门操作人员每次扣 10 分；凡是发生二级非伤亡事故或重伤事故的，每次扣责任单位机关各部门管理人员 10 分，其余单位每次扣 3 分；凡是发生三级非伤亡事故的，每次扣责任单位 1 分，超标加倍扣分；凡是发生一般非伤亡或轻伤事故的，对责任单位每次扣 0.5 分，机、运、通队每次扣 1 分。同时，该矿还特别把隐患和违章行为也纳入安全质量标准化考核中，凡是存在 A 级隐患和严重违章行为的，每次扣责任单位月度标准化考核总分 1 分。这些考核办法，不仅避免了安全质量标准化考核中徇私情、走过场的弊端，而且增加了考核工作中的透明度和可操作性。

　　小河嘴煤矿还在采煤、掘进、机电、运输、通风等专业线内部按专业实行了奖头罚尾措施，一是获得安全质量标准化第一名的，奖励 500 元，考评最后一名的，处罚 400 元，具体奖惩由矿安监处执行。二是全矿在集团公司安全质量标准化检查评比中，受到集团公司奖励的各专业线或采掘工作面，矿里实行对等奖励，集团公司给予多少奖励，矿里也给予多少奖励；若受到集团公司处罚的，第一次矿里给予对等处罚，第二次矿里给予加倍处罚，第三次由矿研究后给予相应的处罚。三是对连续三个月获全矿检查评比倒数第一名的，或两个季度被集团公司评为倒数第一名的，给予区队队长警告处分并处罚款 1 000 元，两个季度被集团公司评为倒数第二名的，给予区队队长通报批评处分并处罚款 500 元；对连续六个月被全矿检查评为倒数第一名的，或三个季度被集团公司评为倒数第一名的，给予区队队长降职处分，并处罚款 2 000 元。与之相对应的是，对连续三个月获矿第一名或连续两次获集团公司前三名的采掘工作面，则给予队长 1 000 元奖励，连续两次获集团公司前两名的专业线负责人，给予专业线负责人 1 000 元奖励。这些考核标准、考核办法出台后，很快在全矿 29 个机关部门和生产区队中进行了全面实施。

（3）严格问责，促进主体责任落实

有了严格的考核细则标准，接着就是如何考核落实的问题了。在推进安全质量标准化工作中，只有过硬执行安全考核制度，落实安全主体责任，才能为矿井安全生产保驾护航。

在每月初召开的安全质量标准化工作考核会上，矿领导、副总工程师、各部门负责人、各区队队长、党支部书记及各专业线安全质量标准化工作负责人，会对各级安全质量标准化的落实情况进行面对面考核。首先，由安监处、政工部联合通报月度安全质量标准化考核情况，然后，与会人员分别就自己部门（区队）存在的问题进行深入剖析，分管领导就分管工作找不足。

考核结果直接与员工工资收入挂钩。2009 年年初，该矿率先在生产、安全、技术三个部门中试行月度安全质量标准化考核，对三个部门所有管理人员实行安全结构工资考核。办法试行第一个月，考核结果就给职工敲响了警钟。参与考核的三个部门 26 名管理人员中，有 12 人因安全质量标准化工作履职不到位或未完成计划工作被扣安全工资并被口头警告，扣得最多的达五六百元。

这一考核办法，彻底打破了干部职工"干好干坏一个样，干多干少一个样"的"大锅饭"思想。仅 2009 年这一年，全矿领导班子成员中，因安全质量标准化工作考核不合格，就被实施经济处罚 6 875 元。先后有 15 名科（队）管理人员因履职不到位被问责，其中有两名机关管理干部被调整为基层操作人员，两名正队级管理干部被降为副队级，7 名副队级管理干部被直接降为基层操作人员，正科级管理干部 4 人次在矿安全办公会上进行了安全述职。

具体考核中，小河嘴煤矿还把班组安全质量标准化的考核权下放给班组长。入井前，由现场值班队干和当班班组长到矿调度室领取班安全质量标准化验收卡，现场联合监督验收工程质量。做到上班工程质量不合格不接班，本班工程质量不达标不交班，根据本班组各岗位工作完成情况、工程质量的好坏，给予当班班组职工相应的分值，经现场当班值班队干、班组长和岗位职工三方验收合格后，由班组长及时填写验收卡，当班班长和现场值班队干要在上面签字确认。同时，区队领导不定期不定点对各班组工作头面进行抽查，如发现弄虚作假的，一律取消持卡资格并从严处罚。这一举措，将安全质量标准化工作落实到了基层，落实到了实处。经过 2010 年一年来的运作，全矿班组职工安全意识、质量意识明显增强，工程质量月月达标。

安全质量标准化工作的实施，推动了小河嘴煤矿安全生产工作的良性发展。2008 年以来，全矿已连续三年杜绝了重伤以上事故，大倾角极薄煤层机械化开采率达到 100%，产能由建矿时的 7 万吨跃升到现在的 31 万吨；2009 年，小河嘴煤矿被川煤集团评为"川煤集团安全质量标准化示范矿井"；2010 年 4 月，小河嘴煤矿又被国家煤监局授予"国家级安全质量标准化矿井"；到 2011 年 1 月 5 日，小河嘴煤矿已实现了连续安全生产 1 346 天。

10. 钱家营矿业公司加强廉洁文化建设构建和谐企业的做法

钱家营矿业公司隶属于开滦（集团）有限责任公司，位于河北唐山丰南境内，于 1978 年开工建设，1988 年投产，设计年产原煤400 万吨，并有一座与之相配套的选煤厂，是一座特大型现代化矿井，也是中国最大的肥煤生产基地。

近年来，钱家营矿业公司以廉洁文化建设促进发展，以发展巩固和谐，致力于构建和谐企业，通过加强企业廉洁文化建设，使企业安全、生产、经济等各项工作走上了持续、健康、快速发展的良性运行轨道，全公司 6 000 多名干部员工也焕发出来前所未有的凝聚力和战斗力，一个干群和谐、人人思进、人人向上的现代化特大型煤炭企业正以崭新的面貌展现在世人面前。

钱家营矿业公司加强廉洁文化建设构建和谐企业的做法主要是：

(1) 明确思路，廉洁建设入轨上位

2004 年，中央颁发了《关于建立健全教育制度监督并重的惩治和预防腐败体系实施纲要》，与此同时，胡锦涛总书记做出了加强廉洁文化建设的重要指示。对此，公司党委及时组织领导班子成员认真学习讨论，深刻理解廉洁文化建设的基本内涵及抓好廉洁文化建设的重要意义。

为建设特色廉洁文化，公司党委研究制定公司廉洁文化建设工作思路，出台了《钱矿公司加强企业廉洁文化建设的实施意见》，明确了廉洁文化建设的指导思想、工作目标，形成了"先易后难，循序渐进、突出重点，整体推进"的廉洁文化基本思路。同时，公司党委把廉洁文化建设纳入党的建设和企业文化建设整体规划，同步部署、同步规划、同步落实。专门建立了由党政主要领导任组长，有关副职任副组长，机关职能部门负责人为成员的廉洁文化建设领导小组，并从相关部门抽调 6 名同志，组建廉洁文化建设办公室，负责协调廉洁文化建设的各项具体工作，从而保证了廉洁文化建设有组织、有领导、有计划地推进与实施。

(2) 把舵导航，引领企业健康发展

思维是行动的先导。钱家营矿业公司党委在廉洁文化建设工作中，首先抓的第一件事是构建科学化、人性化的廉洁文化建设理念体系，并坚持用理念导向干部员工的从业行为，引领企业健康发展。

2007 年，公司党委以开滦集团"廉则荣、贪则耻、以廉强企"廉洁文化核心理念为基础，组织全体员工开展了廉洁文化理念征集活动，并组织专人整合提炼了"以廉洁促安全、以廉洁增效益、以廉洁谋和谐、以廉洁求发展"的公司廉洁文化建设核心理念，"公生明、廉生威"的用权理念,"严管干部、善待员工"的管理理念和自律理念、监督理念、道德理念、教育理念、生活理念、履职理念、从业理念、交友理念等 10 条具体理念以及 238 条廉洁文化警句格言,形成了涵盖不同层次、不同岗位的公司廉洁文化建设理念体系,并以此作为企业和每个员工自觉遵循的职业道德规范。

要想员工爱企业,企业首先爱员工。在廉洁理念的引领下,公司党委紧扣和谐,涤浊扬清,实施了暖心聚力工程,有力推进了和谐企业建设。

● 践行严待干部、善待员工管理理念。过去,公司与各基层单位分析安全事故的时候,总也摆脱不了追究员工责任、重罚员工的传统观念和做法。如今,公司提出,事故和问题发生在现场,但本质在管理,关键在干部,分析事故的时候首先从上到下追究管理和技术人员的责任,并规定,安全上出了事故和廉洁上出了问题的管理和技术人员不重用。通过实施这些措施,有力地促进了干部员工思想观念的转变,彻底改变了原来重生产轻安全的传统观念,推进了公司的安全发展。

● 加强区科民主参与、民主监督、民主管理工作,拓宽多种民主管理途径,积极探讨对话、恳谈等民主管理形式,探讨民主听证会制度,理顺员工思想情绪。

● 构建员工健康体系,建立了为员工查体制度、员工大病基金保障制度,关心员工身体健康。建立困难员工生活救助制度、困难员工子女入学资助制度和员工生日贺卡发放制度,帮助员工排忧解难,为员工送上生日的温馨祝福。两年来,公司先后对 75 名患大病员工和困难员工子女入学实施了帮扶救助,救助金额达 25.8 万元。

● 从关心关爱员工入手,筹集人力物力实施了食堂改造工程和特色餐厅建设,既解决了住宿员工外面用餐不方便、不卫生,影响员工身体健康的问题,又解决了有糖尿病、高血压等病症的员工用餐难的问题。同时,投入资金购买蒸箱、热水器,建立公馆服务中心，实施"两热一馆"工程，让员工在井下吃上热饭，喝上热水，工作服有专人清洗，专人发放。

● 坚持用足用好各项经济政策，提高员工收入，尽量缩小干部与工人收入差距，在干部安全风险效益奖标准不变的情况下，将工人的奖励标准提高了一倍。

(3) 强化教育，营造企业廉洁氛围

企业廉洁文化建设，教育是基础。廉洁教育对人们树立正确的理想信念起着重要导向作用，是构建拒腐防变思想道德防线的根本途径。为充分发挥廉洁教育的基础性作用，钱家营矿业公司党委通过廉洁文化进班子、进厂区、进区科、进岗位、进家庭等各种渠道，采取勤廉先模人物典型引路、开展廉洁文化活动等多种形式强化廉洁教育，提高各级党组织廉洁建设的掌控能力和领导水平，提高各级管理技术人员和关键岗位人员拒腐防变和抵御风险的能力，为建立教育、制度、监督三者并重的惩防体系奠定了牢固的思想基础。

● 廉洁文化进班子。公司党委和各党总支、支部利用公司班子和基层班子学习日等形式开展廉洁教育，增强了两级班子廉洁从业的自觉性。

● 廉洁文化进厂区。公司党委在厂区主要公路两旁制作了以"清风正气、勤政务实"等为主要内容的68块永久性宣传牌板和灯箱，建立了廉洁文化一条街；从员工更衣室到灯房建立了廉洁文化长廊，宣传党风廉政建设的有关制度、规定、要求和党风廉政建设方面的正反典型，使廉洁教育走进了厂区，营造了浓厚的廉洁文化氛围。

● 廉洁文化进区科。公司采取在领导人员办公室悬挂廉洁理念牌板和当代先模人物图谱，在员工会议室设置区科务公开栏、中层干部廉洁承诺栏和廉洁文化宣传栏等形式，让廉洁文化走进基层区科。

● 廉洁文化进岗位。公司在关键岗位悬挂、张贴了与岗位相关

的廉洁从业格言警句和职业道德规范警示牌、提示牌，让廉洁文化进掌面、入车间、到岗位。

● 廉洁文化进家庭。公司定期召开管理人员家属座谈会，在管理人员家属中积极组织开展家庭助廉活动，组织家属观看反腐倡廉电教片，定期将廉洁书报送至领导人员家中，并要求她们当好家庭的贤内助，从而构筑了拒腐防变的家庭防线。

在廉洁文化建设中，公司党委从增强吸引力、感染力入手，注重设计载体，为廉洁文化建设的推进搭建了有效平台。

精心举办廉洁文化活动，营造雅俗共赏、寓教于乐的文化氛围。把廉洁文化融入艺术节活动之中，发动基层文艺骨干，围绕弘扬廉洁勤政创作廉洁歌曲、编排廉洁故事、撰写廉洁书法作品、画廉洁漫画活动，并在广大员工中进行传播和展示，收到了寓教于乐的效果；把廉洁文化融入春节游园活动之中，组织展廉洁春联，猜廉洁谜语，玩廉洁扑克，使广大员工在活动中受到了廉洁文化的教育和熏陶。同时注重发挥典型的引路作用，举办勤廉典型事迹报告会，组织评选十佳廉洁把关人活动，大力弘扬勤廉先模人物先进思想和先进事迹，不断提高廉洁从业的自觉性。

创建廉洁教育基地。为推进企业廉洁文化建设，公司拨专款建立了120平方米的企业廉洁文化展览室，以理念篇、教育篇、监督篇、惩处篇、成果篇和鞭策篇6个部分全面展示廉洁文化情况，并将其作为广大党员、领导干部和关键岗位人员的教育基地，较好地发挥了廉洁阵地的教育作用。

构建廉洁文化媒体网络平台，多系统、多层次、多角度地展示廉洁文化建设成果。开设廉洁文化建设网站，开辟廉洁文化、廉洁法规、廉洁论坛、廉洁视频等8个板块，搭起了纪检部门与员工互动交流的信息平台，使广大员工及时了解党的政策和企业反腐倡廉工作动态，学习党纪条规，发表意见和建议，实现了廉洁教育的多样化，教育手段的现代化，教育内容的信息化。

(4) 整章建制，保障企业健康发展

几年来，钱家营矿业公司党委在廉洁文化建设中，认真把廉洁文化机制建设作为防治各种腐败问题和预防腐败体系建设工作的重点，狠抓落实，深入推进。

● 整合廉洁条规。公司党委组织相关人员对近几年有关党风廉政建设方面的制度、规定和有关文件进行整理，共编撰了 15 个方面、两万余字的《廉洁条规手册》，下发到每名管理人员手中，使每名管理人员做到知纪律、晓规定，增强了廉洁自律的自觉性。

● 完善制度规定。在严格执行现有规章制度的基础上，围绕员工最关注和最容易出现问题的关键环节进行了规范，确立了 6 个职权部门和 30 个职权单位，确定了企业重大决策、重要干部任免、重大项目安排、大额资金使用和员工收入分配、考勤管理、班队长任用等 20 项职权内容，完善了配套制度，规范了运作流程。下发了《关于权力公开透明运作实施方案》和考核办法，全面推行了权力公开透明运行工作，为各级管理人员廉洁从业提供了制度保证。

● 权力公开透明运行。决策程序及流程公开，让员工了解和掌握公开内容运作程序；运作过程公开，权力行使要按照其决策程序运作，禁止"暗箱操作"；决策结果公开，形成的决策结果必须在五日内公布，接受员工再监督和权力公开透明工作小组的监督考核。

● 进行廉洁承诺监督。中层管理人员每年年初向员工诺廉，年终向员工述廉，接受员工的监督和纪委的考核。

● 强化廉洁文化考核。建立党风廉政建设考评体系。将廉洁文化建设作为党建工作五大体系建设，制定了《关于建立党风廉政建设考核评价体系的实施办法》，把各单位廉洁文化建设作为考评重点，具体考核基层落实廉政建设有关规定、开展廉洁文化活动、党员和管技人员廉洁自律、党风廉政建设责任制执行以及针对存在问题制定整改措施等七个方面的情况，同时将各单位执行党风廉政建设责任制、落实惩防体系情况，纳入党支部工作量化考核体系，兑

现奖惩。

钱家营矿业公司在廉洁文化建设中立足发展，紧扣和谐，涤浊扬清，在促进企业健康、和谐、快速发展的同时，截至 2011 年 10 月 28 日，公司实现了跨年度安全生产四周年，创出了建矿以来安全最长周期，并且先后荣获"开滦集团公司廉洁文化建设先进单位"和"唐山市廉洁文化建设先进单位"荣誉称号，并被唐山市纪委命名为"廉洁文化建设示范基地"。

11. 马蹄沟煤矿以精细管理固本打造本质安全型矿井的做法

马蹄沟煤矿位于甘肃省平凉市华亭县境内，是华亭煤业集团骨干生产矿井之一，年核定生产能力 120 万吨。矿井具有完善的通风系统、防灭火系统、火灾束管监测系统、压风系统、矿井防尘系统、安全监测监控系统、人员跟踪定位、井下通信系统及主扇在线监测系统等安全管理系统。各系统均运行正常，稳定可靠，无重大安全隐患。2008 年被列入国家第二批 45 个创建本质安全管理体系试点矿井之一。

近年来，马蹄沟煤矿认真贯彻落实安全生产法律法规，以"两杜绝一控制（杜绝重大事故和瓦斯、煤尘事故，有效控制零打碎敲事故）"为安全生产目标，积极开展四项活动（安全质量标准化活动，上标准岗、干标准活、干部不违章指挥、工人不违章作业活动，安全承诺活动，安全教育活动），在区队和班组推行精细化管理，把区队班组建设作为基层管理的重点，在改善安全环境和规范职工行为上下功夫，不断探索建立安全生产长效机制的途径和方法，打造本质安全型矿井，取得了一定成效。

马蹄沟煤矿以精细管理固本打造本质安全型矿井的做法主要是：

（1）理念先行，着力构建符合马矿实际的安全文化体系

马蹄沟煤矿本质安全文化建设的目标，是按照本质安全管理建设的总体目标要求，按照有计划、有步骤、深入浅出、由表及里的建设程序，"硬件"建设和"软件"建设结合，形成自我约束、持续改进的安全长效机制，有效预防和控制事故，实现员工无违章、设备无故障、系统无缺陷、管理无漏洞，达到人员、机器设备、环境、管理的本质安全，为煤矿建成本质安全型矿井提供强大的文化支撑。

该矿领导认为：安全文化建设要取得实实在在的效果，必须用先进的理念和科学的理论做指导。为此，该矿从培育安全理念体系入手，在深入挖掘质量标准化文化底蕴的同时，融合企业文化管理理论，2009年9月编制完成了《安全文化手册》，形成自己独特的安全理念："预防筑起堤坝，容人不容三违"。

为了让广大干部职工把安全理念贯穿安全生产的全过程，该矿采用"一二三四五六"金字塔式支撑体系结构来保证所确定的安全理念的实现。该矿对金字塔式支撑体系结构的诠释为：一是树立一个核心安全理念，预防筑起堤坝，容人不容三违；二是坚持不安全不生产的原则，坚持预防为主的原则；三是落实严格、细致、实干的工作作风；四是开展质量标准化、行为规范化、管理精细化、职工教育多样化四项工作；五是完善理念渗透机制、安全责任机制、素质提升机制、工作考核机制、齐抓共管机制五种机制；六是建设矿井—精细安全文化，区队—平安稳定文化，班组—协作团队安全文化，岗位—标准行为安全文化，社区—文明和谐安全文化，家庭—温馨幸福安全文化六个层面的安全文化。

(2) 强力推进，使六个层面的安全文化覆盖全矿

马蹄沟煤矿领导认为，安全文化是实现本质安全的重要手段。煤矿坚持把推进安全文化建设作为规范管理行为和作业行为的重要措施来抓，通过开展安全理念教育、建立安全警示系统、加大安全培训力度等措施，提高了广大干部职工的安全意识和安全素质，积极开展安全理念教育活动，确立"安全为天，生命至尊"的安全文化理念，通过营造浓厚的安全文化氛围，使安全理念成为职工的共识，促进了职工安全行为的养成。

● 强力推进矿井精细管理安全文化。煤矿企业生产环境和生产过程的复杂性及安全的不稳定性都要求对企业的每个人，每件事、每一天，每一处都要进行精细化管理。"精"就是精益求精，追求完美。马蹄沟煤矿大搞"练内功、提素质、创精品"活动，建成1 100人车等候室、地面大倾角驱动机房、井下中央变电所、2519综采工作面等一系列"精品面""精品线""精品硐室"等工程，提高马矿企业管理形象。"细"就是细致入微，一丝不苟。要求每一个人、每一处、每一事都要严格按照作业标准、质量标准、安全标准的要求细心操作，细微观察，从小事做起，从小细节做起，筑起安全生产牢不可摧的防线。

● 强力推进区队平安稳定安全文化建设。安全工作的重点在基层，基层稳则全局稳，基层安则全区安。区队安全文化建设是稳定职工队伍，确保安全的基石。区队要重点抓好职工的思想教育。该矿认真落实安全知识"每天一题，每周一课"教育，抓好每周二、五安全活动日。以安全活动日，宣传贯彻上级安全指令、精神，解决安全生产过程存在的安全隐患。以学规程、讲案例为主要内容，让职工积极参与进去，讲认识、谈体会，增强职工的安全意识。在区队会议室张贴"家有妻儿在等你"为主题的职工全家福照片，让职工始终在家人的注视下从事各项活动，增加亲情化氛围。

● 强化班组协作团队安全文化。班组是企业的细胞和基础，对上可以促进区队的管理，对下可以约束职工的行为，是一切安全措施、任务实施和落实的最前沿。班组是煤矿最小的现场作业团体，安全措施的实施，任务的完成都需要大家的精诚团结，共同努力。因此，班组内部成员的团结协作最为重要，班组成员之间要相互关心在作业中相互提示、帮助，共同促进安全生产。要建设团结协作的安全班组，不"三违"、不蛮干，不伤害自己，不伤害他人，不被别人所伤害，才能达到整体安全。该矿认真学习白国周班组管理先进经验，积极开展白国周班组评比活动，促进班组安全文化的形成。

● 强化岗位标准行为安全文化。上标准岗、干标准活，是对每个员工的要求，也是每个员工必须履行的义务和责任。为了规范职工的操作行为，该矿编制了《马蹄沟煤矿4E岗位操作标准》，对全矿116个工种247个岗位标准进行了规定，从"干什么""怎么干""干到什么程度"都有详尽的标准，要求每个员工必须全面理解、深刻领会岗位标准的含义，在岗位上认真、准确、严格地执行标准，自觉地对照标准，审视偏差，补缺堵漏，达到人人安全，时时、处处安全。

● 强化社区文明和谐安全文化。建设文明和谐的社区安全文化，就是将预防筑起堤坝，把容人不容三违的核心理念融入社区，引入家庭，注入生活，让全矿职工家属都来"关注安全、关爱生命"。要在职工思想上达成共识，在行动上齐心协力，努力营造长治久安，文明和谐，稳定有序的社区环境，让居住在这里的职工安心舒心。"没有安全就没有一切""安全是幸福的守护神""安全关系你我他，安全连着千万家"，让这些观念渗透到社区里的每个家庭，让亲情、友情、爱情、真情去关注煤矿的安全生产，关爱每个矿工的生命安全，共同筑起安全生产的港湾。

● 强化家庭温馨幸福安全文化。家是温馨的港湾，家是消除疲劳的乐园，家是支撑职工安全生产的动力和源泉。常敲安全钟，长鸣安全笛。饭桌上的一句关怀，上班前的一句提示，都能让亲人远离事故，远离危险。妻子是丈夫的知己亲人，要多吹枕边风，以温情感染矿工的一举一动，使他们自觉遵章守纪，确保安全生产。俗话说得好，"家和万事兴"，努力营造尊老爱幼，团结邻里，温馨和谐的家庭氛围，牢牢筑起安全生产的第二道防线。

(3) 加大投入，夯实安全文化建设基础。

马蹄沟煤矿先后投资80多万元，修建了浴池百米文化长廊，制作宣传牌板60余块；投资6万元在区队办公楼、浴池及职工食堂、草坪、井下人车等候室安装了音响系统，创造舒适、和谐的工作氛围；对工业场区、办公区、生活区主要标志进行了更换；更换了井下人车等候硐室、运输大巷、井底车场、各采掘工作面主要标志，制作安装企业文化宣传灯箱，悬挂宣传标语、牌板；投资 30 万元对 1 100 车场人车等候室、二采区人车等候室进行装修美化，摆放座椅；对各类管道、管线按照标准色进行刷漆；统一了管理人员和职工着装。在全矿初步形成以"三点一线"为中心的企业文化宣传阵地，即以矿部百米文化长廊、区队办公楼宣传栏、浴池百米文化长廊三个固定宣传点和井口到各工作面的安全文化一条线，从而改善了矿容矿貌，增强了视觉效果，对培养员工的良好行为习惯起到了推进作用。

通过本质安全文化建设，马蹄沟煤矿真正落实了"安全第一，预防为主"的安全生产方针，变"要我安全"为"我要安全""我会安全"，形成一个"我想安全、我要安全、我会安全"的良好氛围和"不能违章、不敢违章、不想违章"的自我管理和自我约束机制，使安全管理由外部监督控制逐步转化为员工的自我管理，实现人的本质安全。截至 2010 年 6 月 24 日，马蹄沟煤矿已连续 2 257 天实现了安全生产，连续 6 年实现了安全生产零事故，达到了同行业安全管理先进水平。

12. 翟镇煤矿站在职工的角度管理企业塑造差异管理的做法

翟镇煤矿隶属于新汶矿业集团，于 1993 年 12 月正式建成投产，已经连续多年实现安全生产，安全产煤 520 多万吨，创出了建矿以来最长的安全生产周期。目前有员工 5 000 多人。走进翟镇煤矿，人们的第一感觉是地面非常干净，广场、喷泉、鲜花、草地，绿树掩映的林荫道，鹅卵石铺就的小路……在蓝天的映衬下，仿佛是一幅美丽的画卷。

翟镇煤矿领导高度重视安全生产管理工作，将安全工作作为一项系统的工程认真抓好。自 2003 年以来，突破传统思想束缚，形成站在职工的角度管理企业的思路，大力塑造差异管理文化，使矿井企业安全管理走上了特色突出、健康发展的轨道，安全、效益、人均收入等各项工作均处新汶矿业集团公司前列，迅速成长为最具活力、最具竞争优势的现代化矿井，先后获得全国煤炭行业企业文化示范矿、全国文明煤矿、山东省创建学习型组织示范单位等六十多项荣誉称号。

翟镇煤矿站在职工的角度管理企业塑造差异管理的做法主要是：

(1) 实施管理创新，把薄弱环节变成放心部位

著名的"木桶理论"揭示了这样一个道理：决定木桶容水多少的不是最长的木板，而是最短的一块木板。翟镇煤矿正是通过有效的安全管理机制，使短木板变长，使安全生产的薄弱环节变成了放心环节，促进了安全生产形势的持续好转。维护制度的权威性，严格考核奖罚机制。该矿把煤矿安全规程和其他各种安全规章制度视作不可逾越的界限，不允许任何人违反，否则将严加惩处。为此，翟镇煤矿提出了"三个没有"的考核奖惩理念：没有安全就没有职工的生命，没有安全就没有领导的位置，没有安全就没有企业的效益。在这里，凡事只要有安排，就有监督、有考核、有奖惩。当天发现的安全隐患，当天落实整改措施、整改责任人、整改时间和复查人员。矿上安排任务实行 24 小时复命制，否则，将按照有关规定进行处罚，给予曝光。

为了监督管理人员是否按章指挥、是否管理到位，同时增强职工的自我管理、自我约束能力，该矿赋予一线职工了五项权力，即管理人员班前不交代生产现场安全注意事项，职工有权拒绝下井；管理人员违章指挥，职工有权拒绝生产；安全设施不完善，职工有权拒绝进入生产现场；现场安全无保障，职工有权撤离；现场没有安全管理人员，职工有权停止作业。职工因行使五项权力而没有作业视为有效出勤。这五项权利，赋予了职工理直气壮抓安全的"尚方宝剑"，提高了职工安全监督的积极性，有效制止了管理人员在安全管理中不按规章指挥的现象。

翟镇煤矿按照发现问题、分析问题、解决问题、处理问题到预防问题发生的循环，实施闭环管理，实现动态循环控制。在井上井下建立了各专业流程本，凡下井的安全监理、安监员、安监处人员、安监处长对当日发现的问题逐一填写在现场流程本上，然后与前面24 小时内到达现场的安全监察人员排查出的隐患逐一对照，对交方安全管理人员每漏排查一条静态隐患或对排查的隐患未按时排除验收、排除未按时完成，验收与实际不符的逐一落实并罚款，对在前面 24 小时内安全管理人员未按上述程序执行又未进行罚款追究的，分别按罚款标准的两倍逐一落实罚款，同时将考核处罚情况填写在现场隐患记录本上，最后交接双方安全管理人员在现场流程本上签字，上井后将罚款填写在井口信息站记录本上。这一办法的实施，充分调动了该矿全体安全管理人员发现隐患、排除隐患的积极性，能够及时、全面地发现现场存在的各类隐患，做到了隐患排查全面、及时，有排查、有验收、有整改，实现了隐患闭环管理，为施工现场创造了良好的安全生产环境。

（2）推动科技进步，使安全生产变为可靠保障

翟镇煤矿围绕改善矿井安全生产条件，提高矿井机械化程度，深入搞好高产高效矿井建设，积极实施科技攻关和新技术推广活动，先后投资 3 000 多万元，对矿井的各个系统进行了自动化、智能化改造。

● 生产机械化。该矿面对复杂地质条件，投入资金 1 000 多万元，于 2002 年应用了第一套轻型综采支架，获得成功后全面推开，利用综采支架的优势，保证工作面现场安全生产。在三采进风下山和后一回风上山应用了长距离梭车系统，代替了绞车，大大减少了隐患点；在后一回风和三采回风通道应用了"猴车"运人系统，扩展了井下信集闭调度系统，创建了井下重轨化高速铁路，地面运输取消了架空线，改为机车牵引，提高了运输安全可靠性；在主井推广应用了 TPX 型 PLC 自动定量装卸载装置，提高了装卸效率，有效解决了运输系统提升安全问题。

● 监控视频化。该矿在重要生产岗位安装视频装置，在井上下入口处安装了视频监控系统，在调度室建立监控系统，利用工业电视从井上下采集的视频信号，通过视频分配器传输至安装视频采集卡的计算机，然后与矿局域网连接，输入网址后便可以查询井上下的生产动态。利用该系统也可以与视频会议系统连接，实现远程查询和信息共享，调度员可以通过视频直观的监视井口人员或物料进出罐笼的全部情况，为安全生产增加了一道防线。在生产方面，该矿应用生产视频集控系统，运用视频监控原煤运输系统和井下中央泵房进行集中控制。该系统通过光缆的反馈信号实现了设备的远程控制。把原煤生产系统、井下中央泵房的现场设备运行状况显现出来，通过显示器清晰、直观地了解工作现场设备的运转和人员工作情况，当设备出现异常情况的时候，可以迅速通过工区的功控主机控制现场设备的启动、停止，保证设备安全运转。

● 信息网络化。该矿成功应用了综合自动化网络控制与信息技术，使井上下各生产环节设备运行状态、瓦斯、风速、温度等参数实现动态显示，实时监测。瓦斯报警信息可自动发送到生产管理人员手机，矿调度室通过高速网络，实现了对瓦斯、水等灾害的有效防治。该矿成功使用井下无线通信系统，该系统具有抗干扰能力强、通话质量高等优点，目前通信信号在井下巷道和工作面覆盖范围已达 10 千米，可同地面任何电话进行通话，实现了及时调度人员、指挥生产和紧急情况处理。建立安全隐患信息库，配置了专门微机传递系统，把各级人员上井后所填写隐患，筛选出重点立即输入微机上网传递，缩短隐患在现场存在的时间，加快传递和整改速度，并通过内部网络系统，及时向专业领导传输有关情况，同时针对检查出的各类隐患，及时制定相应的安全措施，落实责任，逐一排查，有效制止了各类"三违"现象，促进了安全生产形势的稳定好转。

在安全上的科技创新项目，该矿每年达到 120 多项，使科技在安全生产上的贡献率达到了 100%。充足的安全资金投入和矿井的科技进步，为该矿的安全生产筑起了一座坚固的安全科技防线，使各种危害矿井的安全隐患处于有效监控之下。

(3) 推进安全文化建设，让安全文化规范职工的行为

安全文化是矿井安全管理的核心。安全理念的深入人心，安全生产的周期不断延长，逐步实现了该矿安全生产由制度管理向文化管理的升华。差异是社会中普遍存在的现象。该矿从差异现象中悟出哲理，汲取精华，形成了独具特色的差异管理文化，响亮地提出了"就是不一样""求同先求异""有差异才有和谐"等理念，使承认差异、认识差异、掌握差异、利用差异渗透到矿井各个层面。该矿针对职工群体的差异，细分层次，实行差异化的宣传教育，规范了职工的安全行为。该矿还将区队人员细分为管理人员、工程技术人员、班组长、职工和劳务协议工等五个层次，通过安全业务学习、班前班后会、职工话安全等不同方式进行教育，针对文化素质差异，实施教、考分离。人力资源部分管教培人员负责编制切实可行的月度教培规划，各有关单位根据下发的月度培训计划认真组织职工进行学习，由安监处根据月度学习负责拟题，对考卷划分为 A、B 试卷，考试期间凡出现抄袭、替考、作弊的一律按零分计算，由安监处、人力资源部共同负责监考阅卷。这一办法提高了教育培训效果，达到了以考促学，以学保安的目的。

(4) 治理"三违"行为，重罚变轻罚

翟镇煤矿在安全管理上，从 2001 年开始，每月的"三违"罚款平均数额达到了 20 万元，现在，却降低到 6 万元左右。这是该矿实行新的制止"三违"办法取得的效果。

罚款是煤矿制止"三违"的一项重要手段，轻微违章，罚 20 元；重大违章，罚 50 元。但是，到了 2003 年，罚了 2 年的翟镇煤矿发现，钱是越罚越多了，可是违章现象并没有减少多少。而且，罚得多，多数职工较难承受，心理压力也很大，有对抗心理，甚至有殴打安监员的现象出现。另外，一些职工还处于了两难境地，家庭容易出现问题。"后院起火"了，职工就很容易将不良情绪带到工作上，以此造成了恶性循环。于是，该矿决定改变做法，把罚款数额降下来，轻微违章罚 2 元，重大违章罚 5 元，相应采取其他的办法来辅助制止"三违"。

新的办法实施后，很多人提出了这样的疑问：罚款不痛不痒的有用吗？该矿领导坚持站在职工的立场上想对策，相继采取了降低罚款、模拟法庭（行政复议）、数字化系统三项措施。首先，罚款额降低了，就用积分的方式来弥补力度不够的劣势，即将违章的次数、程度转换成相应的积分，等积分积累到了一定程度，相应采取上安全课、扣罚安全奖金、停职教育等处罚方式。据了解，上安全课的效果不错，职工的被动违章率已由 2003 年的 60％降低到了目前的 20％。其次，举办模拟法庭，即进行行政复议。由于违章行为的发现者是安监员，难免会受主观因素的影响。为此，该矿要求职工对安监员的处罚行为进行监督，不服者可以向矿工会提出行政复议的请求，通过模拟法庭的形式解决。最后，采用数字化信息系统。该系统是针对安全积分专门开发的，以弥补人工记录的不足。这些方法彻底改变了过去职工"管安全就是治我、罚我"的想法，用双向约束规范职工行为，安全管理水平也有所提高。

(5) 动员全矿团员青年，组织开展"三个一"活动

翟镇煤矿团委积极动员全矿团员青年投身到安全生产管理中去，积极组织开展"三个一"活动，为实现安全生产目标献计策。

●"站"好一个岗。该矿团委注重发挥青年安全监督岗的协管作用，组建了由矿、区队、班组车间三级安全网络格局，在全矿区形成了一个由青年安全生产总岗、12 个青年安全监督岗、98 名安全岗员组成的青年安全监督组织网络。该矿与每一名岗员签订了安全承诺协议书，划分了青年安全监督岗安全责任区，组织开展了岗员"一帮一"教育活动，采用传帮带、结对子的方式，由一名岗员负责帮助一名安全意识不足的青年职工。翟镇煤矿还组织全矿 12 个基层

青年安全监督岗持久地开展执法检查活动，深入掘进头、采煤面、机房等关键场所进行安全隐患排查，有力地促进了安全生产。

● 创建一个平台。该矿团委在广大青工中开展了"平安短信快乐发"活动。在活动中，该矿将部分安全法律法规、安全理念、安全宣传标语、煤矿安全操作规程及各项安全规章制度、各专业相关安全知识等制作成安全短信试题，通过矿有线电视台进行播放，参与者将安全短信试题的答案编写成手机短信后发送到短信平台，由短信平台自动操作系统每周从答对问题的观众中随机抽取 10 名幸运观众进行奖励，并且所有参与者均可获得由短信平台回复的一条安全祝福短信。通过这种方式，青年职工掌握了一些安全知识，也增强了他们的安全生产意识。

● 开辟一个阵地。该矿在井口开辟了安全宣传活动一条街，充分发挥团员青年可以集中开展活动的优势，每月制作展出一期黑板报，定期组织全矿 20 余个团支部在安全宣传一条街开展"共绘美好明天"安全书法展、"安全连着你我他"等活动，并组织部分团员青年成立了安全文艺表演队，精心编排了安全宣传文艺节目，到井口为一线职工演出，受到了广大职工的欢迎，营造了浓厚的安全生产氛围，唱响了"关爱生命，关注安全"主旋律。

煤矿企业加强安全生产管理工作做法与经验评述

煤矿的主体是矿工，煤矿管理的核心是人，安全管理关键在人，人的管理关键在思想。思想决定观念，观念决定行为。因此，现代管理的重心不在于管理人的行为，而更侧重于管理人的思想。采取什么样的做法，能够管理人的思想，形成积极向上、努力工作的局面，确实不是简单的事情。

(1) 一个耐人寻味事例

有这样一个事例，很耐人寻味。英国有一个乔治家族，很早以前办起了一个专门制造电器的工厂。当遇到经济危机的时候，工厂陷入困境，产品卖不出去，资金周转不开，濒临破产。在这种情况下，作为企业主的老乔治先生，并没有把企业困难转嫁给员工，每天还要增加开支为员工改善生活，从而让工人们心存感激，拼命干活，努力降低成本，增加了效益，竟使这个家族企业渡过难关，发展壮大起来，后来成为全英国一家著名的电器公司。

老乔治先生是深谙经营之道的，他明白企业与员工之间在本质上是一种交换的关系。他的做法，表面看是一种感情的投入，但实际上是代表企业向员工兑现一种利益上的承诺，完成一种价值的交换。老乔治先生没有因为企业效益低而看低员工的价值；相反，对员工更尊重，对其利益更加保护，终于在劳资双方的共同努力下，使企业摆脱了困境。

有人对市场经济条件下员工的工作绩效做过研究，发现感情投入并不是提升员工绩效最有效的手段，因为感情是不能当饭吃的。靠给员工一定的职位或某种福利待遇来增强员工对企业的依恋度，也不会产生恒久的效力，一旦员工觉得这些小恩小惠与自己的付出划不来时，其工作热情就会降低，甚至会产生离开企业的意向。有一种被称作"组织支持"的理论认为，单方面强调员工对企业的承诺是不能实现理想绩效的，相反，先有组织对于员工的承诺，然后才会有员工对于组织的承诺。这种双向承诺对员工工作绩效能产生积极而显著的影响，是市场经济交换和报酬原则的本质体现。

企业是一个将有着各种需求动机的形形色色的人整合到同一个方向的社会系统，交换是企业的核心特征，也是企业得以延续、发展的本质所在。交换的目的是实现双赢，双赢才能长久。交换关系不仅体现在企业与外界之间的业务交换中，也体现在现代企业制度下企业与内部员工之间的交换形式上。员工以契约的方式为企业提供劳动，薪酬是双方进行交换的价值尺度。对员工，薪酬是用业绩与企业交换来的；对雇主，则是用薪酬与员工来进行交换。当然，这种交换除了体现在经济利益方面以外，也离不开其他社会方面，例如，企业对员工的尊重、情感、技能培训以及其他必要的安全与社会保障等。企业这些人性化因素在员工认同的条件下，可以换回员工对企业的承诺、忠诚、提高工作绩效和超值的奉献等。

（2）土壤与环境的作用

许多煤矿企业在推广和学习"白国周班组管理法"的时候，通常把重点放在班组，而忽视企业的作用。而实际上，白国周之所以成为优秀职工、优秀班组长，离不开企业的作用，是企业的肥沃的土壤、良好的环境，催生出参天大树。

我们来看白国周所在的中平能化集团的情况。

长期以来，中平能化集团高度重视班组建设，始终坚持以科学发展观为指导，以抓基层、强基础为目的，不断探索新形势下班组建设的新途径、新方法，通过完善班组建设机制，创新班组建设模式，突出班组建设重点，涌现出了以白国周班组为代表的一大批学习型、安全型、技能型、和谐型、创新型示范班组，为企业又好又快地发展打下了坚实基础。在抓班组建设上，集团着重完善机制，充分激活班组建设活力。采取的主要方法是：

● 建立评比评价机制。按照班组技能建设、创新建设、民主建设、文化建设、团队建设、健康安全建设"六项建设"的要求，制定了优秀班组、明星班组、示范班组"三级"班组竞赛评价标准。建立班组当班考核、区队月度考核、厂矿季度考核、集团年度考核四级绩效考核体系。在绩效考核的基础上，区队每月评选"优胜班组"和"优胜班组长"，厂矿每季度评选"优秀班组"和"优秀班组长"，集团每年评选"明星班组"和"明星班组长"。对于连续三年荣获厂矿"优秀班组""优秀班组长"，或五年内累计两次荣获集团"明星班组"和"明星班组长"的，授予"示范班组"和"示范班组长"称号。

● 建立班组长激励约束机制。集团规定，井下采掘及辅助单位生产班组长的工资待遇，原则上按其所在班组平均工资的 1.2～1.6 倍进行分配。井下班组长的安全质量风险抵押，原则上不低于所在区队副职的 50%，并同所在区队副职一同考核、兑现。被评为"优秀班组长""明星班组长""示范班组长"的，除在经济上进行激励外，还在提拔使用、发展入党、推荐评先、外出疗养、考察学习等方面进行综合激励。农民工班组长当年荣获集团"明星班组长"称号的，年龄放宽到 38 岁给予转招。荣获"示范班组长"的，直接授予集团"劳动模范"称号。

● 建立学习培训机制。积极鼓励班组长参加继续教育。对荣获厂矿"优秀班组长"称号、通过考试取得国家承认的大专及其以上相关专业学历，按规定的比例报销学费；对累计两次获得厂矿"优秀班组长"的，可带资参加高等院校的相关专业学习深造；班组长获得市级及其以上劳动模范的，根据有关政策，免试学习主体专业，并报销期间学费。职工培训做到内培与外培相结合、导师带徒与技术比武相结合、专业培训与学历培训相结合，实行多证多薪和技术津贴制度，调动了职工学文化、学业务、学技术的积极性。

有人说，财富是在交换中创造的，那是因为交换创造了价值。无论是企业还是个人的利益，无不是在交换中获得的。你要想取得别人创造的价值，你就得优先满足别人的需求，优先做到让别人满意，这是交换的基本逻辑。故此，在安全生产管理中，管理者也需要明白这种交换创造价值的关系。当要求员工遵章守纪的时候，也需要关爱员工、尊重员工，多为员工想一想，多为员工做点事，让员工在体验到企业的关爱中，自觉地遵章守纪、努力工作。

（三）化工企业加强安全生产管理工作做法与经验

13. 鲁南化肥厂创新阳光安全预控管理模式促进安全的做法

鲁南化肥厂隶属于兖矿集团，是兖矿集团煤化工产业发展、科技研发、人才培养"三大基地"。现有资产总额 39.3 亿元，职工 3 700 多人。年产尿素 80 万吨、甲醇 20 万吨、醋酐 10 万吨。先后荣获全国科技进步一等奖、全国安全文化建设示范企业等荣誉称号。

　　近年来，鲁南化肥厂坚持"安全第一，预防为主，综合治理"的安全生产方针，不断强化安全管理机构，建立健全安全生产管理制度，完善安全生产管理体系，注重安全生产投入，以建设本质安全型企业为目标，创新实施阳光安全预控管理法，构建立体交叉式安全监管模式，安全生产呈现出良好发展态势。

　　鲁南化肥厂创新阳光安全预控管理模式促进安全的做法主要是：

　　(1) 提高认识，完善制度，增强安全管理的主动性

　　认识提升境界，制度规范行为。厂党政领导班子把安全视为员工最大的福利，统一认识，创新理念，完善制度，营造浓厚的安全生产氛围，实现思想和制度的超前预控。

　　● 从维护员工根本利益的高度认识安全管理的重要性。鲁南化肥厂作为一个具有四十余年历史的煤化工企业，生产过程具有高温高压、易燃易爆、连续生产、流程复杂、化学介质多、岗位分散、作业人员技能要求高等特点，安全管理难度大。在多年的生产实践中，工厂形成了一些科学有效的安全管理制度和措施。但是，随着安全管理理论的不断发展和国家对企业安全管理的要求日益严格，加之近年来工厂生产经营、项目建设、改革改制任务繁重，给安全管理带来新的挑战，迫切需要安全发展的良好局面。厂党政领导充分认识到企业安全管理的严峻性和长期性，结合煤化工特点，创新实施阳光安全预控管理。阳光安全预控管理的内涵就是把维护员工生命健康权作为安全管理的核心，紧紧围绕理念、制度、行为三要素，以安全信息网络为平台，对人、机、环境等因素进行超前分析和预防，最大限度消除和减少隐患，促进企业本质安全水平提高。

　　● 创新安全理念，营造人人关注安全的浓厚氛围。一是适时提出安全理念。结合国家"安全第一、预防为主、综合治理"的安全生产方针，该厂提出了"以人为本，责任在我"的安全理念。"以人为本"是安全管理的出发点，首先要以人的生命为本，把维护员工健康和安全放在第一位，树立"事故可防、风险可控、灾害可治"

的安全管理思想，注重发挥员工安全管理自觉性和主动性；"责任在我"是实现安全目标的有效途径，强调每个人对本岗位应负安全主体责任，自觉遵章守纪、制止违章作业、消除安全隐患，实现自主保安。二是广泛营造安全氛围。对照安全目标，围绕安全理念，开展"员工安全承诺"活动，确立"以人保班、以班保天、以天保月、以月保年"的层层安全包保责任，做到人人签字、人人承诺。制作86块连续安全生产计时醒示牌，悬挂在厂区门口和生产现场岗位，广泛宣传上级安全生产指示精神和安全理念，强化了员工安全意识。利用手机短信、网络通报等预控形式每天向全厂发送安全生产信息，提醒员工时刻关注安全。开展"党员示范岗""党员身边无三违""我为安全发展进言献策"等活动；连续 7 年组织夫妻共签"心相印"安全公约活动，累计 8 000 余对夫妇签约。编印 2 000 册《责任在我》安全教育漫画集发放到每个班组岗位，书中的 226 幅表现安全内容的漫画和 100 条安全寄语全部从员工中征集，用员工自己的语言诠释对安全的理解，营造了浓厚的安全氛围。

●完善安全管理制度，实现预控体系无缝覆盖。一是完善制度。按照新下发的化工安全作业规范和《山东省化工安全生产禁令》等安全生产法律法规，修订和完善安全生产管理制度 87 项、生产工艺管理制度 38 项、机电管理制度 82 项，形成了《安全生产管理制度汇编》《生产工艺管理制度汇编》《机电管理制度汇编》。二是重新修订岗位操作规程。共修订安全操作规程 185 项。三是细化安全生产责任制。结合国家落实主体责任相关文件要求，细化《领导分工负责制、部门业务保安责任制和员工岗位安全责任制》《领导干部下现场制度》《领导干部包保制度》《管理人员 24 小时带班制度》和《"三违"考核实施办法》等，特别是对严重"三违"和一般"三违"进行界定，细分了 65 种"三违"行为，考核细则 241 条。形成安全责任、教育培训、隐患排查、监督检查、应急救援、信息管理、考评激励、行为控制 8 个体系，实现了安全制度的规范化、科学化和系统化。

(2) 建立平台，信息公开，实现超前预控

信息化技术是现代安全管理的有效手段。鲁南化肥厂利用企业内部网络建立安全信息网络平台，自主开发安全在线管理、生产运行监控、设备运行状态监控、网上培训、安全信息发布五个系统，实现了安全管理过程透明公开、超前预控。

● 建立安全在线管理系统，实现管理过程透明公开。自主开发安全管理软件，在内部网络设立"安监在线"栏目，干部员工均可了解当日各单位在岗人数、检修、施工项目等具体情况。各分厂对查出的问题和整改落实情况必须通过栏目进行反馈，实现了对重点环节和重点部位安全管理过程的实时跟踪监控和闭环管理。各部门每月对安全生产情况进行分析讲评并在厂内部网公布。同时，领导干部包括厂级领导深入现场情况、重点工作目标制订和完成情况、绩效考核情况均在网上公布，接受群众监督。员工可以对领导干部目标完成情况进行不记名在线评价打分，督促领导干部认真完成安全工作目标，同时提高了员工的民主参与意识。

● 建立生产运行网络系统，实现关键部位实时受控。利用厂内部网构建生产运行网络系统，不断加强生产数据采集、传送、存储分析和管理，建立综合实时信息库，为全厂生产调度、优化运行和计划决策提供依据。全厂重要生产装置全部实现计算机 DCS 控制；在重大危险源和关键装置部位安装了 267 个网络数字化一体球，实施 24 小时远程视频监控；在全厂 357 个点设置了固定式有毒有害气体监测报警装置，控制室人员可以实时查看各重大危险源的运行状态和相关记录数据，及时发现设备的不正常状态，为迅速准确采取措施、防止事故发生起到了重要保障作用。

● 建立关键设备运行状态监控系统，实现重要设备在线监控。建立关键设备运行状态监控系统，将轴振动、转速、轴瓦温度、电流、电压、润滑状态等重要指标通过传感器传输到设备状态检测服

务器，通过网页的形式向授权用户提供重要设备的运行状况、设备运转异常报警情况等信息，操作人员可以实时查看各重大危险源的运行状态和相关记录数据，如发现不正常情况，可迅速采取有效措施，确保重要设备处于正常稳定的运行状态。

● 建立网上培训考试积分系统，实现员工自主安全学习。网上安全培训考试积分系统设有：安全培训计划发布、在线学习、笔记、自动积分、在线考试、成绩查询、效果评价等模块。培训中心定期公布培训计划、学习内容和学时规定，发布培训信息公告，员工可以自主选择学习时间，也可通过授权异地远程登录内部网进行在线学习。如需考试，系统则能从预先输入的题库中随机抽取试题，到规定时间后自动关闭。员工考试结束后即可查询成绩。系统根据学习时间和考试成绩对个人进行积分，自动记入安全培训档案，并对总体学习培训效果进行分析评价。这套系统保证了员工学习的灵活性和主动性，学习考试过程更加透明公开。和传统培训方法相比，大幅度节约了安全培训时间和培训成本。

● 建立安全信息发布系统，实现超前预防、全厂联动。安全信息发布系统包括网上信息发布系统和手机短信群发系统。坚持安全生产每天通报，及时表扬先进，曝光存在问题。实行网上定期安全管理分析，针对现场存在的各类隐患和不安全行为进行案例式剖析，提出整改措施并进行跟踪检查。建立手机短信群发系统，每天向厂领导、中层管理人员、安监人员、班组长分层次发布当日安全生产动态信息。针对下雪、降温、暴风、雷雨等特殊天气，及时启动应急预案，利用手机群发短信在一分钟内即可将信息传递到有关干部员工。实现"三警"联动，在紧急情况下，员工只要拨打厂内任意一个紧急号码，消防、救护、应急救援队伍均能在五分钟内到达现场。

(3) 创新措施，扎实工作，确保安全管理落实到位

为实现阳光安全预控管理，鲁南化肥厂创新安全管理措施，通

过以下六个强化，实现员工安全素质、现场管理、隐患排查治理、员工安全行为、作业程序有效预控。

● 强化安全教育培训，实现员工安全素质预控。根据岗位特点和技能需求编印安全培训教材 11 套 31 本，区分中层以上管理人员、新进厂员工、特种作业人员和外来施工人员四种情况，分层次进行培训。举办准军事化安全竞技运动会，进行防护器材使用、消防器材使用、现场安全救护、军训会操 4 大类 10 个内容的比赛。聘请律师对全厂人员进行《生产安全事故报告和调查处理条例》《危化品安全管理条例》专题法律知识讲座，提高全员安全法律意识。举办危机管理案例学习班，参考事故案例组织员工进行学习讨论，从中吸取事故教训，进一步强化员工危机意识，增强风险防控能力。坚持亲情感化、教育警示和安全帮教相结合，对"三违"人员严格实施帮助教育。开展导师带徒、岗位练兵和反事故演习，推行岗位练兵卡，建立每日一题、每周一卡、每月一考培训。通过丰富多彩的安全教育活动，提高了全员安全素质。

● 强化六项检查，实现现场管理预控。建立全员、全过程、全方位、全天候立体交叉式安全监督检查体系，促进安全管理由"事后应急"转向"有序可控"。坚持"四个现场"：问题发现在现场、措施制定在现场、整改落实在现场、效果评估在现场。要求各级管理人员做到"三到四每"：走到边、问到底、找到人；工作实现每天都要有提高，每件事都要有创新，每个单元都要有考核，每个员工都要有进步。一是综合检查。厂领导带队，每月组织一次全厂综合性安全大检查。二是安全督察。严格干部下现场检查，明确各级干部下现场的次数，规定干部所到岗位必须查出问题，并签署书面意见，不准填写良好、正常等模糊语言。干部下现场检查和整改落实的情况通过信息网络平台每天进行通报，接受员工监督。企业总结为：全面覆盖无盲区，规定次数不能少，问题明确不模糊，整改反馈要上网。三是管理人员带班检查。从总厂到各处室、分厂，每天都必须明确一名人员 24 小时带班。带班期间，分成两个小组分别对生产现场和周边区域进行检查，参加一线岗位下午和夜间交接班，每个小组每天查出问题不少于 3 项，必须落实责任单位和整改时限。企业简称为：分组分时包片区，24 小时不间断，整改落实要闭环。四是五位一体检查。工艺、设备、电气、仪表人员和管理人员每天对现场巡检不少于 2 次，"机、电、化、仪、管"五位一体，动态循环。五是业务保安检查。职能处室重点进行安全用电、特种设备、无泄漏治理、防火、工艺运行、安全防护、外施工队伍、冬夏"四防"等专项检查。六是党群安全协管检查。通过建立党员责任区、群监员、民兵哨、青安岗等形式，逐步形成了党政工团齐抓共管的安全生产管理格局。

● 强化隐患排查，实现风险治理预控。实行安全隐患排查治理"三条线"即：工程技术人员隐患排查、措施制定一条线；行政人员隐患治理一条线；安全监督部门隐患监督监察一条线。坚持厂月排查、分厂周排查、班组日排查。对安全隐患分级管理，根据严重程度分为 A、B、C 三级。各级隐患实行内部处理原则。即班组能处理的不交分厂、分厂能处理的不交总厂、总厂能处理的不上交公司。根据隐患排查治理情况，严格执行红黄牌警示考核制度，确保各项隐患按期得到治理。

● 强化作业细节标准，实现安全行为预控。正确做事，细节攸关。结合企业精细管理工作，企业对标准、制度进一步细化、补充和完善，对没有标准和制度规定的，发掘形成可操作、可量化的具体要求，编印《员工行为规范》《精细管理通用细节》《安全通用规范》等下发到班组岗位，组织员工系统学习。比如《精细管理通用细节》中关于安全带使用就细分为 19 条，从佩戴前外观检查，到正确的佩戴方法、注意事项等，逐条解释，员工通过学习就能全面正确掌握使用方法。同时，实施动火管制，规定每周一、三、五为动火作业日，其余时间不准动火。

● 强化 4E 安全确认，实现作业程序预控。"4E"即关键部位、关键环节、关键设备和关键人。一是大力推进 4E 安全确认。结合化工生产实际，创新"4E"安全确认程序。在设备检修、质量验收、系统开停车、吊装作业、高处作业、动火作业、动土作业、断路作业、应急救援、设备巡检、交接班等容易引发事故的环节，将每个作业过程和作业前、作业中、作业后安全措施检查固化为标准程序和动作，遵循程序走、按照标准做，有效避免了人为误操作，杜绝"三违"现象的发生。二是坚持开展工前五分钟安全预知。本着全员参加原则，工作前，由作业负责人首先对施工计划、实施步骤、安全注意事项进行交底，对作业人员进行确认。作业人员根据各自的分工，从"人员、工具、对象、环境"四个方面进行"工前五分钟预知"自检，查找不安全因素，提出防范措施。预知和整改的危险因素翔实地记录在"安全作业票证"上。通过对可能造成伤害的危险因素进行预知和预测，提高了员工安全意识，自觉落实防范措施，确保作业安全。此活动自 2001 年推出以来，已在国内多个行业得以推广。

● 强化考核激励，实现员工自主预控。一是奖罚分明不讲情面。强调"安全管理不到位，首先是干部的失职。"每月对全厂中层以上干部绩效考核情况进行通报，严格按规定兑现安全考核奖惩。实施全员安全风险抵押，把工资额的 40% 按安全绩效进行考核。设立安全基金，实施月度评比、季度兑现的动态考评机制。同时还设立"安全黄椅子"。每月根据安全考核情况评选出三个安全最好单位和一个安全最差单位，对好的单位进行表扬奖励，差的单位主要负责人坐"安全黄椅子"，把整改措施放在企业内部网上，接受全厂干部职工的监督。二是实行诫勉谈话制度。安全管理较差单位的主要负责人由组织进行诫勉谈话，谈话情况记入干部个人安全档案。三是开展安全星级班组和星级员工评选活动。分为三个星级，每季度评选一次，根据积分确定不同星级，分别给予 200 元到 1 000 元的奖励。明确界定一般"三违"和"严重"三违标准，对出现严重"三违"的班组，挂"安全不放心班组"警示牌，由所在单位重点监控，并给所在单位挂红牌，实施联挂考核。

(4) 实施阳光预控安全管理取得的效果

通过实施阳光安全预控管理，促进了企业本质安全水平提高。

● 促进了企业和谐发展。企业实现连续安全生产11个年头，累计实现安全运行 3 974 天，杜绝了轻伤以上人身事故和一般以上非伤亡事故，有力促进了企业生产、经营、发展等各项工作。

● 全员自主保安意识和业务技能不断提高。通过建立安全信息化平台，安全管理过程更加透明公开，员工主动关心安全、参与安全管理的意识明显提高。近三年来，员工累计提出安全合理化建议 1 682 条，有力促进了安全生产。通过完善各项安全管理制度、制定安全细节、推行 4E 安全确认程序，使每一名员工都能对照制度、流程、标准，"干明白活、上标准岗"，大大降低了作业过程的随意性，违章行为很难见到。通过大力推进教育培训，员工业务技能明显提升。

● 信息化促进了安全管理公开、透明和高效。安全信息网络平台的应用克服了部门、员工之间的沟通和管理障碍，使每一名员工都可以与各级管理者直接交流，对管理者进行监督，实现了阳光管理。网上学习培训系统在应用过程中实现了教育功能与现代安全管理观念的传递，培训与考试过程公开透明，促进了员工的自主学习意识。网络信息技术使信息统计分析准确、快速、灵活，为安全管理决策提供了全面准确依据。

● 立体交叉监督检查模式，提高了安全预控管理水平。借助信息化手段实现了"三个每天"，即现场重点作业情况每天在线监控、安全检查整改情况每天在线反馈、安全生产情况每天在线分析。实行干部下现场、管理人员 24 小时带班和"机、电、化、仪、管"五位一体联检制度，形成了全员、全方位、全过程、全天候的立体交叉安全防控模式，有力提高了企业安全预防控制能力。

● 提升了企业本质安全水平。通过公开透明的预控安全管理，员工主动参加业务技能培训，提高安全素质，提升了人的本质安全水平。健全设备定期检修、维护、保养、检测制度，加快淘汰落后的生产设备和生产工艺，应用具有故障检测和闭锁功能的智能型装备和集中控制系统，提升了设备本质安全水平。企业先后被授予"全国设备管理先进企业"，顺利通过了首批国家安全标准化一级企业考评验收，荣获全国"安康杯"竞赛优胜企业、全国安全文化建设示范企业等荣誉称号。

14. 天脊集团推行"五道环节"控制实现安全生产的做法

山西天脊集团的前身是山西化肥厂，始建于 20 世纪 80 年代初，是我国目前生产规模最大、工艺流程最长、市场占有率最高的高效复合肥生产基地。经过 30 多年的发展，集团下设十二个生产厂，现有员工 7 000 余名，总资产已达 35 亿元。

天脊集团在生产过程中涉及爆炸品、腐蚀品、有毒气体、易燃气体等，因此，如何保证安全是企业的头等大事。自建厂以来，天脊集团始终将安全工作列为第一要务，抓安全工作措施有力、管理严格、责任落实到位，坚持安全生产的全员、全过程、全方位、全天候跟踪管理，推行"五道环节"安全控制，真正做到员工的思想认识到位、工作措施到位、制度考核执行到位、生产过程控制操作到位，有力地促进了企业的安全、稳定、长周期、高负荷生产，取得了连续多年重大事故为零的骄人业绩。

天脊集团推行"五道环节"控制实现安全生产的做法是：

(1) 第一道环节：完善制度，坚决执行

天脊集团从多年的化工安全生产实践得出这样的结论：行之有效、切实可行的规章制度是实现化工安全、稳定、长周期运行的重要基础。为此，集团狠抓全公司的安全生产管理规章制度和安全生产责任制的修订和完善工作，把大话、空话、口号式的安全制度统统废除。根据国家颁发的一系列安全法律法规，结合公司的ISO9001、ISO14000体系认证，制定了一整套适合于企业实际的、可操作性强的安全生产管理制度和安全生产责任制。针对危险化学品制定了《危险化学品安全管理制度》和《化学事故应急救援预案》，使全公司管理人员、安全人员和操作人员都能以安全规章制度为准绳，按章指挥、按章操作、按章检查、按章考核。目前在全公司已形成了项项作业有规程、步步检查有签字、作业完成有记录、做不到位有处罚的安全管理体系。明确规定了在危险化学品发生意外时，组织抢救和迅速处理的程序、各部门和人员的具体职责。

(2) 第二道环节：强化培训，提升素质

随着企业用工制度的改革，企业员工的流动性逐渐加大，为适应安全生产的要求，天脊集团建成了公司级安全教育室、安全展览室，购置了现代化的安全培训教育设备，定期组织班组员工进行安全培训教育，观看安全影片、典型事故案例、危险化学品安全知识，安全教育面达到100％。对进入公司的人员，不论是国外专家，还是季节工、临时工，都一个不落地进行入厂安全教育，考试考核合格才能进入厂区。操作人员要在岗位培训合格后，才发给《安全作业证》，准许独立作业。中层以上管理干部任职前要接受安全培训考试，合格后发给《安全管理资格证》，做到了人人持证上岗。

为了不断提高公司管理人员的安全管理工作能力，天脊集团坚持每年一次的安全培训从未中断。近年来通过聘请专家教授来公司为干部和安全人员进行培训授课，收到了良好的效果。同时还开展多种形式的安全宣传教育活动，如演讲赛、安全知识竞赛、漫画比赛、文艺演出等。《危险化学品安全管理条例》修订公布后，集团就及时将《条例》印刷成小册子发给从事危险化学品作业的员工和有关管理人员。按照《条例》的要求，对生产现场的每个危险源点都树起了"危险化学品安全信息"牌，牌上面有每一种化学物质的理化性质、危险性、应急处置方案、事故电话、救助电话、责任人等。

任何紧急情况发生员工都知道该如何进行处置，并及时通知相关部门。对危险化学品的《安全技术说明书》《化学品安全标签》还进行了及时修订，发放到操作、使用、保管、运输人员手中，并认真组织学习和考试。通过一系列的宣传活动，极大地提高了广大员工的安全意识和安全知识水平。

(3) 第三道环节：安全检查，严查细改

天脊集团按照国家标准确定了本企业十几个重大危险源，对照每个危险源的实际情况，分别编制了车间、厂、公司三级《重大危险源安全检查表》，坚持车间每周一次、厂级每月一次、公司每季度一次地对照《重大危险源安全检查表》进行的安全检查，并且将查出的每个隐患的整改责任落实到具体的人员头上，检查人员对整改情况进行跟踪复查。对危险化学品销售和采购的管理，集团规定了严格程序，建立了危险化学品用户台账，由安全部门对采购单位资格、危险化学品运输车辆、容器及驾驶人员、押运人员的相关证件进行专人审查登记，全部合格者，安全部门书面通知销售部门和装卸车部门，进行开票和装卸货物，对证件的审查严格按照国家的有关规定执行。坚持不懈的扎实工作使良好的安全作业环境和程序长期得到保持，使得全集团公司的危险化学品作业有实实在在的安全保障。

(4) 第四道环节：创新管理，提升本质安全

随着天脊集团的第三次创业，化工生产装置不断扩大，重大危险源点也相应增多，集团严格按照"三同时"要求，严把技改、扩建工程的安全和工业卫生评价关，从设计阶段就要求本质安全化，施工阶段安排专人全过程参与，在竣工验收时又高标准要求，从不凑合。通过几年的努力，使全集团的老设备得到了完善配套，自动化水平提高，安全卫生设施配备齐全，如供煤系统的密闭、造气系统的煤气超标报警设施的更新、空分装置的消音器的增设、甲醇储罐的自动喷淋装置的增加、生活煤气系统的加臭等，使设备的本质

安全化得到大幅度提高。

（5）第五道环节：抵押承包，责任为重

天脊集团是 1996 年开始进行安全抵押承包的，开始运行时，只是按照上级的要求，没有具体的措施，没有调动起广大员工的积极性。集团领导通过认真总结分析后，提出了安全抵押承包与落实安全生产责任制相结合，基层单位一把手、安全主管、安全员要分档次抵押。按照上年度的安全业绩考核，确定本年度承包指标，年终考核，完成的返还押金，翻番奖励，完不成的扣除抵押金，通报批评。同时实行重大事故安全考核一票否决制，发生重大事故的单位和单位领导不能参加评优评先，抵押金全部扣除。这样将安全与责任、利益、荣誉相挂钩，量化考核，一年一兑现，得到了企业全体员工的支持与响应。近几年来，在全公司范围内全面推广应用这样的办法，实行了层层承包，加重了全员的安全责任，使安全与每个人的职、责、利连在了一起，广大员工都能按照承包细则自觉地遵守安全规定，使危险化学品的各项安全管理制度都能落到实处，从而使安全生产形势越来越好。

15. 大连西太平洋石油化工公司实施"四有工作法"的做法

大连西太平洋石油化工有限公司成立于 1990 年 11 月，1992 年动工建设，1996 年投料试车，1997 年底全面投产，是由中法两国股东共同投资兴建的我国第一家大型中外合资石化企业，年原油加工能力 1 000 万吨。公司建有 16 套先进的生产装置和完善的公用工程系统、辅助生产设施，以加工高硫原油为主，产品全部加氢精制，目前已经形成了系列无铅汽油、轻质柴油、石脑油、燃料油等 10 余大类、30 余个牌号的产品生产能力。

西太平洋石化公司于 1997 年全面投产后，作为中国第一家全加氢型炼油企业，拥有国内最大的重油加氢装置，但是加工的原油硫含量高、腐蚀严重，而且人员新，安全管理缺乏经验，在安全生产上面临着严峻挑战。面对困难，公司从 1998 年开始，先后 3 次派人到法国道达尔炼厂学习先进的管理经验，转变观念，中外结合，扎实苦干，采取切实可行的措施，实施"四有工作法"，使企业安全管理逐步走上了正轨，并取得长足发展，连续 8 年安全生产无上报事故，取得良好的经济效益，并为企业的发展奠定了坚实的基础。

大连西太平洋石油化工公司实施"四有工作法"的做法主要是：

（1）转变观念，贯彻实施"四有工作法"

公司通过对国内外炼厂一系列管理理念、管理办法的认真体会和归纳，结合企业自身实际，逐步总结形成了一套"工作有计划，行动有方案，步步有确认，事后有总结"的"四有工作法"，实现了工作观念和工作方法的根本性转变。

● 工作有计划。计划是做好各项工作的前提。国外企业各项工作的计划性特别强，管理人员时常拿出有关工作日程安排的手册，查阅每天要干什么工作并提前做好准备。这与国内企业经常做临时性的决定，处理临时性的问题大不相同。国内企业做事常常因事先准备不充分，工作起来显得很忙乱。例如，装置开停工过程总是显得忙碌、紧张。而国外炼厂的开停工过程由于计划、方案制定得非常翔实、准确，实施起来显得井井有条，忙而不乱。再如，国外公司的装置大检修计划十分周详、准确，在实际执行中由一名工程师即可顺利地组织实施，这对西太平洋石化公司人员的触动很大，于是公司开始着力于建立和完善计划体系。

每年 10 月份，西太平洋石化公司就开始着手一年来的工作总结分析和下一年度计划的制订。计划制订首先是自下而上，先由各个单位制订自己的工作计划，然后上报主管领导审核。审核后的计划由经营部归纳汇总，提交总经理办公会逐一讨论。首先归纳提炼形成一个指导全年生产经营的指导思想和目标任务，内容涵盖了安全环保、原油加工量、销售收入、利润、能耗、损失率、加工费、保本点、产品质量、建设发展等关键指标，体现在总经理的职代会报告中，形成公司全年计划的纲领性文件。然后把经总经理办公会研究讨论过的部门计划整理汇编，形成年度综合计划，内容包括生产计划、能源消耗计划、技改技措项目计划、投资计划、固定资产零购计划等各项专业计划，并自上而下逐级分解，签订业绩合同。业绩合同中的指标不是简单把公司的目标进行分解，而是要求各个单位必须针对指标制定相应保证措施，落实责任人，纳入业绩考核，确保目标的完成，提高了计划执行率。

在计划的时间安排上，西太平洋石化公司做到长、中、短期充分结合，有序推动计划执行，建立了从年计划、季度计划、月计划、周计划到日计划的完善体系。

原油采购便是个典型的例子。根据公司已经讨论确定的全年采购计划，利用线性规划模型（PIMS），按三个月周期滚动编制月生产经营计划，从而使当期计划与远期安排能够有效进行衔接，提高了计划执行的可操作性和运行的受控度。同时，建立了日、周生产计划编制程序，以计划为龙头，加强日统计跟踪，强化计划与生产、销售部门的沟通，避免了原油衔接和产品备货不受控的问题，对出现的问题能够及时有效地采取措施，使月度计划执行和库存控制在合理的范围内。

通过科学地制订计划、有效地执行计划，大幅度改善了公司的工作效果。大检修工作便是其中一个很好的例证。为了做好大检修工作，公司提前十五个月就着手制订下一次检修计划，由于动手早、准备充分，检修计划、方案制订得十分翔实、精确，确保了检修工作的高标准和高质量，为装置长周期运行奠定了基础，从而使公司建立了一个准备充分、计划方案精准、检修高标准高质量、确保长周期运行的良性循环。

● 行动有方案。方案是确保计划落实到位的关键。以前公司做一项工作，经常没有一个经过认真研究后确认的方案，或者方案很粗糙，有时一篇纸上写几句指导性原则就拿来作为方案执行，执行者有经验的能够做好，没经验的就容易出问题。通过向道达尔炼厂学习，公司改变了这种做法，凡是行动都要有科学、严谨的方案。例如，过去大机组检修，只有技术方案，操作性不强，细节规定不明确，实施过程中操作弹性大，个人经验的成分多，检修质量难以保证。为了改变这种做法，公司借鉴道达尔操作规程原理，编制实施了《设备检修作业规程》，把检修分解成了若干状态、步骤，设立风险确认点，量化检修标准，实时记录检修数据，使整个检修过程完全受控。再如针对装置检修，公司编制了《装置停工检修施工组织设计》，其内容包括：大检修中所涉及的每一个项目，大到机组大修，小到更换单个螺栓、阀门、垫片；单体、单项工程的施工方案；安全防范措施；所需的材料及配件数量、种类；所需的机具；所需的专业及人员数量；负责人、检查人；工程的节点及网络的编制；现场平面安排等，实现了施工管理方案化、规范化、制度化，计划执行率达到了 99％。

● 步步有确认。步步有确认是确保方案达到预期目的、取得预期效果的必要保证。现场进行的任何一项工作，都设计确认步骤，大的如开停工操作，小的如动火作业。公司的操作规程将开停工操作分解成详细的步骤，每执行一步操作都要进行确认。一般步骤由操作员自己确认，关键步骤由班长或工程技术人员进行确认并做好标记，使操作始终处于受控状态，确保开停工的顺利完成。公司还对原有的《用火作业票》进行了修改和完善，增加了在动火前必须确认的具体内容，而不是传统的逐级签字，从而保证了作业安全。

● 事后有总结。总结是进一步提高的重要手段。为此，针对任何开停工过程、生产调整或者生产方案的实施，公司都认真进行总结，大的形成独立的总结材料，小的在周分析、月分析中进行技术分析，归纳出好的做法，总结出经验教训。尤其是各装置场运行工程师的班运行分析，特点显著，针对性强，时效性强，能够及时反映出加工计划的完成情况、产品质量情况、主要操作调整情况以及存在的问题。周运行总结也非常及时，给公司各职能部门和公司领导提供了适时的信息资源和决策依据。

(2) 引进国外操作图管理技术，提高操作受控水平

西太平洋石化公司还从法国道达尔公司引进了操作图管理技术。操作图管理技术是把全厂的设备、管线用图形的方式进行描述，根据不同专业的需求，设置不同类型的图表，建立了全厂工艺、技术、设备的管理平台，这是一项重要的基础管理工作。

在引进的道达尔操作图的基础上，公司从各单位抽调 20 多人集中进行操作图表、设备检验图表的编绘工作，历时 5 年，累计完成绘图量 18 000 张。已完成了 90% 的计算机绘图工作量，并且开发了相应管理软件，实现了计算机管理和资源共享。绘图工作计划在2006 年年底前完成。

操作图具有以下几个突出特点：一是分类详细，针对性强。二是形式直观，便于理解和应用。三是网络化管理，信息共享。四是计算机录入，拓展性好，随时更改，与现场保持一致。实践证明，把操作图管理技术应用到炼厂培训、技术改造、开停工、检维修及检验等工作中能发挥较好的作用，它是实现技术、安全管理上水平的重要手段，为装置的长周期安全运行提供了有力保障。

(3) 把定期工作"台历化"，实现生产装置日常工作管理受控

生产装置的日常工作比较繁杂，重复性强，容易出现漏项和错误，公司进行认真的探索和研究，总结制定出了"定期工作法"，并把定期工作"台历化"。

定期工作"台历化"主要包括 4 个方面的内容：一是《定期工作规定》，解决了装置操作人员应该定期干什么的问题。二是《定期工作台历》，实现了定期工作"台历化"，这是"定期工作法"的最大特点，解决了定期工作的记录和确认问题，将责任落实到具体人员。三是支持性文件，解决了如何做的问题。四是《定期检查表》，解决了检查过程中由于检查点多而出现的漏检问题。

定期工作"台历化"得到了广大操作员工的肯定，与 HSE 中的

"两书一表"异曲同工，将其运用到安全环保、生产、设备等各项管理当中，使日常繁杂的工作不易遗漏，并且使用起来非常方便，有利于岗位人员执行，使岗位人员对当天、本周、本月甚至本季度的工作一目了然，并能把每项工作落实到责任人，做到步步有确认，各项工作都井井有条，处于受控状态。

(4) 执行工艺卡片分级管理，成为生产操作受控的有力保障

从把工艺卡片用好、管好，使其真正发挥确保生产操作受控作用的角度出发，公司从 2001 年 1 月执行工艺卡片分级管理，经过 5 年的实际运行，积累了许多经验，管理日趋完善，为生产运行提供了可靠依据，成为生产操作受控的重要保障。

公司工艺卡片中的控制参数源于对工艺技术规程的深入理解和提炼，是保证装置安全运行、设备平稳、操作规范、产品质量受控的限定条件。按工艺条件的控制特性分为 3 个级别，实施分级管理。

公司级工艺卡片：其内容主要是装置运行的"安全指标"，包括关键控制温度、压力和液位指标。

部级工艺卡片：其内容主要是产品"质量控制技术保证指标"，包括主要工艺和设备运行指标。

生产区（场）级工艺卡片：其内容主要是保证装置平稳运行指标，包括工艺和设备操作指标。

新版工艺卡片的特点显著。一是层次性强，在旧版工艺卡片的执行过程中，相关部门和区（场）都参与管理，主次不分、职责不清，无法达到理想的效果。新版工艺卡片分为 3 个层次进行管理，公司、部门、区（场）根据管辖范围的操作条件确定卡片的内容并实施管理，层次分明、责任明确，效果显著；二是覆盖面广，旧版工艺卡片没有涵盖工艺过程所有的限制条件，新版工艺卡片涵盖了装置运行的安全指标、产品质量控制技术保证指标和装置平稳运行指标。新版与旧版相比总的控制参数增加 20%；三是可控性强，由于新版工艺卡片实行 3 级管理，卡片的编制、审批、变更都必须遵守严格程序。在运行参数超出工艺指标控制范围时，按规定程序逐级汇报，任何人都无权擅自修改工艺卡片，当某项指标不能适应生产运行需要时，须由主管部门组织进行评审，如确须对指标进行修改时，必须按规定的程序进行审批。每年公司由主管部门组织对工艺卡片进行评审，确保卡片有较强的适用性。

(5) 实行"五班三倒一培训"，提高员工操作技能

以往操作人员的培训通常是在"四班三倒"的模式下进行的，每个副班进行培训。由于班组人员半夜下班，上午来进行培训非常疲惫，学习精力和学习质量无法保障。而且倒班一个循环培训一次，不连续不系统，效果很差。于是公司采取五班倒班编制，倒班操作为四班三倒，有一个班抽出专门时间接受集中培训，培训时间有了充足的保障。

在师资方面，公司采取外聘教师讲课和内部培训相结合的模式，并以内部培训为主。公司领导都是高级培训班的讲师，主要负责对中层领导干部的定期培训，培训不但紧密切合实际，而且增加了上下沟通渠道，效果很好。公司同时把培训需求进行整理分类，制订出培训计划，年初召开专门培训会议，总经理参加计划的讨论审核，确定之后，纳入公司的计划管理体系，逐级分解，并制定保障措施，年终考核。根据培训需求，组织编写培训教材。公司的教材有炼油厂安全规程、典型事故汇编以及近年来引进的新的管理手段方法，如操作规程、操作图等。

通过不断地培训，现在公司 70% 的操作人员达到了系统操作水平。做到了操作员 100% 参加培训，100% 持证上岗，100% 掌握岗位操作知识和技能。

16. 金泰氯碱化工公司努力提高员工素质强化现场管理的做法

陕西金泰氯碱化工有限公司（简称金泰公司）创建于 2003 年 12 月，主要利用陕北能源化工基地丰富的岩盐、煤炭等优势资源，生产聚氯乙烯等化工产品，2006 年一期 10 万吨/年聚氯乙烯项目全面达产达标，公司的两大主营产品聚氯乙烯、离子膜烧碱已销售全国，受到客户青睐。

金泰公司在安全生产管理上，认真贯彻"安全第一、预防为主、综合治理"的方针，积极落实安全环保目标责任，严格执行各项安全生产法律法规，采取了加强全员培训，提高员工素质，强化现场管理等措施，使公司的安全生产水平不断得到巩固和提高。截止到2009年上半年，公司已实现了连续安全生产980天，并全面完成了各项安全生产工作目标：无人身死亡事故，无重伤事故；无重特大事故；无重大责任性生产事故；"安全作业票证"及"两票"合格率100%。

金泰氯碱化工公司努力提高员工素质强化现场管理的做法主要是：

(1) 企业领导高度重视安全工作，是做好安全生产的必要条件

金泰公司自投产以来，就提出了"切实把安全工作作为企业一切工作的出发点和落脚点"的理念。在日常工作中，公司领导讲得最多的是安全工作，要求最多的也是安全工作。每年年初，公司与各部门（分厂）签订了安全环保承包责任书，各部门（分厂）也与工段、班组、员工进行了逐级签订，真正引起全体员工的思想重视，将安全环保目标责任落到实处。公司始终坚持将安全环保放在各项工作的第一位，公司领导周密安排，在各种场合反复强调，各级人员真抓实干。2008年，公司安全费用投入502.9万元，有效保障了安全生产计划的实施，完善并改进了装量的安全性。2009年，在公司高管人员及全体中层干部中推行安全生产责任制风险抵押金制度。由于公司领导高度重视安全环保工作，目标明确，责任落实，保持了良好的安全生产局面。

公司严格按照财政部、国家安监总局《高危行业企业安全生产费用财务管理暂行办法》的规定，加大安全资金投入，出台并实施了安全投入保障制度。2007年以来，公司每年都提取安全费用520

余万元，用于各类安全费用支出485万元，有效地提高了安全装备及技术水平，为安全生产创造了良好的条件。安全生产基金保证了重点企业安全费用的落实，为安全管理提供了保障。

(2) 扎实的安全生产教育工作，是安全生产的重要保障

金泰公司牢牢把握"安全教育"这一提高员工安全素质的重要途径，以安全法规、安全管理、作业规程等知识的学习为重点，严格三级安全教育工作，狠抓周一"安全活动日"活动，加强安全生产教育工作，切实提高员工的安全生产素质。三年来，公司组织了多次安全培训活动，参加培训考试员工累计5 000多人次，其中中层领导安全教育200人次，整体考试合格率达到100%。公司还通过宣传、书画展、演讲比赛、黑板报比赛等方式，结合安全生产形势开展一系列活动，进一步树立了"安全第一、预防为主、综合治理"的方针思想，提高了公司员工的安全生产意识，激发了广大员工的安全生产积极性。

(3) 完善的安全生产制度和应急救援预案体系，是安全生产的根本保证

投产以来，金泰公司制定并修订了《安全检维修管理制度》《安全投入保障制度》《安全生产责任制考核管理制度》《安全生产事故隐患排查治理规定》等各项安全管理制度共计150余项，修订完善了公司的突发安全生产事件应急救援预案30余项，各分厂也编制了相应的突发安全生产事件应急救援预案，组织了液化石油气泄漏事故演练、聚合双电源突然断电事故演练、单体储槽排污阀损坏单体泄漏事故演练、乙炔气柜附近乙炔总管泄漏着火事故演练、电石自燃处理演练、电线过热着火处理等一系列事故演练100余次，有效地提高了员工在突发事件下的应变处置能力，使得公司的应急管理能力与水平得到了显著的提高。随着安全形势的变化，2009年以来，公司加大了安全环保考核力度，重新修订了《安全环保管理考核办法》，进一步实现了规范化、标准化、精细化管理；重新修订了《生产安全事故管理制度》，从事故的界定分类、职责分工、事故处置等方面进一步规范了事故管理。

（4）将安全生产措施真正落到实处，是实现安全生产的唯一途径

几年来，金泰公司认真开展安全大检查活动和反"三违"活动，及时排查安全隐患，并狠抓整改工作。认真落实"春安""秋安"大检查，成立了"春安""秋安"大检查工作领导小组，严格要求各单位"查领导、查思想、查管理、查隐患、查规程制度"，扎实开展自查和整改工作，积极消除影响安全生产的各类安全隐患 165 项。公司还先后通过"春节"节前安全综合大检查、"五一"节前安全大检查、"安全生产月活动""国庆节"前安全大检查等活动，进一步强化措施，落实责任。对"三违"现象的治理，公司坚决以"铁的制度、铁的手腕、铁的纪律"开展违章治理，加强对反"三违"行为的宣传培训教育，树立员工正确的思想观念，提高安全生产基本素质，增强责任感，自觉规范行为，远离违章。3 年共计查处"三违"191 起，对其进行了严肃处理，有效遏制了"三违"现象的发生。同时，公司认真吸取同类企业危险化学品事故的教训，进一步加强了危险化学品的安全监管力度，开展了专项安全隐患排查整改活动，共检查发现安全隐患 18 处，责令限期整改。公司购置灭火器 380 多具，灌装各类灭火器 1 000 多具，为污水处理站、固碱工段增配置灭火器 199 具，切实做到"有备无患，防患于未然"。针对陕北雨季气候反常，雷暴雨天气多的情况，公司储存了足够的各类防汛物资，在主要防汛地段建立了防汛专用沙池，对 1 000 多个防雷电设施进行了检查和检测。

（5）大力开展安全文化建设，是安全生产的重要法宝

为全面贯彻国家关于安全生产的一系列方针政策和重要部署，唱响"安全发展"主旋律，强化公司员工安全意识，推进公司安全文化建设，公司安委会决定在全公司范围内广泛深入开展以"关爱生命、安全发展"为主题的安全文化建设活动，活动取得显著效果。

成立了以总经理为组长的"安全文化"建设活动领导小组，领导小组就深入开展安全生产活动、加强安全文化建设等工作进行了部署和安排。安全文化建设活动紧紧围绕安全生产主题要求，广泛宣传科学发展观和安全发展理念。公司利用晚上员工业余时间，开展安全生产宣教片观影活动，组织全公司员工观看了《关爱生命，安全发展》《血与泪的诉说——事故案例警示录》《常见违章作业事故案例再现》等安全生产宣教片，通过耳闻目睹的形式，广大员工的安全意识得到了不断提升。组织了"关爱生命、安全发展"征文比赛活动，各单位踊跃参加，将优秀文章陆续在公司媒体上发表，供大家交流学习。公司还组织安排了分厂自行编演的"师傅的'多功能'安全帽""触电急救品"等小品剧，这些节目取材于生产生活，贴近生产、贴近生活，演绎生动活泼，让员工在欢笑之余、担心之余，有所思有所想，这对加强公司安全文化建设起到了良好作用。

(6) 不断的安全技能演练，是提高全员安全生产素质的重要基石

几年来，金泰公司抓好事故演练、反事故演习工作，组织了各类演练活动 300 余次，锻炼了基层的安全生产素质和事故应急处置能力。如 2009 年的安全生产月期间，公司组织了 6 次灭火实战培训与演练，共计 600 多人参与了灭火实战。组织了烧碱分厂紧急停电反事故演习、聚合工段聚合过程中双电源突然全部断电岗位反事故演习、热电分厂系统冲击反事故演习、动力分厂变压器着火事故演练、检修分厂触电急救及物资着火演练、物资部碱车泄漏事故应急演练等一系列演练活动，在这些反事故演习与事故演练中，各单位参演人员操作熟练，处置得当，圆满地完成了反事故演习与事故演练任务。通过组织演习和演练，对公司各单位应急能力进行了一次检验，提升了各单位的应急处置水平和员工的应急能力。公司还组织了"气防之星""消防之星"知识技能竞赛，竞赛得到了公司领导和驻地安监部门的大力支持。竞赛围绕空气呼吸器佩戴、氧气呼吸器佩戴、空气呼吸器组装、防毒面具使用、灭火器使用、人工呼吸、用水稀释喷淋泄漏物等内容进行，组织者还专门设计了几处"陷阱"以增加竞赛难度，大大提高了员工的安全生产素质。

17. 杭州电化集团公司借示范合作项目提升安全水平的做法

杭州电化集团有限公司始建于 1936 年，是全国最早从事氯碱化工的企业之一，主要生产烧碱、盐酸、聚氯乙烯等系列产品，设有参股控股和中外合资 8 个子公司。

2007 年和 2011 年，杭州电化公司分别被列为国家安全监管总局（SAWS）和美国陶氏化学公司（DOW）危险化学品安全管理第一期和第二期示范合作项目的试点企业，开展安全生产标准化建设工作，并学习借鉴国外化工工艺安全管理和设备泄漏的检测管理与技术。通过两期示范合作项目的建设，杭州电化公司安全生产管理水平得到大幅提升，促进了企业的安全管理质量，不仅顺利通过示范合作项目的验收，还被评为杭州市安全标准化示范企业。

杭州电化集团公司借示范合作项目提升安全水平的做法主要是：

(1) 借助开展示范合作项目契机，提升企业安全管理水平

氯碱行业是以盐和电为原料生产烧碱、氯气、氢气的基础化工原料产业，属于危险化学品生产行业。生产用的辅助原材料、中间产品和成品分别具有不同程度的燃烧、爆炸、腐蚀和有毒等特性。生产过程具有高度危险性，一旦出现事故，不但造成人员伤亡，还会引发影响社会稳定的公共危机事件。因此，氯碱行业与矿山、建筑施工、烟花爆竹和民用爆破器材行业一起被列入我国当前的 5 个高度危险行业。

杭州电化公司为加强自身的安全生产管理水平，根据多年的生产实践，将对危险化学品安全生产的管理从过去的"生产必须安全、安全促进生产"的理念逐渐转变为企业安全生产必须遵循"以人为本"的宗旨和维护社会公共安全的基本要求。因而，树立起"员工安全健康是企业核心价值"的安全管理理念，并把"科学发展　安全发展"作为企业战略发展的基本点。正是基于上述认识，近年来

公司借助开展（SAWS-DOW）第一期、第二期示范合作项目的契机，以全面实施安全生产标准化工作为抓手，在安全管理方面做了大量探索。

（2）示范合作项目第一期，薄弱环节抓风险管理

美国陶氏化学公司对危险化学品安全管理具有丰富的经验，有关经验和做法对加强我国危化品企业安全管理具有一定的借鉴意义。因此，国家安全生产监督管理总局与陶氏化学开展危险化学品管理示范合作项目，学习借鉴陶氏化学等国际大型企业危险化学品安全管理的先进理念和做法。第一期示范合作项目主要帮助试点企业建立安全生产标准化管理体系。

杭州电化公司领导首先在思想上高度重视安全生产标准化建设，坚持高标准、严要求，按照国家一级安全生产标准化企业的要求来落实各项安全管理工作。无论在硬件上、软件上，还是具体做法上，始终按照国家一级标准化企业的要求来规范各种安全行为并持续改进，如企业负责人安全承诺、全员隐患排查、班组安全竞赛等。同时，公司精心编制企业的《安全生产"十二五"规划》，明确提出"十二五"期间要实现创建国家一级安全生产标准化企业的目标，把"零伤害、零事故、零污染"作为企业安全管理的目标。

2010年，杭州电化公司实施第三次整体搬迁，借此机会，公司全面提升生产装置的本质安全水平。为使搬迁后的企业在安全设施上能向国际一流水平靠拢，学习借鉴国内外先进企业的一些安全措施，公司专门派人去美国陶氏化学、德国巴斯夫、拜耳以及国内一些知名公司考察学习，把安全装置在设计中体现出来。目前公司拥有当前世界上较先进的日本氯工程电解装置、德国西门子氯气压缩机、新加坡凯膜盐水过滤装置、美国陶氏化学水处理装置、日本巴工业PVC沉降式离心机等。同时还大量采用安全先进技术，对照中国氯碱协会印发的《氯碱行业安全生产先进适用技术，工艺，装配和材料推广目录（第一批）》中内容，杭州电化采用24项推广项目中的 22 项，采用率达 92%，使装置自动化水平有了质的飞跃，安全可靠性大大提高。

在实施安全生产标准化建设过程中，基层员工既是安全管理的薄弱环节，也是安全管理的关键环节，安全隐患贯穿常规和非常规活动的风险管理、班组安全活动、八大类作业证、检维修工作票、隐患排查等几个方面。为此，杭州电化抓住上述环节，在风险管理上投入大量的精力，采用循序渐进的方式，从管理人员逐步向基层员工灌输风险意识，专门成立了风险评价组织，制定风险管理制度和评价准则。

首先，杭州电化在国家安全监管总局化学品登记中心的指导下，实施风险评价试点工作，对氯氢处理工序中的氯气压缩机、液氯包装工序、聚合清釜作业、制冷氨油分离器更换等日常工艺操作、运行设备、检（维）修作业的常规和非常规活动进行风险评价探索，对安全风险较高的步骤、环节加强安全管理。杭州电化根据试点工作的经验，编写了《风险管理》的培训讲义，组织企业的管理人员和班组长进行风险管理意识培训，对安全员、工艺员、设备员进行风险管理的技能培训。随后，组织对电石加料、氯气液化、聚氯乙烯聚合等 70 多项关键设备及相关工序的常规活动进行首轮风险评价，并将风险管理逐渐纳入到正常管理模式——在员工技能培训考试以及各类工艺设备变更、发现事故苗头和新产品中试装置等情况时都进行风险评价。接着，杭州电化把风险管理运用到氯碱生产系统的检修中，对全公司 400 多个检修项目首次全面实施了风险管理。其中，对公司级的 A 类项目进行风险评价，分厂级和班组级的 B 类、C 类项目进行危害分析，使检修人员了解、掌握、参与项目的风险管理并知道应采取的措施。由于杭州电化把风险管理纳入检修这个事故易发期的管理，使安全检修逐步由"被动式"的"后知后觉"向"主动式"的"先知先觉"转变，整个检修过程的安全、质量、进度等目标圆满实现。经过一段时间的实践后，杭州电化对

《风险管理》进行修订，然后组织对基层员工进行《风险管理》培训。

班组是企业开展安全生产标准化最直接、最有效的活动场所和落脚点。为加强班组建设，杭州电化成立班组长协会，班组设立五大员（安全环保员、设备员、质管员、宣传员和工会小组长），开展"安全生产""设备管理""工艺质量环保"和"文明班组"等4项竞赛，把安全生产标准化内容都纳入竞赛内容中，每月考核。按照"没有事故就奖励"的安全生产责任制考核办法，2011年，杭州电化共发放安全生产竞赛奖40多万元，充分调动全体员工做好安全工作的积极性。比如，在设备管理竞赛中，班组为避免机器、设备、管道上的螺栓、螺帽外露部分不腐蚀生锈，加强防腐蚀安全管理，用塑料保护套将螺栓、螺帽的外露部分保护起来。这样不仅有利于安全生产，还能有效促进安装的规范性，美化现场整体环境，为检维修提供方便。

（3）示范合作项目第二期，推广 HAZOP 和泄漏检测管理

2010年6月，国家安全监管总局与美国陶氏化学公司在总结第一期合作成果的基础上，决定开展第二期合作。2011年4月，杭州电化被列为陶氏化学第二期合作项目的试点企业，除继续深化安全生产标准化体系建设外，还包括对工艺安全分析技术《危险与可操作性分析技术（HAZOP）及保护层分析（LOPA）》及设备泄漏检测技术与管理的学习借鉴。

2011年6月及2012年3月，国家安全生产监督管理总局化学品登记中心组织中国石化安全工程研究院和国家石化项目风险评估技术中心的相关专家到杭州电化公司指导开展工艺危害分析、泄漏检测技术与管理及安全生产标准化等工作。专家组分成工艺安全、泄漏监测以及安全生产标准化3个工作组，采用集中培训结合现场装置分组培训讨论等方式，分别对杭州电化的对口人员开展了培训、讨论及交流。

　　工艺安全组对杭州电化公司 8 个部门的 10 余名技术骨干进行了深入全面的培训，并指导技术人员进行了充分的练习。经过 3 次集中培训及两次练习实践后，杭州电化公司的技术人员基本掌握了 HAZOP、LOPA 等工艺危害分析工具，培养了一批具备独立开展工艺危害分析能力的技术骨干，杭州电化公司在此基础上初步建立了工艺危害分析体系。

　　杭州电化公司的技术人员在对液氯工艺进行 HAZOP 分析时，针对液氯输送泵液下泵可能存在打空泵的情况，结合其他氯碱生产企业发生液下泵"氯火"事故的情况进行专题分析后，决定将原中间槽低液位（即打空泵时）只有报警装置改为联锁停车装置；为防止液氯中的杂质堵塞液下泵冷却通道，规定中间槽每季度排污一次。

　　泄漏监测组在分析杭州电化公司的主要工艺流程、重点泄漏危害、主要泄漏部位的基础上，确定以氯气和液氯作为泄漏检测和管理的重点，并选定电解和液化两个工序作为重点检测工艺。通过泄漏调查，了解重点检测工艺的主要泄漏部位和曾发生泄漏的情况，并进行现场调研，根据工艺流程、重点危险化学品存在部位、生产设备的类型依次摸查了所有设备密封点位置，确定检测对象，并对检测对象进行了拍照、编号和登记。

　　根据专家组的建议，杭州电化公司对企业原有的泄漏检测与管理方法进行提升，在电解、液氯、氯化氢等工序建立泄漏调查表制度，统计涉氯工序历史上的泄漏状况，明确易泄漏的具体位置；并对这些工序每天进行泄漏检测，其中气体泄漏检测数据是以报警仪器读数作为记录数据，液体数据是以每分钟几滴为记录数据。

　　通过示范合作项目，杭州电化公司不断探索安全新技术新工艺的应用。例如，目前的泄漏检测手段基本上是靠人工巡检，没有定量检测泄漏的相关工具。对于一些设备和管道的外泄漏检查方面，通过操作人员的定期巡检，能及时发现泄漏点。但对于管道的内泄漏，尤其在阀门的内泄漏的检测方面，缺乏有效手段，基本上靠工艺上数据进行判断，准确性不高。所以，杭州电化公司下一步计划配备先进的检测仪器，并希望与技术支撑单位共同研究氯气系统泄漏监测技术课题，特别是阀门内漏方面，以消除事故隐患。

第二期示范合作项目实施一年以来，杭州电化公司积极采用HAZOP工艺安全分析技术对"两重点一重大"（重点监管的危险化工工艺、重点监管的危险化学品和重大危险源）进行全面风险评估；通过开展氯气泄漏检测，向"氯气零泄漏"的目标又迈进一步。

18. 罗盖特（中国）精细化工公司加强对承包商管理的做法

法国罗盖特公司始创于1933年，是法国最大的、世界最先进的淀粉及其衍生物的生产企业之一，主要是通过从玉米、小麦、土豆中提取淀粉，为世界范围内的食品、制药、造纸以及波纹板、发酵、化工应用等行业提供高质量的产品。罗盖特每年的营业额近20亿欧元，拥有超过5 000名员工，15家遍及全球的工厂。1991年罗盖特公司收购了韩国LG集团连云港经济开发区的乐金化工，当年形成了3万吨山梨醇的生产规模。2004年，年产12.5万吨山梨醇的罗盖特（中国）精细化工有限公司正式投产。

随着市场需求和企业规模的不断扩大，罗盖特（中国）精细化工有限公司新建、改建、扩建项目不断，2010年高峰时，承包商同时进场工作达50余家，员工近400余人。在新项目建设中，公司针对生产经营活动存在的易燃易爆、有毒有害、高温高压等施工建设过程中潜在危险因素的特性，努力实践以风险管理为核心的HSE（健康、安全和环境三位一体的管理体系）理念，高度重视HSE体系管理运行，以安全生产标准化建设为重点，通过加强对承包商的管理，推进企业快速、健康、安全发展。

罗盖特（中国）精细化工公司加强对承包商管理的做法主要是：

（1）信誉良好的承包商队伍，是保证项目安全的重要前提

选择安全质量保证体系完善、资质合格、信誉良好的承包商队伍，是保证项目安全的重要前提。为防止资质不合格、安全业绩差的承包商队伍进入工厂，避免"暗箱操作"等情况的发生，罗盖特（中国）公司工程部、EHS部、采购部，财务部等部门既互相联系，又高度制约。

操作程序是：承包商投标后，由多个部门人员参加的项目小组将对竞标公司的技术、商务和现场各项进行综合评估。EHS部门制定了具体的评估标准，仅安全管理评审就达20个大项80多条款。评估后，根据具体情况，公司通过电话访问、互联网和实地/工地参观等方式方法，再对承包商做进一步的了解和核查，最终确定该项工程的承包商。通过这种形式，公司规范了工程项目管理以及承包商的安全行为，促使承包商主动参与工厂安全管理，积极配合EHS部门做好工作。

(2) 开展承包商职工培训，营造人人讲安全的良好氛围

提高承包商的安全意识，进行安全培训是必要的手段。公司的EHS部门对承包商的安全培训分为两个部分：一是针对承包商负责人和员工的培训；二是针对专业人员的培训。培训方式分为集中培训和现场培训两种。集中培训是承包商队伍进入工厂之前必须参加分包商培训课程。EHS部门结合公司生产实际情况和项目特点，编制了《分包商安全手册》，并以此为教材，对承包商进行培训和考试，考试通过者佩戴临时工作卡。现场培训是利用每周一次的安全例会，每月一次的承包商职工安全会议，以及安全技术交底、项目进度信息汇报等不同场合，采取多种形式，宣传贯彻公司安全要求和安全政策。营造了人人讲安全、人人要安全、人人做安全的良好氛围。

(3) 构建安全管理网络，强化现场安全管理

为使安全生产有关规定落到实处，必须要强化现场的安全管理，注重生产过程的每个环节、每道工序，把每项工作具体细化、量化到生产全过程，达到用科学、严谨、规范的制度去约束承包商，防止在实施过程中出现问题。公司对此采取的措施是：

● 构建管理网络。在新改扩建项目开工之前，承包商必须书面提供该项目的《施工组织方案》，并建立以项目经理为安全生产第一责任人，项目安全员为安全生产负责人，班组安全员具体负责的纵向施工现场安全组织网络。罗盖特（中国）公司根据项目需要，建立以工程部为龙头，安全部、监理或总包单位相配合协调的横向施工现场安全网络，形成齐抓共管，无死角、无盲点的安全工作格局。

● 建立管理制度。根据实际情况和 ISO9000 质量体系以及 ISO140000 环境管理体系的要求，罗盖特（中国）公司建立完善了《承包商和服务商的安全管理》《工程项目安全管理》《施工安全与健康管理规范》《机密性控制》《工作许可证系统》《承包商基本安全规范》《危险化学品管理》《环境因素识别》《事故管理》《紧急情况汇报处理》等程序，制定了各类专业的作业指导书，如《工地临时用电制度》《手动工具使用规章制度》等。对存在一定安全风险、大型的施工项目必须报批和做专门的安全预防计划。如《60 吨锅炉汽包吊装施工方案》《40 吨冷凝器安装方案》《烟囱内脚手架拆除方案》《煮炉方案》等。

● 增加安全投入。承包商管理纳入罗盖特（中国）公司年度的 KPI（关键绩效指标），这意味着承包商的管理与公司的每个人都有直接的经济关联。2010 年上半年，由于新项目开工较多，人员变动频繁等主客观因素影响，安全业绩没有达到年初制定的目标，公司的所有干部职工工资奖金都受到影响。

为保证必要的安全投入，保障新建项目的安全运行，2011 年，罗盖特（中国）公司依据有关规定，制定和明确企业生产安全费用的提取和使用办法，有力保障了企业安全工作的开展。

（4）跟踪项目进展和安全隐患，强化施工现场动态管理

罗盖特（中国）公司要求承包商只要有工程任务，承包商专职安全员必须在场，以便发现问题，及时沟通和解决。每个星期五，承包商专职安全员应向 EHS 部门书面提交该项目人员变动情况。对完成任务的承包商人员取消工作卡，杜绝闲杂人员进入工地。

公司 EHS 部门驻施工现场安全工程师每天将项目进展情况和存在的安全隐患上报安全部经理和该工程项目经理，并抄送相关部门，追踪改善情况。如果安全隐患或错误的行为到期没有改善或改正，公司将下达《整改令》或《停工令》。公司 EHS 部门每月对工程项目进行一次安全专项检查，并形成书面报告，由驻施工现场安全工程师一并跟踪。公司 EHS 部门每个月对承包商人数、工时、事故等进行分析统计并上报公司安全委员会，安全委员会对工程项目遇到的安全问题和难点进行讨论并做出决定。

(5) 考评承包商业绩，建立优秀承包商数据库

工程结束后，罗盖特（中国）公司该项目工程经理将组织由安全部、工程部、维修部、技术支持部、生产部、采购部、监理公司等部门参加的验收会议，将根据该工程承包商业绩进行综合考评。安全部将根据得分情况建立优秀承包商数据库，并将情况反馈给相关部门。得分较低的进入"黑名单"，得分较高的作为长期合作伙伴或推荐给其他兄弟单位。

化工企业加强安全生产管理工作做法与经验评述

化工企业的生产具有易燃、易爆、易中毒、高温、高压、易腐蚀等特点，与其他行业相比，生产过程中潜在的不安全因素更多，危险性和危害性更大，因此对安全生产的要求也更加严格。

(1) 化工企业生产特点

化工企业运用化学方法从事产品的生产，生产过程中的原材料、中间产品和产品，大多数都具有易燃易爆的特性，有些化学物质对人体存在着不同程度的危害。化工企业在生产经营以及储存、运输、使用等环节，由于自身的特性所决定，具有这样几个的特点：

● 生产原料具有特殊性。化工企业生产使用的原材料，以及半成品和成品，种类繁多，并且绝大部分是易燃易爆、有毒有害、有腐蚀的危险化学品，这不仅在生产过程中对这些原材料、燃料的使

用、储存和运输提出较高的要求，而且对中间产品和成品的使用、储存和运输都提出了较高的要求。

● 生产过程具有危险性。化工产品的生产过程中，所要求的工艺条件严格甚至苛刻，有些化学反应在高温、高压下进行，有的要在低温、高真空度下进行。在生产过程中稍有不慎，就容易发生有毒有害气体泄漏、爆炸、火灾等事故，酿成巨大灾难。

● 生产设备、设施具有复杂性。化工企业的一个显著特点，就是各种各样的管道纵横交错，大大小小的压力容器遍布全厂，生产过程中需要经过各种装置、设备的化合、聚合、高温、高压等程序，生产过程复杂，生产设备设施也复杂。大量设备设施的应用，减轻了操作人员劳动强度，提高了生产效率，但是设备设施一旦失控，就会产生各种事故。

● 生产方式具有严密性。目前的化工生产方式，已经从过去落后的坛坛罐罐的手工操作、间断生产，转变为高度自动化、连续化生产；生产设备由敞开式变为密闭式；生产装置从室内走向露天；生产操作由分散控制变为集中控制，同时也由人工手动操作变为仪表自动操作，进而发展为计算机控制，从而进一步要求严格周密，不能有丝毫的马虎大意，否则就导致事故的发生。

在化工企业的生产、储存、运输、使用过程中，涉及许多危险化学品。危险化学品是指那些一旦处置不当就容易导致爆炸、火灾、中毒、污染、氧化腐蚀等安全事故，对人体、物品及环境造成危害或破坏的化学品。所以有人说，化工企业要想不出事故非常难，许多化工产品无色无味，看不见、闻不着，只要不小心吸入一口马上就会倒下，稍有不慎，就会造成重大人身伤亡事故。

（2）可以学习借鉴的两种实用方法

化工企业的安全管理，比较重要的是鼓励和奖励员工参与管理，采取措施，调动广大员工的积极性。在这方面，中海油田服务公司在风险管理中，采用员工行为观察卡和安全建议的方法，可以参考借鉴。

中海油田服务公司是一家综合性油田服务供应商，服务涵盖石油天然气勘探、开发及生产的各个阶段。该公司在风险管理中，采用员工行为观察卡和安全建议安全管理工具，来提高一线作业单元的安全业绩。

● 员工行为观察卡。设立员工行为观察卡的目的，是训练员工通过在工作现场对人的安全行为和不安全行为的观察，尽可能减少事故和伤害。即鼓励员工的安全工作行为，使其成为可持续性的良好习惯；及时阻止和纠正员工的不安全行为，防范可能的事故与伤害。在具体操作上，由经理、班组长负责对责任区的员工进行观察，员工则对其他员工进行观察。员工行为观察卡是非惩罚性的，并引入了激励原则。观察的内容包括：个体防护装备、人员的位置、人员的反应、工具和设备、程序与整理。

观察者在填写员工行为观察卡时，除了要描述所观察到的安全行为和不安全行为外，还鼓励所采取的行动和立刻纠正的行动，还要提出预防再次发生的措施。员工行为观察卡放置在很多地方，可以很容易地拿到，以便于员工发现问题随时填写。员工行为观察卡每天有专人负责收集，每个班组或单位领导要定期汇总，汇总后要进行分析，并且开展侧重点不同的整改工作。公司规定，每个季度以事业部为单位，组织评选优秀员工行为观察卡，并对优秀个人和单位进行奖励。钻井事业部通过员工行为观察卡查找问题，一年就检查出了5 377个隐患，经过整改，安全状况大为改善。

● 安全建议。中海油田服务公司为了激励员工，实现质量健康安全环保管理目标，鼓励员工针对隐患提出整改建议，最大限度地减少事故和隐患，制定了《安全建议奖管理程序》。公司将《安全建议表》放在员工易于拿到的地方，供员工取用。所有员工都可提出安全建议，所提出的安全建议范围不限。对一线员工提出的建议，要求管理层必须给予答复。安全建议每周逐级进行等级评定，按照一般、重要、重大、特别四个等级进行奖励。哪一级评奖就由哪一级主管领导组织，并且将获奖者姓名张贴在本单位的公告栏中。得奖情况也成为员工和单位绩效考核的依据之一。

中海油田服务公司采用员工行为观察卡和安全建议做法，从2004年在公司钻井事业部开始试点，到2006年在油田服务公司全面实施，取得了很好的效果，在公司作业量和人员增加的情况下，事故率却在以每年10％的速度递减。

（四）机械电力企业加强安全生产管理工作做法与经验

19. 卫东集团公司实施"顾氏管理法"保障企业安全的做法

湖北襄樊卫东控股集团有限公司的前身是一家建于1964年的地方军工企业，2003年进行股份制改革后，企业不断发展壮大，目前公司产品涵盖民用爆炸物品、机加产品和军用产品三大类，共40多个品种。在公司快速发展的同时，安全生产状况持续改进，已经连续多年未发生重伤以上安全事故，先后被襄樊市安监局和湖北省安监局命名为安全管理示范企业。

卫东公司从事高危行业的高危产品生产，之所以能够实现企业发展与安全生产协调进步，得益于企业领导和企业员工对安全生产工作的高度重视，以塑造"本质安全"为核心，不断在人防、物防、技防等各个环节探索强化安全管理与控制的新机制、新模式，形成了一套以顾勇同志姓氏命名的"顾氏管理法"。

"顾氏管理法"主要包括六项法则，其管理逻辑是，将公司一切工作都以安全为核心来开展，创建以尊重人、保护人和塑造人为目标的企业安全文化，以科技进步、企业管理为手段，持续改造物的不安全状态和人的不安全行为，实现本质安全。

卫东集团公司实施"顾氏管理法"保障企业安全的做法主要是：

（1）本质安全战略持续推进法

作为一家高危行业企业，卫东公司深知安全是企业的生命线。

公司董事长顾勇认真落实安全生产第一责任人的责任，把实现"本质安全"纳入企业管理核心战略，明确提出"五零"安全目标（即零死亡事故、零重伤事故、零重大火灾事故、零爆炸事故、零职业中毒事故），并从安全技改、安全投入等方面持续推进，狠抓落实。自 2005 年开始，公司股东已经连续 5 年没有分红，把企业赚来的钱全部用于塑造企业本质安全上，截至目前，用于企业科技创新和技改项目的总投入已经达到 1.3 亿元。先后建成了电引火生产线、导爆索制造生产线、雷管全自动激光编码生产线、导爆管雷管生产线、电雷管装配生产线等具有国内先进水平的生产线，建成了 11 座完全符合国家规范标准爆炸物品库房，完成了成品总库区的全面改造升级，装备了国内最先进的可靠的安保系统，包括厂区安全全方位网络化视频监控系统、库房钥匙指纹识别自动控制系统、人员进出脸谱识别自动控制系统等。在整个安全系统的建设过程中，坚持标准从高、技术从新。危险工序操作工安全防护间，国家标准规定钢板厚度为 8 毫米，公司实际采用的钢板厚度为 20 毫米，而且整个防护小间也加高和加大间距，为此企业多投入 50 多万元；雷管编码生产线同行企业都是采取一重防护，公司经过自主创新，建成三重防护设施，完全实现无人传送产品，为此多投入 157 万元；企业投入 80 万元建成的一座危险品库房，因实际测量安全距离比国家规范少 3 米，立即推倒重建。原来雷管装配全部采用手工操作，危险工位防护较差，而且人员密集多达 53 人，发生群死群伤事故的风险很大。公司在考察国内外先进设备和技术的基础上，经过自主创新，率先在全国实施全自动化生产，实现了人机分离。危险工序生产人员减少到 12 人，而且只是通过视频进行隔离操作（不接触危险品，危险岗位用机械手替代）。

（2）安全违章整改跟进法

安全违章是事故之源。为强化职工违章行为的监控、整改，顾勇创造性地提出安全违章整改跟进法，着力构建安全违章整改长效机制。一是每月组织一次隐患集中排查，每日有安全管理人员进行日常巡查。二是凡排查出来职工违章行为和各类事故隐患，统一填制《安全违章整改跟进表》。《跟进表》有五项内容：①违章行为。包括违章依据、风险评估、可能给职工自身和他人造成的危害。②整改要求。③整改期限。④整改责任及投入保障。⑤整改跟踪时间，1 至 6 个月。三是在公司网络、公示栏、大型视屏等公开展示。为保护员工积极性，采取不记名方式。四是公示时间与整改跟踪时间一致，为 6 个月。只有该违章在 6 个月内不再重复出现，才可以确定为整改到位，撤销公示；若在公示期间再次出现同样违章，则从重复出现之日起，延续追踪 6 个月，直至整改到位。

安全违章整改跟进法的提出与实施，一是实现了一个职工违章，全体职工共同受教育。连续 6 个月的视觉冲击，会使每个职工形成深刻记忆，提高自律意识和能力。二是保护了职工的积极性。有的员工动情地说："以前违章就会被点名，虽然也能起到纠正违章的作用，但感觉还是没有面子，往往会产生抵触心理。自从实行了违章整改跟进法，违章后只是把违章现象写在公示板上，不被点名，安全员把违章的弊端及改进方法单独和我们交流，既保住了个人的面子又起到纠正违章的作用，真正激发了我要安全的主观能动性。"2006 年实施当年，共计发生各种违章现象 27 起，主要有超量、违反劳动纪律、违反工艺操作规程、违反公司安全十大禁令、无证上岗等，职工违章率为 1.7%；到 2009 年，违章现象降低为 7 起，职工违章率降到 0.4%。

（3）安全生产累进奖励法

为全面调动职工安全生产积极性，公司在对公司高中层领导、二级单位管理人员实行安全风险抵押金管理的同时，对一线职工实行安全生产累进奖励办法。以一个月为考核周期，如职工当年一个月安全考核合格，则计发当月安全奖，并作为全年累进奖励基数，逐月累进。假如第一月累进奖励额度是 10 元的话，则第二月的奖励额度累进增加到 20 元，第三月 40 元，逐月呈几何级数增加。若职工在中间某个月安全考核不合格，则取消当月累进奖励，从下月起重新累进。

为体现安全奖励的公平性，公司根据安全生产风险的大小，把累进奖励级别分为 A、B、C 三个等级，确定不同的奖励系数。A 类主要针对直接从事危险作业的员工；B 类主要针对各类生产员工；C 类主要针对为生产服务的各类人员。

为充分发挥安全累进奖的激励效应，对职工的安全奖励采取按月考核、计发，按年度兑现发放的办法，若职工在年底出现违章行为，全年安全考核不合格，则扣发全年累进奖；所在分厂发生一次重伤以上事故，则扣发全分厂全年安全累进奖；若公司发生伤亡事故，则全公司免去全年安全累进奖。

由于这个办法"做加法，不做减法"，职工全年不违章、分厂全年不发生重伤事故、公司全年不发生伤亡事故，职工可以得到累进的高额奖励；出现安全问题，最严厉的处罚措施是扣罚全年奖励，不影响职工正常收入、日常生活，既体现了奖罚分明，又很人性化，为职工所乐意接受。2006 年实行当年，全公司共兑现累进奖励 80 多万元。2009 年，安全累进奖总额已经超过 500 万元。对于公司职工而言，安全已不仅仅是生命健康保障，而且成为富裕生活之源。

（4）安全文化共创共建法。

顾勇认为，安全管理的最高境界是形成可持续的企业安全文化。因此，卫东公司高度重视安全文化建设，并发动干部职工全员参与。

● 构建理念文化。在实践中通过不断摸索，形成了"安全第一、预防为主、以人为本，确保安全"的企业安全方针，灌输了"以文化促安全，以安全促发展"为核心的安全文化理念，"无违章，无隐患，无事故"的安全责任理念，"安全第一贵在坚持、安全管理贵在到位、安全责任贵在落实"的安全管理理念，"安全是政治，安全是效益，安全是幸福，安全是形象"的安全价值理念，打造了"做安全事，当安全人"的安全行为观，"安全就是最大效益"的安全效益观。

● 健全制度文化。建立了《安全生产责任制》《三级危险点巡回检查制度》《危险品总库及各转手库安全管理规定》《民爆区域道路安全管理规定》《民爆区域机械加工和基础施工安全管理规定》《外来执法检查（参观）人员安全管理制度》等36项职业安全健康管理制度。制定了112个岗位的安全行为规范和78个工种的安全操作规程。

● 丰富形式文化。每年组织一次"平安是福"安全演讲比赛。积极参与社会性的安全活动，连续两年代表湖北省参加全国平安中国—《安全生产法》知识竞赛，获得总成绩第七名。不定期在全公司班组中开展安全专题的深度会谈，以高度浓缩又辐射性强的议题在全体职工中展开全开放式的讨论，促使员工由"要我安全"变成"我要安全"。大力开展"百日安全无事故"和"安全生产月"活动。将16年前发生事故的12月26日定为安全教育日，使大家在回顾历史教训中更加重视安全。每年的这一天，全公司停产，总结安全成绩，确定工作重点，查找安全隐患，派出督导检查组对各单位的安全活动开展情况进行督察，并在各危险场所进行应急预案演练。实行军事化的管理方式。对新进厂员工除进行入厂三级安全教育外，必须进行为期七天的军训，军训成绩合格方可入厂。每年夏秋之交，公司均要聘请武警教官对全体在岗员工分期分批进行为期一周的军训。公司各单位（包括机关全体人员）均要进行列队、踏步，行进、喊口号等集训活动。严格的军训生活，磨炼员工的意志，规范员工行为，增强团队精神。

开放民主的安全文化建设氛围，使广大员工既成为安全文化的建设受体，也成为安全文化的建设主体。2006年，公司在全厂1 000多名职工中开展了安全警句征集活动，职工踊跃参加，共提供安全警句1 100多条。经过评比筛选，公司选出555条汇编成册，形成《湖北卫东机械化工有限公司安全警言警句555》，人手一份，成为全体员工自我教育的好教材。由于这些警句来自员工，既生动活泼，又切合实际，好记管用。可以说，多年的安全文化建设成果，已经转化为职工的安全智慧和理念升华，一个"人人想安全、人人抓安全、人人保安全"的安全生产良好局面已经形成。

（5）安全培训多策并举法

卫东公司长期重视开展安全培训工作，把安全培训作为安全生产的基础，几年来已经形成多重安全培训体系。

● 制度化的全员培训体系。公司每年都要对所有岗位人员（包括中高层管理人员）进行一次应知应会安全综合素质考试测评，100分为及格，不及格的再学习后补考合格方能上岗，连续三次不合格的则安排其转岗。对于新进职工和农民工，坚持全员培训上岗，确保公司培训合格率保持100%。

● 以创建学习型组织活动为载体的职工自我培训、修炼体系。2007年，公司引进学习型组织机制，把彼得圣吉的五项修炼的学习理念带到企业，以安全为切入点，以班组为平台，深入开展学习型组织创建活动，成立学习试点小组4个，网络小组25个，志愿者小组180个，形成了公司学习动力圈。学习型组织从实际出发，在公司内部组织开展了"班组安全愿景大讨论""班组长经验讲堂""班组管理学习与实践演练""当好一日班组长""班组安全隐患自查自改活动"等一系列学习实践活动，使职工自我学习、修炼蔚然成风。

● 以"安全生产学习俱乐部"为平台的职工互教互学体系。"安全生产学习俱乐部"以开放和民主的方式，每月第二个星期五晚上定期开展学习活动，公司各层管理者和员工可自由参加，大家聚集在一起，或指出目前公司及所在单位存在的被忽视的不安全因素、安全隐患；或提出新的安全建议和措施，相互交流经验；或对现有的安全机制、管理办法架构发表自己的见解；或向与会者介绍其他公司的先进做法和先进模式。活动开展记录经整理后传送总经理和安全保障部及公司各单位，并在下一次活动日将本次汇集反映问题的整改、实施情况向与会者进行通报。由于其影响面广、受关注程度高、作用大，且具有开放和民主的特色，备受公司各层管理人员和员工的欢迎，参与度高。通过对问题的曝光，大家共同分析问题出现的原因所在，共同商讨解决的措施办法，不但在活动中获得了知识和经验，而且扩大了群众的关注、监督范围。本期提出的问题和措施是否得到解决和实施，在下一期活动时会有一个回顾、落实。"安全生产学习俱乐部"自创办至今，帮助公司解决大小安全问题数十起，对丰富企业安全文化，促进企业安全管理进步，起到了良好的推动作用，被称作是"安全管理创新的一大亮点"。

为鼓励职工参加学习培训，公司还研究制定了一系列奖励办法。例如，为鼓励有条件的职工参加注册安全工程师的学习考试，公司提出，第一批获得注册安全工程师资格的，公司一次性奖励 10 000元，第二批奖励 8 000 元，第三批以后的奖励 5 000 元，调动了职工学习考试积极性，目前已经有 11 位同志通过注册安全工程师考试评定，成为企业安全评估、建言献策的重要力量。

（6）安全管理垂直严控法

为严格安全管理，把第一责任转化为公司的统一意志、共同行动，卫东公司建立了一套完整的垂直管理、控制体系。

● 建立垂直管理架构，明确各自安全职责。建立了以董事长、总经理担任安全生产委员会主任，各分管领导和部门负责人及部分专业技术人员和优秀职工代表为成员的安全生产委员会，集体决定企业安全生产重要事项。公司设立安全保障部，具体负责公司在全局上的安全保障工作，各子公司设立安全保障部，分厂副厂长专管安全，班组长为兼职安全员。驻各子公司和各分厂的专职安全员实行委派制，由安全保障部统一管理，专职安全员的工资比同岗位上浮 25％，对公司负责。

● 层层签订安全生产责任书，建立严格规范的安全生产责任制。

从高管层、中层、班组长，直至员工人人签订安全生产承诺书，明确各自的安全责任、权限和安全保障措施及安全奖惩等，形成纵向到底，横向到边的"人人肩上有责任，个个都是安全员"、专管成线、群管成网的格局。

● 对班组安全生产工作实行标准化管理。各单位班组每天都在上班前的 10 分钟召开班前会，班前会上要"四清"，即当天生产任务要讲清，危险因素要讲清，员工的精神状况、情绪要摸清，安全防范措施要讲清。公司每月对各班组的安全活动开展情况进行检查考核，并定期对班组安全生产工作标准化达标活动进行验收。

● 完善监督考核。专职安全员每天对重要危险源进行日报，每周召开安全例会，小结和安排每周的安全工作。坚持三级危险点巡回检查制度，采取岗位自查，班组日查，分厂周查，公司月查的形式，根据"谁主管、谁负责"的原则进行，发现安全隐患，实行闭环管理，采取有效措施及时进行整改。民爆区域设置了 4 个安全护卫岗，配备了 38 名警卫巡逻值班人员，采用先进的视频监控技术，对危险区域实行全方位、全天候监控。

卫东公司作为一个高危行业领域的生产企业，通过不断探索、创新、完善"顾氏管理法"，全方位提高了企业的管理水平，带动了企业的健康发展和全面进步。改制当初，全公司员工 600 多人，工业产值只有 1 200 万元，职工年收入才 4 000 多元；而现在人员增加到 1 600 多人（本部），产值达到 3.2 亿元，职工收入翻了三番多，利税突破 6 000 万元。安全发展的业绩，使企业良好形象得以确立，软实力大为提高，吸引了更多的合作单位和项目。更为重要的是，经过长期的安全生产实践和安全文化沁润，卫东公司干部员工的安全管理和文化素质不断提高，卫东的安全环境使每位员工切实感受到了作为人的尊严，做"安全行为人"成为卫东员工的自觉。高安全素质的干部员工队伍，成为卫东公司实现本质安全的最坚实基础。

20. 瓦轴集团精密转盘轴承公司建立安全工作持续改进机制的做法

瓦房店轴承集团公司被誉为中国轴承工业的故乡和摇篮，是目前我国最大的轴承制造企业，主导产品为重大技术装备配套轴承、轨道交通轴承、汽车车辆轴承、军事装备轴承等。

精密转盘轴承有限公司是瓦轴集团公司全资子公司，其产品品种多、体积大（轴承直径在 1 100～6 300 毫米），起重设备和运输机械多，而且使用频繁，再加上公司新员工比重特别大，生产过程中不利因素也相对较多。针对此情况，公司积极推行人性化管理，不断细化安全管理新理念，制定并不断完善规章制度，规范各种操作，强化安全责任落实、安全教育培训、现场安全检查、安全生产新技术应用、提高全体职工的安全意识，建立安全生产自我约束和持续改进机制，提高了安全生产管理水平，有效预防和控制工伤事故和职业病的发生。

瓦轴集团精密转盘轴承公司建立安全工作持续改进机制的做法主要是：

(1) 落实各级领导安全责任，切实抓好安全生产工作

如何建立健全并能有效地履行各级领导干部的安全生产责任制是公司抓安全生产工作的立足点。公司结合本单位的生产实际，制定了公司总经理、副总经理、各部门负责人、作业长、班组长以及员工等各类人员安全生产责任制。总经理做到"四个亲自"，即亲自检查落实各级领导干部安全生产责任制执行情况；亲自带领人员查找安全生产隐患；亲自制定安全生产隐患整改措施；亲自落实安全生产隐患整改情况。公司各位副总经理也按照相应的岗位职责，明确了安全管理范围、职权、责任和目标。公司上下对安全生产工作的态度是："安全生产是一切生产经营活动的重中之重，如果允许找客观理由的话，其他工作也许可以，但有碍安全生产的工作绝对没有任何理由可讲"。

（2）突出以人为本，注重安全培训效果

● 重视对新入厂员工实行三级安全教育。公司规定，对新入厂员工必须进行不少于 40 个课时的安全培训。在历时五天的三级安全教育中，一方面，利用多媒体教学方式，让新员工了解公司的安全生产规章制度、主要危险源分布、应急处理办法以及有关事故案例；另一方面，新入厂员工经过了三级安全教育、考试，以及对全公司的各个生产工序参观后，每人必须写一份接受教育和对公司参观后的心得体会。

● 实行定期轮训制度。除了中层以上干部、班组长、特种作业人员要定期参加集团公司举办的安全培训班外，总经理每季度要对作业长以上干部亲自进行授课培训，各部门主要领导必须亲自对本部门的员工进行授课。对设备操作人员，公司每半年要进行一次以安全操作规程、安全规章制度、现场应急及急救知识为主要内容的再教育。

● 坚持"请进来，走出去"。公司在努力做好内部安全教育培训的基础上，还经常邀请安全管理专家到公司进行现场指导和培训。同时，公司还经常组织作业长以上领导，到兄弟单位进行交流学习。

（3）建立有特色的安全生产企业文化

公司在注重对员工安全理论知识培训的同时，更加注重安全教育创新内容、创新形式、创新手段，通过举办贴近实际、贴近生活、贴近群众、员工乐于主动参与的活动，使安全教育喜闻乐见、寓教于乐。公司不定期地举办安全知识竞赛，举办安全漫画、书法、摄影等比赛，让大家参与评奖，对获奖的员工给予一定的奖励；在开展拔河比赛、乒乓球比赛中融入安全知识问答等，使员工在娱乐之中受到安全教育。

针对员工日常容易出现的小伤病，公司则在生产现场设立了急救箱，当员工出现常见性的小伤病时，可就地利用急救箱内的包扎用品和常规药品应急处置和应急使用。

(4) 强化现场 6S 管理，严格安全责任追究

将所有安全问题发现在现场、解决在现场，是公司对待安全问题的一贯要求。为了提高各级管理者的执行力，公司坚持每月安全专题会议制度，每名作业长以上领导必须将一个月来发现的主要安全问题和采取的办法在会议上进行通报，并翔实分析出现问题的原因，提出下一步改进思路，防止问题的重复出现。

在日常现场安全监管过程中，中层以上干部必须每天到作业现场进行巡检，发现问题当即组织相关人员制定预防纠正措施，并现场监督实施；各作业区的作业长佩戴安全监察标志，承担现场安全监管责任，作业长对夜班的安全生产，代表总经理行使最高管理职权，做到责任唯一；对设备操作者则要求下班前至少要进行 15 分钟的设备和现场清扫。

在安全考核方面，公司实行了连带考核制度。凡公司发现现场作业人员有违章、违规行为，除了对违章、违规者按规定进行经济处罚外，对所在作业区作业长也要同时进行考核，并责成违章、违规者和作业长写出检讨书在生产现场公示板进行张贴，违章、违规者还要戴黄色安全警告牌一周，一周内如果没有再出现违章、违规行为，即撤销安全黄牌警告。公司实施的严格考核制度，使员工视违章、违规如同触电，仅 2009 年，公司就在安全考核方面罚款 26 000 多元。

(5) 规范特种设备管理，不断降低安全风险

公司针对运输车辆和起重设备多、使用频繁、搬运工件大的特点，在硬件改进和管理措施方面采取了多种办法。

● 在所有厂内机动车辆上安装了倒车语音提示装置，并在所有叉车上安装了灯光频闪装置，使车辆在运行中对其他人员起到了明显的警示作用。

● 对机动车辆实行每日点检制度和交接班制度，确保了机动车辆的及时维护与保养。

● 对外来车辆，公司除了要求对方交纳安全保证金，并与对方签订"车辆安全运输协议"外，公司还要求外来车辆必须安装倒车警示装置，所有外来车辆每车至少配有两人，其中一人负责车辆运行中倒车的指挥和全程监护。如果外来车辆有违反公司交通安全管理制度现象，公司将从对方交纳的安全保证金中予以扣罚。

● 对吊索具实行作业区承包制和以旧换新制度。公司统一为各作业区制作了吊索具存放架，各作业区对吊索具进行编号和加锁管理，防止乱用滥放现象。公司还将每类产品单重与吊运时应当采用的吊索具进行对应后，做成视板布置到吊索具存放处，以方便员工使用时进行对比。每个作业区还责成专人每日对吊索具进行检查，并填写检查记录，对报废的吊索具采取销毁措施。

● 对使用频率较高的起重设备和吊索具，实行了定期探伤检验制度。责成专人利用磁粉探伤技术对起重设备和吊索具每周进行一次探伤检验，合格的吊索具贴上检测标签，注明下次检测日期，并登记造册，由检测人、监察人签字认可。

(6) 加大安全生产投入，实施科技兴安战略

公司建厂三年来，每年投入60多万元用于设备改造，本着高标准、高起点的原则，不断改进设备存在的安全缺陷，使其本质安全逐步得以提高。

几年来，公司先后对数控立车的挡屑装置进行了改进，使产品加工过程中产生的铁屑不仅不能伤人，也不能飞溅到作业区通道内；对砂轮机更新了除尘设备，调整了安装位置，并在砂轮运行的切线方向安装了防砂轮崩飞护网；针对搬运大型产品采用的吊索具和车辆运输过程中存在的可能滑脱、倾翻等不安全问题，研发了适用的搬运车辆和专用吊索具，彻底解决了产品搬运、运输、试验等过程中的安全隐患。

公司为了进一步增强大型设备高处检修作业的安全可靠性，将原安装在梯台的连锁保护装置改为具有LED屏幕显示、语音提示和

设备自动断电功能的装置。维修人员进入大型设备高处检修平台进行检修作业时，当登上设备梯台，LED 屏幕会显示设备即将断电的文字，并同时发出安全提醒的语音，然后按照设定的程序将设备全部断电。这种先进装置的应用，对于防止他人误操作，保证检修人员的安全起到了可靠的防护作用。

企业的安全管理是一个持续改进、不断完善的过程，尽管几年来公司在安全生产方面取得了一定的成绩，但不会满足，将继续以对员工的安全健康高度负责的态度，把每次取得的成绩都作为新的起点。

21. 天津钢管集团公司加强和优化外用工安全管理的做法

天津钢管集团股份有限公司原名天津钢管公司，1989 年破土动工，1996 年正式投产，历经十多年的不懈奋斗，由生产单一无缝钢管产品的专业厂，发展成为集无缝钢管、不锈钢管、彩板、海绵铁、铁合金、铜线杆、铝线等多种冶金产品为一体的集团公司。

天津钢管公司在生产过程中引入了外用工制度，现已成为企业生产经营中必不可少的"人力资源"，为企业的发展起到了重要的作用。但是"外用工"流动性大，人员构成复杂，所带来的安全问题同样不可忽视。天津钢管公司注重加强外用工的安全管理，采取积极措施规范用工形式，取得了很好的效果。

天津钢管集团公司加强和优化外用工安全管理的做法主要是：

（1）深入分析外用工管理现状，为采取措施奠定基础

天津钢管集团公司引入外用工主要有 2 种形式：劳务派遣工、项目（工程）外包用工，其中项目（工程）外包用工包括长期顶岗作业用工和项目（工程）临时用工。劳务派遣工是公司与劳务派遣单位签订用工协议，该层次人员基本在中专以上学历，用于补充岗位操作人员的不足，以工资形式支付报酬；长期顶岗作业用工是公司与成建制外委劳务队伍签订劳务协议，该层次人员一般无学历要求，主要用于补充一般性岗位操作人员的不足，以劳务费形式支付报酬；项目（工程）临时用工是根据项目或工程的需要，公司或需要用工的生产单位与乙方签订项目（工程）外包协议，以完成阶段性工作为目的，作业人员的报酬在项目（工程）外包费用中列支。

外用工因受教育程度、用工方式等因素的影响有各自不同的特点。

● 劳务派遣工因有一定的教育基础，人员素质相对较高，有协议、保险等保障，工作状态相对稳定。此类人员以在城市成长起来的青年为主。该类人员思想活跃、精力充沛，但同样存在娇生惯养、浮躁、动手能力差、不良生活习惯等城市青年的通病。

● 长期顶岗作业用工因用工单位不与作业人员直接签协议，人员的合法劳动权益保障由外委队伍负责，外委队伍的人员受教育水平偏低，又存在劳务费"扒皮"现象，导致作业人员主动流动和被动流动现象都很突出。此类作业人员主体是农民工，特别是遇到农忙时节，会出现阶段性用工缺口。

● 项目（工程）临时用工因为多是阶段性的、临时的项目或工程，如建设项目、检修项目、改造工程等；加之这些临时用工是由被委托方派来的作业人员，来源庞杂纷乱，人员素质参差不齐，劳务费结算方式多种多样，甚至是"一锤子买卖"；有的对作业现场、作业程序毫不了解；有的非持证人员从事特种作业，而且项目（工程）被委托方疏于管理，这类人员安全管理难度最大。

（2）采取针对性措施，落实和强化安全管理

天津钢管公司面对新形势，针对不同用工人员的特点，采取适合的外用工安全管理措施，从而使企业得以安全稳定发展。

● 规范外用工管理。"立规矩"是管理的基础。为了加强外用工的管理，天津钢管公司成立了外用工管理中心，全面负责外用工队伍和人员的管理，包括外用劳务队伍用工合同的签订和监察备案，组织外用劳务队伍的资格、资质的审查备案、岗位定员等工作。安全部门制定了《外用劳务队伍安全管理办法》，明确了有关职能部门对外用工的管理职责，规定了劳务合同、安全协议的签订程序，并分别对承揽项目的外用劳务队伍、成建制的长期维护队伍和岗位外用工提出了不同的安全管理要求，从制度上建立了严密的安全管理规范。

● 优化外用工队伍。在外用工管理中心建立和外用工管理制度实施基础上，天津钢管公司于 2004 年对现有的外用工队伍进行了两次全面清查和筛选，将原来鱼龙混杂的 70 多个队伍，大幅削减到 5 个。这 5 个外用工队伍与被削减的队伍相比而言，资质和条件相对较好，管理中心与这 5 个队伍重新签订了合同，安全部门与之签订了明确双方责任的安全协议，并要求各队伍按每人每年 100 元，或按承包额的 1% 缴纳安全管理基金。同时，安全部门还制定了外用工队伍安全管理标准，强制各队伍按标准，建立安全管理机构、配备安全管理人员，并规定了安全管理人员素质条件、明确了工作内容和任务。安全部门对各队伍上报的安全管理人员进行了资质条件审查后，集中组织了强化培训，考核审批后上岗，纳入用工单位安全部门管理。随后，组织各队伍负责人和安全管理人员参加了市安监局组织的安全生产监督管理上岗培训。在强化管理的带动下，这 5 个外用工队伍与公司形成了长期稳定的合同关系，队伍的安全管理水平和人员的素质在不断地提高，逐步适应了公司的安全管理要求。

● 加强岗位管理。保护每个从业人员的生命和健康，是安全管理的根本。企业的安全管理应转变视外用工为"廉价劳动力"的旧观念，从人为本出发，把外用工作为正式工管理，纳入人力资源管理序列。2005 年天津钢管公司结合人力资源管理改革，进行了全面的核岗定编，核定了哪些岗位可以由外用工顶岗、岗位定员数和人员素质要求，并要求特种作业、关键岗位禁止外用工从业，顶岗人员调整必须经过人力资源部门审核。通过核岗定编，改善了以往外用工顶岗作业人员混杂、流动大、不稳定的局面。用工单位将顶岗外用工全部纳入正式工班组管理，把外用工培训重点放在岗位安全知识和操作技能上，考试合格后方准许上岗。签订正式工与外用工师徒合同，学徒期严禁独立作业。签订师徒监察责任书，外用工违纪或发生事故追查师傅的监察责任。建立定期、长期的岗中继续教育，不断提高外用工的安全素质。

● 连带事故责任。天津钢管公司在违章违纪和事故考核上，对外用工违章违纪现象、外用工发生工伤事故，同时考核外用工队伍和用工单位；对外用工队伍采取扣除安全管理基金、扣减劳务费（工程费）等手段进行处理，情节严重的对违章个人予以辞退，对发生工伤事故的队伍予以清退，同时对用工单位进行责任处理和连带考核。

● 建立激励机制。为了提高外用工的稳定性和企业忠诚度，2005年天津钢管公司针对外用工的管理相继出台了一系列激励政策，如对于善于学习、工作出色、安全素质高、技术能力强的派遣工，经过考核择优转为正式职工。这项政策极大地激励了在岗的派遣工，使外用工觉得有了奔头，工作更积极了，学习劲头更大了，关注安全的主动性提高了。自2005年以来，公司每年组织2次派遣工转正考核，至2009年已经有将近2 000名外用工转为正式职工，使外用工安全管理走上良性循环的轨道。

● 现场确认监督。阶段性项目（工程）用工安全管理是个难点，也是事故多发点。对阶段性工程项目承包、检修（定修、抢修、年修）、临时用工等，要求委托单位、用工单位、外用工队伍三方加强施工作业前、中、后全过程管理。通过强化项目施工全过程安全管理，外用工违章违纪现象和安全事故都明显减少。

天津钢管公司通过实施外用工安全基础管理、人员管理和现场管理，加大激励和考核，自2007年以来，未发生外用工生产安全事故，公司整体安全管理水平也有了很大提高，为企业发展奠定了基础。

22. 湘潭发电公司实施"四个注重"构建特色安全文化的做法

湘潭发电有限责任公司的前身是湘潭电厂，创建于 1936 年，属国家大一型火力发电企业，现隶属于中国大唐集团公司。公司一期工程两台 30 万千瓦机组分别于 1997 年、1998 年投产发电；二期工程两台 60 万千瓦超临界机组于 2006 年 3 月投产。公司先后荣获了全国"文明单位"、中华全国总工会"模范职工之家"和"五一劳动奖状"等荣誉。

近年来，湘潭发电公司始终坚持以"同心文化"为统领，结合企业自身特点，坚持以人为本的管理理念，从"四个注重"入手，把同心文化理念中"生命至上、安全第一"的安全理念内化于心、外化于行，积极推进安全文化建设，从而促进了企业的安全生产。

湘潭发电公司实施"四个注重"构建特色安全文化的做法主要是：

(1) 注重执行，重在严格落实

再好的安全生产管理体制、机制，若不去贯彻和落实，就如同一张废纸。湘潭发电公司注重管理人员和员工执行力，要求不折不扣地执行和落实工作部署和要求，使安全生产做到了"可控在控"。

● 以机制建设为中心，实现了安全责任的落实到位。公司坚持"五个必须"，即各生产部门行政一把手必须对本部门的安全生产承担最终责任；安全生产目标的完成必须与各级管理人员的业绩紧密挂钩；抓安全生产工作必须切实做到关口前移、重心下移，工作的重点落实到生产现场；安全生产规章制度的执行必须刚性，从抓班组、抓基础、抓基本功入手；安全生产工作必须切实做到全面、全员、全方位、全过程管理，确保安全生产责任制落到实处。公司还建立健全了安全生产组织保证体系，以公司安全委员会为最高决策层，各部门以及班组均配有安全员，形成一个涵盖全公司各部门、各岗位的安全生产监督、保障和信息反馈网，即"三级安全网"。全公司各岗位都规定了各自的安全生产职责，实行公司、部门、班组、

个人的四级控制,一级对一级负责,层层签订安全生产责任状,并制定量化考核细则,将安全责任贯彻落实到位。

● 以安全风险管理为重点,实现了安全危机的超前预控。树立了"以安全保效益、以安全保稳定、以安全促发展"的意识,"如临深渊、如履薄冰"的忧患意识,居安思危,超前防范。公司积极推行安全风险管理,坚持在重大危险源评估和作业危险点分析的基础上,对重大检修或特种作业实行安全风险评估。通过风险评估,找出关键风险因素,采取有效措施,达到了有效降低安全风险的目的。加强了重大危险源的管理,完善了应急预案,并认真组织开展好演练工作,防止突发事件的发生,增强了应急救援能力,提高了救援水平。

● 以动态检查、跟踪监督为手段,实现了安全整改的闭环管理。近年来,公司对安全生产的监督由原来的偏重于静态检查评价逐步转变为以动态检查监督为主的方式,把"两票三制"和规章制度执行情况检查的要求及时补充到各级生产人员安全生产例行表中,让管理人员和员工获知动态的信息,以便于更好地跟踪监督。对于各类安全检查整改计划,在明确整改责任人的同时,明确监督责任人,对于没有按时整改到位的情况,严格按照公司相关制度进行考核;若整改计划没有按时完成整改,监督责任人又没有提出,在追究整改责任的同时,追究监督责任人的责任。通过对各项问题的动态检查、跟踪监督和闭环管理,确保了各项问题能够从根本上解决。

● 以"三勤"为标准,实现了安全监察的全方位介入。安监管理人员坚持做到"腿勤""眼勤""嘴勤"。"腿勤"即要经常深入现场,检查作业人员是否严格执行各项规章制度;"眼勤"即要善于发现问题;"嘴勤"即发现问题后应及时予以提醒、帮助,晓之以理,动之以情,必要时进行处罚。同时,公司每日坚持召开安监网早碰头会,由各安监网成员从安全监督的角度通报前一天的安全情况、存在的问题及当天自己所负责监管区域存在哪些危险点(源),存在哪些影响人身、设备的安全隐患，应采取哪些防范措施予以重点监管，为一天的安全监督工作指明了方向，明确了重点。

● 以"6S"管理为切入点，实现了安全水平的全面提升。公司积极推行班组"6S"管理，各生产班组结合所管辖的生产设备实际情况，认真组织整理、整顿、清扫、安全等基本活动，使之成为制度性的清洁、整洁，营造人员、设备、环境和谐的氛围，促进员工良好习惯的形成，达到了提升员工的职业素养、提升团队精神、提升安全生产水平的目的。

● 以设备管理为主线，实现了安全隐患的有效治理。公司通过实施标准化检修和全过程管理，加强了机组大小修的修前准备和修后质量验收评估，确保了设备整治水平的进一步提高。通过深化点检定修制，提高了点检员的综合素质和技能水平，使点检员全面深入地掌握了点检定修管理的具体内容，逐步完善管理方式，进一步落实设备管理责任，规范设备管理流程，深化设备专业化管理。

（2）注重全局，重在构建"大安全"网络

湘潭发电公司在抓严抓好抓牢主业生产安全外，积极在整治多种经营单位安全管理、创新外委工程管理机制、防范经营安全风险等方面下功夫、求实效，着力构建"大安全"格局，形成遍布全公司每个角落、每个方位的安全网络。

● 规范多种经营单位安全管理。公司将多种经营单位的安全生产纳入到统一的安全管理体系中：第一，坚持对这些单位的设备管理、人员要求及现场标志等方面与主业生产系统要求一致。第二，结合这些单位的实际，制定了《多种经营单位人员安全责任制》《多种经营单位危险点、源管理制度》和《多种经营单位生产管理规定》等安全管理制度。第三，加大对多种经营单位的安全督查力度，进行有针对性的安全培训，组织专项安全检查。这些举措全面提升了整个公司的安全管理水平。

● 创新外委工程管理机制。根据集团公司《新厂新制发电企业外委用工安全管理规定》，将长期外委施工单位项目负责人、专职安全员纳入企业安全生产委员会成员行列，每月召开一次安全生产协调会议，重点协调各成员单位之间的分工协作及交叉作业问题，有效杜绝安全生产工作的盲区与死角。加强对承包工程队伍有关资质的审查，对外委队伍实行了"绿卡制"管理，强化对外委单位日常工作的安全监督和管理，认真贯彻"谁发包、谁管理""谁使用、谁监护"的原则，杜绝了"以包代管""以罚代管"的现象。同时，积极向各外委单位宣传潭电的安全管理模式和文明生产规定，并要求他们严格执行；要求各外委工程项目建立安全管理网络，指定施工现场安全专职监护人，减少生产现场用工多元化给安全生产带来的风险。

(3) 注重方式，重在安全理念深入人心

湘潭发电公司在安全文化建设上，采用刚柔并济、正反互补、虚实结合的方式，建立了从"要我安全"到"我要安全"到"我会安全"的全员安全文化理念。

● 刚柔并济。不打折扣地执行各项安全管理制度和规定，这是严格、刚性的一方面。以人为本，更多地站在员工的角度考虑问题，这是柔和的一方面。近年来，公司逐步建立了"以人为本"的安全管理新模式，一是对现有的规章制度、作业方法、考核标准等进行认真梳理和完善，从注重约束人向注重激励人转变。二是完善了安全管理的手段和方法，对员工的过错行为和违章违纪行为，落实责任的基础上，通过摆事实讲道理的方式，使其心服口服。三是坚持深入开展反违章活动，改变员工以往"常在河边走，哪有不湿鞋"的观念，增强了员工保安全的自觉性和主动性。四是逐步改变了过去较为生硬死板的安全教育方式，在教育中注重引导员工把个人的平安健康与家庭生活联系起来，使其理解"你的安全就是家庭的幸福""关爱生命，关注安全"的道理，引起心灵的共鸣，使员工发自内心地重视安全。

● 正反互补。安全教育和培训以正面为主，通过扎实开展日常安全教育和培训，每年坚持组织员工培训考试、触电急救培训、特种作业人员的取证复查培训、外委单位安全知识培训、交通安全事故警示教育、新进厂人员安全教育等，起到了"羊未亡，先补牢"的效果。同时，注重加强事故反思教育，出版了《公司300MW机组典型事故（障碍）汇编》，建立了安全教育室，要求生产班组组织对典型事故进行分析反思。这些举措是为了"亡羊补牢"，让员工们从一个个发生在身边的事故中，认真吸取教育，不再重蹈覆辙。

● 虚实结合。在安全文化建设上，公司坚持从检修班组、运行班组、安监网、设备部专业组四条线开展"三讲一落实"活动，在讲工作任务的同时，讲风险、讲措施，并抓好各项安全措施的落实，从源头上减少了问题的发生，从过程上控制了问题的出现。在发电、生管、检修、燃运等党支部开展安全生产责任区、党员中开展安全生产示范岗的创建活动，通过党员充分发挥先锋模范作用及岗区联动的效用，有力地确保了安全生产形势的稳定。

（4）注重氛围营造，重在建立长效机制

湘潭发电公司通过营造安全文化的浓厚氛围，在潜移默化中让员工感受到安全建设带来的"安心"感觉。同时，这种氛围也增强了员工的安全生产和防范的自觉性，充分调动员工维护安全的主动性和创造性。

● 建立完善的安全文化体系。该公司按照安全文化示范基地建设实施方案，探索建立较为完善的安全文化理念规范系统，包括安全理念、安全形象、安全管理、员工安全规范、安全方针、安全目标、安全权重、安全警戒、安全座右铭、安全誓词、安全寄语、安全主题词、安全生产工作歌诀等。

● 实现生产设备的本质安全。生产装置的本质安全是指，发电设备、发电作业环境的安全不是靠外部附加的安全装置和设施，而是靠自身的安全设计来进行本质方面的改善，即使在产生故障或误操作的情况下，设备和系统仍能保证安全。公司正通过积极做好机械、电气、自动设备等方面的技术改造，提高设备的自动化控制水平，减少设备和人为操作过程中的不安全因素，在现场努力构建一种"铜墙铁壁"的安全保障氛围，从而实现生产设备的本质安全。

● 开展丰富的安全活动。公司通过组织安全知识闯关赛、安全生产法律法规考试、安全知识抢答赛、安全演讲、安全征文、安全警句征集、安全短信传递等形式多样、内容丰富、寓教于乐的活动，利用电视、报纸、网站、板报等媒体立体宣传，形成了活动促动、媒体带动、引导推动的安全文化氛围，让"关爱生命、安全发展"等安全理念不断深入人心，有效地推进了企业安全文化建设。

湘潭发电公司在今后的生产中，将按照"人为本、和为贵、效为先"核心价值观的要求，不断丰富和拓展企业安全文化建设的渠道和内涵，探索建设更为完善、完整的特色安全文化。

23. 核电秦山联营公司贯彻安全理念提高员工安全素质的做法

核电秦山联营有限公司成立于 1988 年 7 月，隶属于中国核工业集团公司，全面负责 4 台 65 万千瓦压水堆核电机组的运营和管理，现有职工 791 人。

对于核电企业来说，安全生产是企业的生命与灵魂。秦山联营公司多年以来始终将"预防为主，安全第一"落实到电站生产的各项工作当中，贯彻"任何事故都是可以避免的"安全理念，不断提高员工的安全素质和文化素质，引导员工在意识上关注安全，及时发现和消除安全隐患，确保企业的安全生产。自 2005 年秦山二核两台机组实现连续运行以来，至今未发生一起重大火灾事故、交通事故、人身伤亡事故以及超辐射剂量照射事故，电站运行按照要求始终处于受控状态。

核电秦山联营公司贯彻安全理念提高员工安全素质的做法主要是：

(1) 健全企业安全管理机制，是践行安全发展观的首要任务

公司总经理是企业安全生产第一责任人，公司专门成立了安全生产领导小组，由总经理担任组长，全面负责和承担安全生产第一责任人的责任；公司各副总经理为副组长，按各自的分工，承担分管领域中确保安全生产的责任；各处室、各车间的主要负责人为领导小组成员，切实承担本部门职能领域（或本车间）的安全责任，并具体组织层层落实到每一个岗位、每一位职工。同时，在处室设置了兼职安全协调员，车间、科室设置了安全检查员，班组设立了安全管理员。

公司实行"三级控制"的安全责任，即：班组控制异常和未遂，不能将其转化为障碍或轻伤；车间（科室）控制障碍和轻伤，不能把障碍和轻伤转化为事故或重伤；公司控制核一级事件、一般事故和重伤，不能将其转化为重大事故或人身死亡事故以及核二级事件；并强调首先从班组控制异常和未遂抓起，确保把事故消灭在萌芽状态。这种安全生产管理体系，从体制上为核电的安全生产提供了强有力保障。

(2) 依托科学有效的规章制度，是践行安全发展观的法制保障

公司根据《安全生产法》等法规及国家对核电企业的生产标准和规程，借鉴国际核电工业管理的一些先进经验，并针对自身的特点，已制定、升级并已批准生效的安全生产有关管理制度和技术规程共有 250 余个。公司认为，只有严格执行规章制度，才能从法制上保障企业的安全发展。如在综合管理上，严格执行生产早会制度、生产周例会制度、安全生产例会制度和安全生产领导小组定期例会制度；在生产运行实践中，严格执行工作票许可制度、试验申请制度、定期试验制度、应急预案制度、运行值班（ON-CALL）制度等。再如，公司抓住加强事件管理这一主线，严格按照"四不放过"原则和有关规章处理已发生的事件。逐步规范了事件的报告渠道，编制每月一期的"事件统计简报"，对发生的事件进行动态管理和分

级控制，并召开事件专题会，进行根本原因分析，从中吸取经验教训，认真整改落实到位，努力做好信息反馈，避免同类型的事件再次发生。

公司还先后出台了《安全生产奖惩管理规定》《安全事故责任追究管理规定》和《违章作业管理规定》，并根据管理规定对生产运行中在安全生产方面表现突出的单位和个人予以奖励，对安全责任事故和违章作业的责任单位和个人进行惩罚。

公司还把做好核电厂系统和设备隐患、缺陷的有效监控与整治当成头等大事来抓，开展不同范围、不同层次的安全检查活动。注意自查与检查相结合；检查与整改相结合；检查与责任追究相结合。并对各类检查进行技术指导，对检查出的安全隐患和缺陷的整改情况进行动态跟踪。另外，公司还拨出专款，对安全自查活动中表现突出的单位和个人进行奖励。

（3）依托全员安全素质的提高，是践行安全发展的永恒动力

企业要实现安全发展，必须依靠全体员工，依靠全体员工积极参与安全管理，这是实现安全发展的永恒动力。为此，公司积极开展"安全生产月""安康杯竞赛"、安全大检查，以及组织开展迎峰度夏安全活动、"我为安全献一策"活动、安全生产法规知识竞赛活动、交通安全无事故、无违章月等活动，通过这些形式，持续不断地加强全员安全教育，吸引和组织员工参与安全管理。公司还编制了《工业安全守则》《防人因失误手册》《典型事故汇编》《安全生产有奖征文集》《班组安全学习月刊》等安全学习资料，发放到班组和员工手中，促进员工的安全学习。公司还在各生产处室干部中，开展了安全法规、技术规范和专业技能学习的培训，提高干部的安全素养，弘扬安全文化，努力营造"关爱生命、关注安全"的良好氛围。

班组安全作为公司安全生产的基本单元，是控制事故源头的基本元素。公司根据中国核工业集团公司关于认真开展班组安全活动

的要求，以加强现场工作人员安全行为监督，杜绝违章行为和不良工作习惯为重点，认真开展了形式多样的班组安全活动。从 2004 年起，先后组织实施了生产人员现场工作行为规范自我评估，由公司安全部门和管理部门的人员组成评估小组，负责评估活动的实施及效果评价。到目前为止，评估活动共进行 15 次，对规范员工安全行为、提高安全生产意识、预防事故的发生起到了积极的推进作用。

机械电力企业加强安全生产管理工作做法与经验评述

机械制造、电力生产企业，相对于煤矿采掘、非煤矿山采掘、化工生产、建筑施工等行业企业来讲，事故发生率较低，特别是重大事故较少，但是，同样存在着危险性，仍然需要加强安全生产管理，切实做好事故防范工作。

（1）预防事故，需要了解事故的发生、发展和形成过程

事故发生有其自身的发展规律和特点，对事故的预防，首先需要了解事故的发生、发展和形成过程，只有掌握事故发生的规律，才能有效地控制事故发生的途径，保证生产系统处于安全状态。

构成事故的原因虽然多种多样，但归纳起来有 4 类（即事故的 4M 构成要素）：人的错误推测与错误行为（统称为不安全行为），物的不安全状态，危险的环境和较差的管理。由于管理较差，人的不安全行为和物、环境的不安全状态发生接触时就会发生人身伤害事故。人身伤害事故都与人有关，如果人的不安全行为得不到纠正，即使其他三个方面工作做得再好，发生事故的可能性还是存在的。例如，机床安全性能很好，但是工人戴手套操作旋转物件，手被卷入而出事故；女工不戴女工帽，头发被绞而出事故等。

在各种事故原因构成中，人的不安全行为和物的不安全状态是造成事故的直接原因。在生产过程中，常常出现物的不安全状态，如传动部分没有罩壳、电气插头已损坏、临时线有裸露接头等。也常发生人的不安全行为，如操作车床戴手套，冲床加工中手入模区内操作等。伤害事故是一系列人的不安全行为和物的不安全状态的结果，是人的行动轨迹和物（机械、设备、装置、工具、物料等）的运动轨迹在时空中发生非正常接触而引起的。因此，从事故发生的过程来看，要想不发生事故，根本的措施是消除潜在的危险因素（物质的不安全状态）和使人不发生误判断、误操作（人的不安全行为）。事故发生的必要条件是物的不安全状态和人的不安全行为在一定的时空里发生交叉，并产生了超过人体承受能力的非正常能量转移。所以，预防事故发生的根本是消除物的不安全状态，控制人的不安全行为。

（2）预防事故，需要减少不安全环境和人的不安全行为

要预防事故，就要减少不安全环境和减少人的不安全行为，提高人员的安全性。提高人员安全性的途径，主要是通过选拔和配置、提高人员素质、规范人的行为等。

选拔和配置主要通过职务分析、职业适应性测试、职业选拔测试等方法，保证所选择的人员特性与所从事职业或工种更加匹配，减少事故倾向者，从而减少因人的不安全行为导致的事故。这包括两个内容：一是所选人员应保证符合岗位安全特性的要求，尤其对于比较危险的作业、特种作业岗位，必须严格按有关安全规程要求选拔作业人员；二是在职人员的动态考核，对于那些由于生理、心理等变化不再胜任本岗位操作的人员应及时给予调整。企业特别需要注意的是，人的性格秉性往往具有特殊的稳定性，通过教育培训进行改变是比较困难的，故此，与其改变一个人，不如变换一个人，在一些重要岗位通过人员调整，选择符合要求的人员更能保障安全。

（3）预防事故，需要切实做好安全管理工作

在事故发生之前一定存在危险行为或危险因素，原则上讲，只要认识并制止了危险行为的发生或控制了危险因素向事故转化的条件，事故就是可以避免的。但是，要完全消除物质系统的潜在危险是不可能的，而导致人的不安全行为的因素又非常之多，并且不安全状态与不安全行为往往又是相互关联的，很多不安全状态（机器

设备的不安全状态）可以导致人的不安全行为，而人的不安全行为
又会引起或扩大不安全状态。此外，任何事故发生都是一个动态过
程，即人与物的状态都是随时间而变化的，所以，加强安全管理是
非常必要的。安全管理好，可能使不安全状态与不安全行为减少；
反之，则会使不安全状态和不安全行为增加；安全管理不好，有时
甚至会成为发生事故的根本原因。

（五）建筑施工企业加强安全生产管理工作做法与经验

24. 北京住总集团实施"0123"安全管理模式促进安全的做法

北京住总集团公司（以下简称北京住总集团）成立于1983年5
月，目前已经发展成为跨地区、跨行业的大型企业集团，拥有20多
家子公司和20多家合资合作企业，集团年开复工能力达600余万平
方米，年综合营业额近100亿元，年实现利润近亿元。

北京住总集团自2005年以来，在安全管理上全面创新，推行了
"0123"安全管理模式，有效地提升了全员的安全管理理念，有力地
促进了集团及所属各单位安全生产工作的开展，几年来集团的安全
生产形势始终保持平稳发展。

北京住总集团的"0123"安全管理模式，其基本内容是："0"
表示伤亡事故为零的目标；"1"表示各单位行政一把手是安全生产
第一责任人；"2"表示安全质量标准化建设和监督保障体系化建设；
"3"表示"三不伤害"，即不伤害自己，不伤害他人，不被他人伤
害。

北京住总集团实施"0123"安全管理模式促进安全的做法主要
是：

（1）坚持以人为本的原则，提出"零"伤亡事故目标

北京住总集团推出"0123"安全管理模式的宗旨是：以人为本，
关爱员工，将安全管理工作标准化、规范化、精细化。努力创新企
业安全文化，促进企业安全发展。

集团在建筑施工企业中率先提出"零"伤亡事故的安全管理目标，并将这一工作目标融入企业战略和经营工作之中，从集团公司到二级公司、到项目部及各专业分包单位，逐级以《经营责任书》和《安全生产责任状》及《安全生产协议书》的形式，将"0"目标逐级落实。

在集团安全管理中，安全生产责任制的落实是实现安全生产的核心内容，在集团各级安全生产责任制中，从集团公司董事长到一线作业人员都明确了安全职责，然而要真正使责任制得到落实，就必须将工作的重心落实在"0123"模式中的"1"上，既重点抓好各级单位安全生产的第一责任人。目前集团和所属单位的主要领导和项目部领导都取得了《安全生产考核证书》，集团和所属单位在全面加强对施工人员的安全教育的同时，更进一步强化了对责任主体人员，即企业管理人员的安全教育。特别是着重培养和加强第一责任人在安全工作中的三个意识的提升，即安全生产工作的政治意识；安全生产工作的法律意识，安全生产工作的经济意识。通过三个意识的增强，推动企业安全工作的开展。

（2）实施"双化建设"，全面规范集团施工安全管理

安全质量标准化、监督保障体系化建设是北京住总集团抓好安全管理的核心内容。安全质量标准化包含了安全管理的标准化、安全技术装备标准化、安全环境标准化、安全作业标准化等内容，其核心是贯彻落实好安全法规、安全标准与规范，并依此制定和完善企业的规章制度与管理标准。为使广大员工和每一位施工人员能够学习和掌握各类规范标准，集团组织编制印发了三万余套图文并茂的《"0123"安全管理模式建设》手册，从施工管理的各个方面，用标准与图例相结合的方式，深入浅出、一目了然，让员工将安全质量标准化管理相关知识记在脑中，同时使广大员工认识到安全质量标准化建设是对安全管理的质的提升。集团在实施安全质量标准化过程中，还与创建北京市文明安全工地和集团文明工地相结合，做到树先进典型，推先进做法，创优秀工地，全面提升了集团文明施工的管理水平。

在全面开展安全质量标准化的同时，北京住总集团还积极探索安全监督保障体系化建设。完善和健全安全体系是实现和落实安全生产责任制的根基所在，也是实现安全质量标准化的重要保障，根据北京市建委的规定，集团和所属企业全部设立安全生产委员会，所有单位全部设立了安全监管部门，使安全管理体系得到了强化与健全，根据目前安全形势和安全发展的需要，集团又推行了工程项目安全经理制度。在重点工程设置项目安全经理岗位，从而努力改变目前普遍存在的安全管理工作责任重、权力小、利益少的不平衡现状。目前集团通过此项制度的实施，已经吸引了一批集团内外的青年优秀人才加入到安全管理队伍之中，并在岗位上发挥了至关重要的作用。在推行监督保障体系化过程中集团和所属企业不断创新安全监管手段，充分运用现代科技手段，采用计算机视频监控系统对施工现场进行实时监控，一方面有效地提高了安全监管效能，另一方面提升了作业人员的安全意识，促进和规范了作业人员的安全行为。近年来集团已经在许多工地采用了这种监控手段，使安全监管手段有了质的提升，并及时、完整、真实地建立了安全监管图像文档，逐步使安全监管工作更加科学化、现代化。

(3) 积极开展"三不伤害"活动，关爱员工保安康

"三不伤害"是北京住总集团"0123"安全管理模式的着眼点和重要内容，既是对所有员工的基本要求，同时也是对安全管理工作的过程要求，然而要真正做到"三不伤害"，确实要下大力量，使真功夫。正如北京住总集团总经理工宝申提出的要抓好"三基"建设，既抓基层，打基础，练好基本功。

对此集团和所属各单位都全面强化了全员的安全教育和培训工作，严格落实三级安全教育制度，并做到随入场、随教育、随考试。集团公司将《0123安全管理模式建设》安全手册发送到每位农民工

的手中。按照市建委、市总工会、市安监局建立"农民工夜校"组织农民工安全培训的通知要求，集团已于 2007 年 3 月 10 日在各工地成立了农民工夜校，并统一制定了铜制校牌。集团各工地统一时间、统一并挂牌开班，集团领导要求各单位负责人要讲第一课，要讲"大安全"，要将安全意识根植于每一名员工心中，并让每一名员工掌握安全知识与技能，只有通过不断地深化培训与学习，才能真正保证员工做到安全生产，做到"三不伤害"。

统计数据显示，企业的伤亡事故 80％以上是由于"三违"造成的，因此要做到"三不伤害"就要杜绝"三违"现象的发生，要从每一名员工抓起，从每一位管理者抓起，严格规章制度；严格操作规程；严格安全教育培训；严格安全监管。多方面、全方位的对每一名员工负责，同时教育每名员工要自觉地、认真地对自己负责，对企业负责，对社会负责，只有这样，"三不伤害"的要求，才能真正得以实现。

(4) 牢固树立"大安全"理念，创建新型企业安全文化

北京住总集团在创新"0123"管理模式中，提出了"大安全"的管理理念，是将安全管理的外延扩大、内涵加深，并从施工安全、质量安全、消防交通安全、维护社会稳定诸方面着眼全面深化安全管理，"大安全"的管理目标不是某个系统、某个方面的工作指标，而是全集团生产、经营、建设的各个系统全过程稳定、持续地安全运作，这也是当前强调综合治理、构建和谐社会的首要前提。在"0123"安全管理模式中，北京住总集团全面地贯彻了"大安全"的理念，将安全管理推向了一个新的高度，同时"0123"安全管理模式也是创建新型企业安全文化的核心内容，是坚持以人为本的科学价值观的体现。

目前北京住总集团正在以科学的发展观为统领，进一步深化实施"0123"安全管理模式，创建新型企业安全文化，在全集团范围内已经形成一个全员抓安全、全员重安全的安全发展局面。

25. 中天建设集团公司以安全标准化建设提高安全水平的做法

中天建设集团有限公司是一家以房屋建造、房产开发、交通路桥、新材料开发为主的现代大型企业集团，下辖 20 多家成员企业。公司倡导"每建必优、精细管理"的方针，连续多年被评为全国优秀建筑企业。

中天建设集团在建筑施工中，实施全员、全方位安全管理、全过程控制，提高本质安全水平，同时加强安全文明工程建设，以资金投入作保证，增强安全生产科技含量，按照"诚信、务实、创新、领先"的企业核心理念，遵循"每建必优、精细管理"的项目管理方针，提高企业标准，全面做好安全生产标准化工作。

中天建设集团公司以安全标准化建设提高安全水平的做法主要是：

(1) 总结经验，提高企业自身安全质量管理标准

近几年来，根据集团公司发展过程中的项目管理经验总结，编制和下发了《中天建设集团企业施工工艺标准》（分土建工程、安装工程、装饰工程三大部分），并根据企业区域化管理的要求，下发了《绿色工地施工企业标准》和"职工学校教材"等内部特色管理规定和制度，定期编发《中天施工技术》杂志，并内部总结和推广施行《精品工程细部做法汇编》和《文明标化工地细部做法汇编》两本标准，实现集团内信息共享，资源整合，为全面和整体提高安全生产标准化管理工作奠定了基础。

集团公司还与深圳金蝶公司合作，开发了适合集团公司管理模式的 EAS 信息化管理系统，按照集团公司—区域公司（分公司）—项目部三级结构划分权限进行各项管理工作。各级单位通过网络进行电子化办公，项目施工情况、各种方案审批等根据流程通过信息系统处理，快速、准确、节约成本，提高工作效率。

(2) 树立标杆，安全质量标准化工作取得长足进步

按照集团公司"接一个工程，拓一方信誉，树一个品牌"的经营战略，各区域公司在项目安全质量管理工作上按照集团公司的高标准要求，结合当地市场政府主管部门、行业部门的管理特点，有特色、有针对性地进行安全质量标准化工作。依据项目情况由区域公司（分公司）重点参与项目的前期策划工作，制定目标和管理措施，然后进行过程控制，事后总结。对于"高、大、难、新、特"工程，集团公司专门成立管理小组与各区域公司人员一起，重点进行项目的前期策划和过程管控。集团在此方面已经形成了一套自身策划、管控、检查和纠偏、总结与提高管理体系，为实现项目安全质量标准化工作提供了可供执行的标准。

集团公司每年上半年、下半年各举行一次内部安全质量标准化工地观摩学习现场会，并形成内部学习、竞争机制。每次会议按照集团公司管理规划确定不同的主题，参会人员为集团公司各级、各单位安全质量管理工作人员，会议期间相互学习，形成总结材料。内部现场会展现各单位安全质量管理的亮点和先进做法，然后全集团进行推广和改进，以此推动各单位安全质量标准化管理工作水平的共同提高。

（3）颁布企业内部标准，进行集团公司品牌化管理

当今建筑市场竞争十分激烈，加上建筑市场本身管理机制还不十分完善，还存在一些工程造价不合理、人为超常规压缩工期等外在因素。因此，集团公司推行高标准、高要求进行项目的工程管理工作，推行中天特色的安全质量标准化工作，颁布了集团公司内部标准《项目文化建设指南》，以此推动品牌化管理。

● 加强项目文化建设。集团公司经过多年的发展历程经验总结，依据现代企业管理观，建立了符合企业发展实际的人本观、用人观、危机观等14项价值观。不断加强制度建设，坚持"制度第一、总经理第二"的管理方针，严格按制度、按流程进行各项管理工作。工程项目是体现管理的"窗口"，在项目实施中除推行企业CIS形象识别系统外，还加大了项目职工工作、生活条件硬件设施建设，改善员工生活条件，公司的项目部都设有"医务室""探亲房""员工活动室""阅览室"等，更有许多大型项目部还建立有"篮球场""健身房"等，使在中天集团工作和生活的员工有舒适的工作环境、良好的工作心态和积极向上的进取精神。

● 推行"以人为本"的人本管理理念。人才是企业发展的根本。中天集团除了致力提供优越于其他企业的工作、生活环境外，还积极按照现代企业管理方式，推行"以人为本"的人本管理理念，为员工提供一个良好的发展空间。每个员工从进入企业的"拜师制"开始，到各类教育培训、绩效考核、升迁、转岗等都有一套详细的管理细则，并按个人特点制定和实施。集团公司根据建筑业特点，已经建立起一套员工队伍构建、挖掘员工潜力、改进员工绩效、提升员工素质和保障员工权利等多方面的人力资源管理制度。"用人看品质，升迁靠业绩""谁升起，谁就是太阳""不但要从舞台上发现人才，更要从观众席上发现人才"等许多独具特色的人才管理理念已经深入员工之心，更成为集团特色的人才管理理论。

● 严格的目标管理流程。根据集团公司区域化管理的特点，中天集团实行精确的目标分解管理过程：年度集团公司规划下年度职能部门、区域公司（分公司）管理计划——年度个人工作目标，并按照 PDCA 循环理论以半年、季度和月度为节点进行指标考核，发现问题及时调整，制定改进措施，确保整体目标的实现。

中天建设集团经过近几年飞速发展的实践证明：做好项目安全质量标准化管理工作是实现企业发展的根本保证。建筑施工企业只有依托项目才能生存，做好项目各项管理工作，尤其是项目安全质量标准化管理工作，是促进施工企业良性发展和站稳市场的关键。中天集团在今后的发展中，将进一步做好安全质量标准化工作，促进企业的良性发展。

26. 中煤集团一建公司突出"五型"开展安全文化建设的做法

中煤第一建设公司隶属中国中煤能源集团有限公司，成立于

1973年4月，主要承建大中型矿山建设、机电安装、房屋建筑、装饰装修及大型土石方工程，下属有6个工程处和机械总厂、建材厂、职工医院等单位，现有职工10 000余人，其中各类专业技术人员2 000多人。

近年来，中煤集团一建公司紧紧围绕企业改革发展实际，以开展"班组型、学习型、竞赛型、本安型、和谐型"文化建设为主题，大力加强企业文化建设，有力地推动了企业核心竞争力的提高。公司曾相继荣获中国优秀企业、全国"五一"劳动奖章、全国精神文明建设工作先进单位、全国模范职工之家等称号。

中煤集团一建公司突出"五型"开展安全文化建设的做法主要是：

（1）抓企业安全基础，建设"班组型"文化

班组是企业各项工作的基础，基础不牢、地动山摇。针对以前企业班组"年初发文件，平时不过问，年底读决定"的松散式管理方式，"班组只干活，不核算"的粗放式管理方式，"行政抓安全生产，党群抓班组建设"的分离式管理方式等诸多现象，公司提出了"企业管理从班组做起，精细管理从班组抓起"的班组建设理念。一是在全公司推广孜东项目部创建"管理好、技术好、效益好、创新好、和谐好"的五好班组建设经验；二是大力推行班组建设"准军事化"管理，实行职工岗位报告制度，职工在工作点遇见领导时主动汇报工作情况，使职工对自己的工作了如指掌，领导及时了解现场；三是规范班前会的流程和内容，如：背诵公司企业精神和公司安全理念、对当班员工讲评、奖优罚劣、下达生产指令、强调安全注意事项、进行集体安全宣誓等；四是强化班组"经营岗位，岗位经营""有旧不领新、能修不领新、能改不领新、能代不领新"的意识，制定班组考核标准；五是职工上岗推行"四个延伸"，即由应知应会向规范操作延伸，由普通性操作向程序化延伸，安全岗位由"会议要求"向"手指口述"延伸，班组理念由专业技术向班组文化延伸。"四个延伸"培养了严明的劳动纪律，提高了职工的执行力、服从力和战斗力，达到了指导思想明确、目标明确、团队素质整体提升的目的。

(2) 开展主题文化创建活动，建设"学习型"文化

多年来，公司始终把"学习型"文化视为文化建设不可或缺的环节，所开展的"争创王牌施工队、争当王牌职工"为主题的"学习型"文化创建活动，取得了显著成效。公司还通过多种渠道落实培训教材，收集了几十个工种的书籍、影像资料，刻制了《立井掘进机械化》《电工基本技能》《井下电器设备防爆》等专业培训光盘1 000 多张，发放到一线项目部，解决了一线师资缺少、队伍流动性大、培训困难等问题。通过组织职工观看学习并与实际操作结合，提高了广大职工的安全意识和技能水平，营造了学技术、学业务的浓厚氛围。为激发调动广大职工参与活动学技能、勤学苦练长本领的积极性和主动性，公司建立了相应的激励机制，对获得王牌职工荣誉的，给予享受班队长待遇；对"导师带徒"活动中徒弟经考试取得优异成绩的，给予师傅一定的奖励；对选拔出参加集团公司和煤炭系统职工职业技能大赛并取得优异成绩的破格晋升为技师，同时获得前三名的分别奖励 1 000 元、800 元、600 元。2009 年还出台了以职工名义命名工法、建立技术工人人才库等措施。

为进一步提升"学习型"文化的建设水平，公司注重发挥 400 多名管理和技术人员的重要作用。为解决职工队伍素质低的问题，近三年来公司录用了 900 多名技校生充实到生产第一线。2007 年以来，为 639 名生产骨干和优秀员工办理了转工手续。近年来，公司广大职工开展了技术革新活动，围绕提高工作效率、改进施工工艺、改善施工环境、提高机电设备的安全性能等展开了技术革新和技术攻关，总结出了一批技术创新成果，促进了生产力水平和经济效益的提高。为了更好地总结"学习型"成果，公司还编辑了《我的发明创造》，收集了上百项职工自己的发明创造，以正式出版物的形式出版，为公司创建学习型企业奠定了重要基础。

(3) 解决影响生产中的关键问题，建设"竞赛型"文化

● 做到三个明确。一是明确指导思想。开展竞赛活动，重点是要解决影响生产中的安全、质量和效益等关键问题，在练兵中促使职工技能素质和思想素质得到整体提高。二是明确劳动竞赛与安全生产的关系。公司从事的是高危行业，安全责任十分重大，这就要求开展劳动竞赛，必须首先明确竞赛与安全的关系，决不能简单地理解为"赶进尺、抢进度、比速度"，更不是"搞形式、图热闹、乱忽悠、瞎忽悠"，而是要把科学管理体现在每一个工序与环节之中，以劳动竞赛促安全、创水平、上台阶。三是明确重点工种。从影响施工生产的打眼工、放炮工、瓦斯工、喷浆工、机电工、钳工等关键工种入手，详细制定竞赛活动的标准，提高了广大职工的安全意识和技能水平，营造了学技术、学业务的浓厚氛围。

● 开展技能竞赛。近年来，公司先后举办了四届职工技能大赛，职工累计参加劳动竞赛 32 782 人次，参加技术比赛 20 808 人次，参加技能培训 2 901 人，提合理化建议 642 条，采用 332 条。竞赛分区片，克服教材版本不统一的问题，先后在 10 个省、市的施工点共组织了 75 场次的分片比赛，建立了具有 40 余套 3 000 多道试题的技能题库，项目部初赛 2 000 多名选手参加，选拔出 700 多名选手参加各单位竞赛，119 名选手进入公司决赛。竞赛活动坚持"职工自学，基层辅导，注重实际，普及提高"的原则，理论考试突出应知应会，不出偏题、怪题，确保考出真实水平。实际操作针对设备更新换代，部分职工对设备不熟悉等问题，精心策划竞赛方案，精心设计竞赛试题，以生产一线最急需的技术，最薄弱的工种为突破口，作为竞赛的主攻方向，紧扣企业发展的主题，达到了预期的效果。

● 推进科技创新。一方面，组织职工系统学习本工种的技术理论知识，有效提高了广大职工的技术理论水平；另一方面，通过广泛开展"技术攻关""小改小革""技术比武"和争当"知识型职工"

等行之有效的活动，激发广大职工学技能、练本领、强素质的积极性。

（4）确保职工安全，建设"本安型"文化

公司以"确保职工安全是最大的维权"为理念，把安全提到"不安全企业就没了稳定，职工就没了和谐，干部就没了政治生命"的高度去认识。公司领导主动到生产第一线宣讲《安全是最大的维权》，在职工中开展争做"本质安全型职工"活动，以培育本质安全型职工、打造本质安全型企业为目标，以落实安全生产责任制为核心，层层落实安全责任，实施群众性的安全"四位一体"的工作机制，围绕安全重点，不断加大安全监督检查力度，开展安全专项检查，实施"零点行动"，实施安全"素质工程"，先后多次组织职工代表开展安全巡视活动，组成安全生产督察组，深入基层项目部进行重点督查。加强培训教育，推进安全文化建设。以开展"安康杯"竞赛为切入点，先后开展了"安全第一责任者访谈行""安全协管好矿嫂""安全文化进基层""安全演讲到项目"等系列活动。举办了"平安是福"安全知识竞赛，印制了700余本《历史上的今天》安全案例和600余册《河北省职工安全知识电视培训教材》，送往各项目部，发放到班组长手中，利用班前会、班后会对各项目部班组长以上干部进行培训，在井口设立安全亲情台，促进了广大职工学习《安全生产法》，增强了职工关心企业、关爱生命的意识。

27. 本溪电力安装公司营建安全系统确保安全施工的做法

本溪电力安装有限公司创建于1960年，2001年改制为有限责任公司，下设8个专业部室，下辖12个专业分公司，主要从事电力工程施工、房屋建筑、电信工程、电力（变电送电）工程设计等。现有员工500多人。

近年来，本溪电力安装公司以事故为零作为奋斗目标，以全面落实"一把手"负责制为核心的安全生产责任制为保证，以提高全体职工安全素质、确保设备环境安全可靠、施工工序过程安全控制、安全管理效能充分发挥、监护作业确实到岗到位、努力抓好班组安全建设为预防事故发生的规范化管理、标准化作业的安全管理模式，来营建安全系统，杜绝事故，确保安全施工，已连续安全生产 5 171天，实现了无人身重伤、重大交通、火灾、设备损坏事故的安全目标。

本溪电力安装公司营建安全系统确保安全施工的做法主要是：

（1）安全目标实施量化管理

"事故为零"是所有职工的奋斗目标，开展目标管理，以保障自己和他人在施工活动中的安全和施工的顺利进行。

安全生产目标明确。公司每年都要制定杜绝人身重伤及以上事故、杜绝一般以上设备事故和施工倒杆塔事故、杜绝人为责任事故、杜绝火灾事故、杜绝一般以上交通事故的年度安全生产的总体目标，上述目标通过职工代表大会认真讨论后，向全公司职工予以明确，做到人人皆知，并自下而上地制定了保证措施。个人保班组，不发生违章作业行为；班组保分公司，不发生未遂和记录事故；分公司保总公司，不发生轻伤及以上事故。在全公司形成一个自下而上的逐级保证、逐级控制的多级控制保证体系，层层有目标、人人有责任，责任同经济利益挂钩，保证安全目标实现。实施职业安全管理方案目标分解。

首先是根据历年施工的送变电工程进行危害辨识、危险评价工作，通过对可能发生的危险因素进行辨识，编制职业安全管理方案分解目标，自上而下逐级分解安全目标。公司将危及施工安全的重大危险因素，按施工规程要求把重大危险因素的风险值分解到分公司，分公司通过编制预防措施及安全管理方案进行控制，同时分解到班组，班组分解到个人岗位，逐级分解落实了重大危险因素的风险值。同时，制定保证安全目标实现的各项考核制度，明确在实施目标管理中的各项考核办法，在年度的各个时期提出工作重点，对各单位的安全工作进行评价，指出存在的问题，提出整改措施，布置下一阶段的安全工作，使每个职工都明确各个时期安全工作的防范要点与应承担的安全责任。

公司建立了一整套安全检查和安全信息反馈体系，实行春、秋季安全检查制度，半年总结、年度全面总结表彰奖励制度。近几年来，公司实行全员安全责任风险抵押金制度，将职工的安全目标、安全责任、经济利益三者结合，使职工共担安全风险，调动职工搞好安全施工的积极性。

（2）制定各级人员的到位标准

安全好不好，关键在领导。作为公司总经理必须带头认真履行职责，从着装到安全防护用具的佩戴，按标准执行到位。并在此基础上，建立以各级行政（公司、分公司、队班）一把手的到位标准。由公司安监部门对到位标准的执行情况进行监督检查，作为年终领导考评的依据之一。

建立不论工程项目大小都必须有施工方案，按审批权限严格审批把关，不断提高安全工作中的技术含量的安全技术保证体系；建立以完善各项管理制度，使定期性的工作制度化，常规业务程序化的制度保证体系；建立以思想政治工作为核心，宣传舆论为媒体的政治思想工作保证体系；建立以职代会审议安全工作为主要形式的群众安全监督体系和安监部门牵头的安全监督检查体系。做到各级、各方面第一负责人都对职权范围内的安全施工全面负责，认真履行职责，分兵把口，齐抓共管。

（3）规范职工的安全培训工作

对公司职工强化安全教育，从根本上解决人的观念、意识和行为问题，是实现安全施工的保证。每年年终制订第二年培训计划，明确培训内容以及达到的培训标准。

提高职工的安全意识。当公司每实现一个安全年的时候，都利用多种形式对职工进行"如履薄冰""危险就在身边"的忧患意识教育，消除部分职工的麻痹思想，保持警钟长鸣、常抓不懈的警惕性。

同时，强化职工遵章守纪的安全意识，使大家懂得没有稳定的安全基础，公司就没有市场，职工也不会有家庭的幸福，"成在安全，败在事故"。教育职工绝对不能破坏公司的安全年记录，谁破坏了记录，谁就是对企业的犯罪。使职工知法、懂法、守法，充分认识消灭违章、杜绝事故是每位职工的神圣责任。

注重安全操作技能的提高。近年来，公司投资 18 万元将会议室改造成现代化的电教室，按公司各单位岗位任职标准，对职工进行培训，使职工的安全技能和岗位安全要求相适应，不仅要通晓本岗位的安全规程、安全须知，而且要知道为什么这样规定。在培训中坚持"三严"，即严格培训纪律，严保教育培训质量，严守考核上岗制度。培训后进行培训评价，形成职工个人考评记录，建立培训档案，作为职工竞聘上岗的依据。

（4）确保施工设备的规范化

物的安全状态主要是指施工机械、工具、材料的安全。公司结合实际，重点抓起重机械、工器具、电工绝缘工具、安全防护用具的安全。建立公司监视测量装置总台账，年初制订监督检查计划，定期进行安全检查和按检验周期检测试验来控制物的不安全状态。

此外，为确保机械设备、工器具的安全状态，增加科技含量，公司在资金上舍得投入，每年都购入一批安全设施和装备，仅防张力放线车一项，公司就投入资金百万余元。同时，对检测不合格的，不论价值有多大该报废的坚决予以报废。在起重工器具管理方面，公司还制定了"三次把关"制度，即出库前工具员把关，领用时班长把关，使用中操作者把关。

（5）认真开展施工工序过程的安全控制

公司认真开展施工工序过程的安全控制活动，对每道工序在开工前都进行危险因素排查，制定控制措施，做到提前设防，控制能量的不正常转移，杜绝隐患和事故，确保施工的顺利进行。

具体措施为：①工序前组织编制施工作业指导书，从施工准备到施工的过程中有专人监督保证措施的有效执行。②工序前对全体施工人员进行安全技术交底，全体接受交底人员在记录上签字，使每个人都明白安全防范要点。③在施工准备阶段，要检查工器具并做到三次把关。④在施工中利用工序安全检查表进行检查，及时纠正不规范行为，消除事故隐患。⑤结合工序学习安全规程，干什么工序就学什么工序规程，这样有助于加深记忆。⑥控制危险点，落实防范措施。经常组织全体作业人员进行危险点分析，各专业工种按施工工序排列危险点，每一个危险点都制定相应的控制措施，并且有专人负责落实，使危险点切实得到有效控制。

28. 河北省第四建筑工程公司采取措施消除分包盲点的做法

河北省第四建筑工程公司（以下简称河北四建公司）是大型国有建筑企业之一，在册职工5 700余人，先后承建了270余项国家和省重点民用、公用和工业建设项目，目前在全国8个省（直辖市）有在建工程项目。近年来，随着施工任务的不断增大，公司外来分包队伍用工量也在逐年加大，全年使用劳动务工人员约2万人，外来分包队伍用工量占总用工量的75%以上。

河北四建公司针对外来分包队伍用工占企业总用工量大的特点，制定相应对策，落实各项安全措施，提高企业整体安全管理水平，实施全员、全方位、全过程、全天候的安全管理，消除分包盲点，促进工程建设的顺利进行。

河北省第四建筑工程公司采取措施消除分包盲点的做法主要是：

(1) 制定系列管理措施，消除分包队伍事故隐患

目前在建筑项目施工中，随着外来分包队伍用工量的不断增大，许多分包队伍鱼龙混杂、管理水平良莠不齐，安全投入少、人员流动频繁，人员素质没有保证，给总承包单位的安全监管带来了较大难度。

近两年来，河北四建公司为了堵住分包队伍安全管理方面的漏洞，消除分包队伍中存在的事故隐患，结合本公司的实际情况，制

定了一系列管理措施。

●严把分包队伍"准入"关，杜绝了私招乱雇现象，保证了分包队伍的质量。为了保证分包队伍用工质量，河北四建公司制定了《劳务、工程、服务分包管理程序》和《关于加强劳务、工程、服务分包队伍管理的实施办法》，对分包队伍的选用作出了严格规定：公司下属各单位选择分包队伍时，必须对队伍人员的技能、业绩等情况进行实际考察评审，经严格筛选后，能够拿到分包合同的，都是实力强、技术硬和人员素质高的综合队伍或专业队伍。

●建立"一人、一卡、一试卷"的安全培训制度，对选定的分包队伍，实行分公司安监部门、项目部安全员、班组长三级安全教育，经考试合格后方可进入现场。

●针对分包队伍人员流动频繁的问题，河北四建公司增加了培训投入，做到分包队伍随到随培训。针对目前分包队伍农民工人数众多、文化水平较低、安全意识和自身防范能力相对较差的现状，公司还加大培训力度，增加培训学时，以确保培训质量。培训合格后，参加培训人员的资料统一纳入公司培训考核体系，由劳动人事部门归档管理。

(2) 签订安全生产管理协议，为分包队伍立规把关

分包队伍进场施工之前，必须先与河北四建公司签订安全生产管理协议，或在分包合同中标出专门的安全生产管理条款，明确各方的安全管理职责和责任，规定分包方必需的安全防护费用投入。河北四建公司还在《关于加强劳务、工程、服务分包队伍管理的实施办法》中，规定外来施工队伍完工结算时，必须对施工任务单上的质量、安全、进度等项目进行考核，由有关职能人员把关，主管领导批准后，方可进行结算。

另外，河北四建公司根据工程量，为分包队伍按比例配备了专职安全员，对分包项目的安全生产工作负责检查、监督，安全员有权制止违章指挥、违章作业，有权以书面或口头形式下达停工令，有权对违章者进行处罚。

(3) 依靠严密科学的安全管理措施，控制事故发生率

由于措施得力，河北四建公司对分包队伍的安全监管取得了一定效果，使一些事故隐患被及时发现，避免了重大事故的发生。2004 年 8 月，该公司承建邢台建陶焦化厂。当时工地上有 5 个分公司的项目部正在施工。其中一架钢结构斜桥的结构部分由河北四建公司自己施工，而吊装作业是分包出去的。一天，分包方正要吊装一根 40 米长、40 余吨重的斜桥。在斜桥起吊提升过程中，河北四建公司安装分公司的安全员谢金普突然发现吊装作业所用的钢丝绳部分表皮有毛刺，且内包钢芯被挤出，便当即下达口头停工令。分包方立即停止吊装作业，购买并更换了新的钢丝绳，这才避免了一起恶性事故的发生。依靠这一套严密科学的安全管理措施，该公司的分包队伍近年来工伤亡事故率一直在控制指标以下。

建筑施工企业加强安全生产管理工作做法与经验评述

建筑施工（包括市政施工）属于事故发生率较高的行业，每年的事故死亡人数仅次于煤炭与交通行业。目前农民工已经成为建筑施工的主力军，因此也是各类意外伤害事故的主要受害群体。根据事故统计，在建筑施工伤亡人员中农民工约占 60%，并且呈现不断上升的趋势，这给许多农民工家庭带来了难以弥补的伤痛和损失。

(1) 建筑施工的特点与危险性

建筑业是一个危险性高、易发生事故的行业，建筑业之所以成为高危险行业，主要与建筑施工特点有关。

● 建筑产品的多样性。由于各种建筑物或构筑物都有特定的使用功能，因而建筑产品的种类繁多。不同的建筑物建造不仅需要制定一套适应于生产对象的工艺方案，而且还需要针对工程特点编制切实可行并行之有效的施工安全技术措施，才可能确保施工顺利进行和安全生产。

● 建筑施工的流动性。建筑产品都必须固定在一定的地点建造，

而建筑施工却具有流动性，主要表现在三方面：一是各工种的工人在某建筑物的部位上流动；二是施工人员在一个工地范围内的各栋建筑物上流动；三是建筑施工队伍在不同地区、不同工地的流动。这些都给安全生产带来了许多可变因素，稍有不慎，易导致伤亡事故的发生。

● 建筑施工的综合性。建筑物的建造是多工种在不同空间、不同时间劳动并相互配合协调的过程，同一时间的垂直交叉作业不可避免，由于隔离防护措施不当，容易造成伤亡事故，各工种间的交叉作业由于安排不当，也可能导致伤亡事故的发生。

● 作业条件的多变性。建筑施工大多是露天作业，日晒雨淋、严寒酷暑以及大风影响等形成的恶劣环境，不仅影响施工人员的健康，还易诱发安全事故。此外建筑施工高处作业多，据统计建筑施工中的高处作业约占总工程量的 90％，而且高处作业的等级越来越高，有不少高度超过 100 米的高处作业。高处作业除了不安全因素多外，还会影响人的生理和心理因素，建筑施工伤亡事故中，近六成与高处作业有关。另外还有不少作业在未完成安装的结构上或搭设的临时设施（如脚手架等）上进行，使得高处作业的危险程度严重加剧。

● 操作人员劳动强度的繁重性。建筑施工中不少工种仍以手工操作为主，加上组织管理不善，无限制地加班加点，工人在高强度劳动和超长时间作业中，体力消耗过大，容易造成过度疲劳，由此引起的注意力不集中，或作业中的力不从心等易导致事故的发生。

● 施工现场设施的临时性。随着社会发展，建筑物体量和高度不断增加，工程的施工周期也随之延长，一年以上工期的工程比比皆是。为了保证工程建造正常和顺利地进行，施工中必须使用各种临时设施，如临时建筑、临时供电系统以及现场安全防护设施，这些临时设施经过长时间的风吹、日晒、雨淋、冰冻和种种人为因素，其安全可靠性往往明显降低，特别是由于这些设施的临时性，容易导致施工管理人员忽视这些设施的质量，因而安全隐患和防护漏洞时有出现。

（2）香港建筑施工中工地安全委员会形式的借鉴

在保证建筑施工安全上，香港的安全管理思路、管理方法虽然与内地存在很大的差别，但是在安全管理对象和安全目标上是相同的，即安全管理对象都是施工作业人员、施工机械设备及施工环境，安全目标都是降低事故发生率，保障施工作业人员的安全和健康。在此进行分析，寻求可参考借鉴之处。

在可参考借鉴的做法与经验中，最值得参考借鉴的就是工地安全委员会制度与功能。

在香港建筑施工中，成立多层次、多种类型的安全委员会是一个特色。在整个工程的安全管理上和施工单位内部的安全管理上，这种安全委员会都很多，例如，在香港新机场建设中，就设立有各种委员会，这些委员会主要分为两类，一类属于管理性质，另一类属于沟通协调性质。

● 工程建筑最高安全管理委员会。这个委员会的主要功能是制定安全政策，检讨安全标准及监察安全表现。该委员会包括所有从制定政策阶层至工人阶层的有关人士，以便接纳各阶层的见解及经验，并可增强他们对工作的责任。

● 安全指导委员会。这个委员会负责政策层面工作，提供政策指导，对机场核心工程计划的建筑安全问题作出指引。委员会成员包括有关部门的首长级人员（工务科、各工务部门、劳工处、海事处、消防处及新机场项目联络处）及临时机场管理局、地下铁路有限公司（地下铁路）、西区海底隧道有限公司（西隧）及职业安全健康局的代表。

● 建筑安全小组委员会。这个委员会由新机场统筹处的助理处长（技术）担任主席，为指导委员会提供技术支持，及作为指导委员会及各工地安全管理委员会之间的联系。小组委员会的成员包括来自工务科、劳工处、消防处、海事处、临时机场管理局、地下铁路及西隧的安全专家，及负责监察机场核心工程计划合约的高级工地监督人员，以及香港警务处代表，以便就紧急事项提供意见。

● 工地安全管理委员会。这个委员会负责工地层面的工作，监察及检讨建筑安全的表现。这种委员会不限于一个，而是多个，每项机场核心工程计划合约均成立一个，即每个大的工地成立一个。工地安全管理委员会通常由工程师代表担任主席，而其成员为承建商、分建商、公用事业公司的代表及有关政府部门的代表（劳工处、消防处、海事处及香港警务处）。每个工地安全管理委员会均需于每月会议之前进行安全检查。

● 工地安全委员会。这个委员会与工地安全委员会基本相当，每个大的工地都设置。在这个委员会中，由承建商的管理人员任主席，为承建商及分建商的管理提供一个正式的论坛，与工人一起讨论建筑安全问题。成员包括承建商的安全主任、分建商的安全监督，及承建商和分建商的工人及管理人员的代表。

香港的这些安全委员会，就组织结构而言属于松散型结构，并不具有很大的职权，其功能主要是听取意见、业务指导、信息沟通、相互协调，如工地安全委员会，主要就是沟通协调，上情下达，下情上知，有利于问题的及时发现、及时解决。这对内地建筑施工的安全管理是一种启发，完全可以效仿，尤其是工地安全委员会，更值得推广。从道理上讲，大量的事故都发生在班组，都发生在一线作业人员身上，进行安全管理不听取他们的意见和建议，防范事故就很难，从道理上也讲不通。因此，设置一个委员会，或者是其他形式的组织，发挥信息交流平台的作用，起到上情下达、下情上知的作用，特别是施工人员的困难、问题，发现的缺陷、漏洞，在比较轻松随意的交流中及时反映出来，就能及时采取针对性措施，解决困难和问题，消除缺陷和漏洞，就能预防事故，保障安全。

（六）其他企业加强安全生产管理工作做法与经验

29. 中国联合水泥集团公司加强安全制度化标准化建设的做法

中国联合水泥集团有限公司（以下简称中联水泥集团）成立于1999年6月，目前拥有23家下属公司，年产规模达3 500万吨，产能规模位居全国水泥行业第二，是国家重点扶植的大型水泥集团之一。

近年来，中联水泥集团认真贯彻落实国家安全生产法律法规，全方位建立各项安全生产规章制度，健全安全生产保障体系，狠抓安全生产各项工作的落实，不断深化内部管理和考核，通过完善各项规章制度，使企业安全生产管理工作责任更加明确，监管更加有力，不断推进企业安全管理法制化、制度化、规范化建设，为生产经营提供了强有力保障。

中联水泥集团加强安全制度化标准化建设的做法主要是：

（1）加强领导，健全组织，全面落实安全生产责任制

领导重视是搞好安全生产工作的根本保证。多年来，中联水泥集团各级领导高度重视安全生产工作，始终把安全生产工作摆在首要位置，并作为一项长期的重要工作来抓。在生产经营中，以对员工安全和健康高度负责的态度，努力营造"关爱生命、关注安全"的良好氛围，有效预防和杜绝了安全生产事故的发生。

● 建立健全组织机构，完善安全网络建设。中联水泥集团不断充实和加强安全生产工作的组织领导、监管力量。多年来坚持做到机构不散，人员不减，保证了集团安全管理机构完整有力。集团成立了以总经理为主任的安全生产委员会，组建了安全生产应急救援机构，对安全生产工作加强指导和协调。集团下属各单位均成立了主要领导任组长的安全生产管理组织机构，并配备了专职安全员，实行层层管理，纵向到底，横向到边的安全管理体系和网络。

● 稳步推进职业健康安全管理体系。导入职业健康安全管理体系，用先进的管理理念和管理模式，推动集团安全观念、方式方法和工作机制创新。集团认真执行国家有关法律法规，制定相应的控制程序和安全技术要求，规范安全生产标准，保证了集团职业健康安全管理体系持续有效运行，为安全管理工作提供了可靠的保障。

● 完善安全管理手段和制度建设。集团从完善安全管理手段和制度建设入手，经过多年的探讨和努力，建立了各项安全管理制度和岗位安全技术操作规程，先后完善了《安全生产管理制度》《安全检查标准及考核制度》《各公司的安全技术操作规程》《员工劳动防护用品管理办法》《职业病防治管理制度》《安全绩效考核管理标准》《突发事故应急救援预案》等规章制度。形成了多方位、全过程、多渠道、多层次的安全规章制度体系、标准体系和考核体系。

● 推行"三个四"管理思维模式，实施标准化管理。"四化"即安全管理体系化、安全责任全员化、制度落实法制化、现场管理标准化。"四结合"即把生产经营与安全指标相结合、把危险源识别与防范措施相结合、把安全规章制度与个人行为规范相结合、把安全生产与奖励处罚相结合。"四个转变"即从传统管理模式向安全标准化管理转变、从被动防范向源头管理转变、从集中整治向经常化、制度化转变、从事后查处向事前预防转变。

● 积极推进科学的风险评价，严格控制危险源。集团针对水泥企业生产的特点，评价出15类高度危险源，并制定了责任目标、控制措施、管理方案，使安全评价真正起到预防事故、消除事故隐患的作用。同时还对产生粉尘、噪声、易燃、易爆等场所定期进行检查，并且每年都重新进行一次危险源辨识、风险评价和风险控制策划，确保各类危险因素得到有效控制。

（2）明确职责，强化措施，建立健全安全管理机制

中联水泥集团要求各所属单位构建安全管理考核体系，考核采用百分制方式，将日常检查和定期检查相结合。严格执行八项检查制度（查思想、查制度、查机械设备、查设施安全、查安全教育培

训、查违章操作行为、查防护用品使用、查隐患整改情况），并列入月度考核。

● 建立安全生产目标考核制度，强化安全生产主体责任意识。集团将安全生产控制指标列入年度经营合同，在与各公司签订安全生产目标责任的同时签订安全生产控制指标考核合同。把各项安全生产控制指标量化，逐级分解落实到各单位，使集团安全生产工作与员工的切身利益挂钩。从而使人人身上有责任，人人身上有目标，形成一级对一级负责的安全生产管理格局。年终进行逐级考核，并根据考核、评价结果，兑现奖罚，使安全生产责任制落到了实处，达到了安全生产目的。

● 实行安全"一票否决"制度。中联水泥集团建立安全"一票否决"制度，要求各所属单位按照"管生产必须管安全"的原则，建立安全管理与经济奖惩相结合的管理机制，年初各公司分级分别签订《安全生产责任书》，以风险抵押金承包安全责任，承担和履行安全生产职责。

● 严格执行安全生产许可制度，严堵安全事故发生源。中联水泥集团严格执行安全生产许可制度，同时通过安全备案审查、严格执行准入制度。对具备安全生产条件的外包企业方可从事公司建筑、维修等经营和生产活动。为实现施工现场安全、文明、有序目标，更好地控制和预防施工中的违规行为。安全管理办公室逐个与外包施工单位签订《安全管理协议书》，明确责任人，落实各方安全责任。严格执行施工单位"缴纳安全保证金"。强化施工现场安全监督管理，确保施工安全，为维护集团生产安全稳定的大局提供了有力的保障措施。

● 推行安全生产预警制度，做好重要时期安全防范。为切实做好节日、重要时期的安全防范工作，集团在"安全生产月"、高温酷暑、汛期及"元旦""春节""五一""十一"等节假日，加强各单位安全预警工作，重点监控薄弱环节，强化监管。

● 研究制定应急救援预案。为提高安全突发事故的处理能力，集团研究制订了重大安全生产事故（险情）应急救援预案，每年组织各单位举行一到两次突发事故应急演练，提高应对突发事故的能力。

● 建立全方位安全生产管理体系。各项日常管理工作还必须要有各种相关的制度来约束，只有加快制定和完善公司安全生产规章制度，才能提高企业安全生产监督管理水平。中联水泥集团经过多年的探讨和努力，建立健全了各项安全管理制度和岗位安全技术操作规程，形成了全方位、全过程、多渠道、多层次的环环相扣、循环运转的安全规章制度体系、标准体系和考核体系，做到了"工作有标准，人人有职责，项项有考核"。

(3) 全方位进行安全宣传教育，提高安全意识

中联水泥集团采取丰富多彩的宣传教育方式，强化员工的学习，通过制订一系列的学习计划，丰富员工知识、开阔员工视野、加强员工素质和修养，营造一个浓厚的学习氛围，成为推动企业发展潜在的无形动力，形成务实的精神风貌。

● 加强员工的安全教育培训。集团为了保证员工及时了解、熟悉国家法律法规和相关安全标准，及时制作安全幻灯片，轮流组织各公司安全培训，让各公司员工及时学习、掌握、贯彻落实国家法律法规。落实三级安全教育，增强一线作业人员安全意识和安全操作技能，使之熟练掌握职责范围内的生产流程、危险源及事故的预防方法，以适应安全管理工作的需要。

● 建立员工安全学习园地。集团将安全管理工作重心下移，使之与各单位学习活动紧密结合起来。进行安全互动学习、建立安全学习园地、"安全知识看板"、生产现场悬挂员工安全漫画等，调动各公司广大员工积极参与，进一步增强员工责任心、安全感。

● 严格检修作业安全管理制度。中联水泥集团特别重视每次的设备大修，加强检修现场的安全监督、检查。狠抓措施落实，确保

了检修中设备和人身的安全。一是规定设备检修单位检修前必须制定设备检修方案、安全措施。检修项目负责人对检修安全工作全面负责，并指定专人负责整个检修的安全工作。二是检修前对参加检修的人员进行安全教育，受教育面达到100％，检修人员都要严格遵守各项规章制度及操作规程。三是检修使用的各种工器具必须保证符合安全要求。

● 建立安全生产活动档案管理制度。对一系列的安全生产活动资料进行记录、整理、归档，包括安全检查的记录、隐患整改的统计、安全事故登记、特种设备操作人员的登记、安全教育培训的管理记录等，为落实安全生产目标考核奖惩制度提供了依据。

(4) 加大投入：专款专用，维护员工合法权益

中联水泥集团多年来坚持在思想上重视安全，在行动上支持安全，在资金上保证安全，要求所属各单位按时发放员工各类劳动保护用品，每年订阅《安全生产报》《劳动保护》杂志，同时用各类事故案例对员工进行警示教育，为安全生产提供了思想保障。

为关心、爱护员工的安全健康，切实维护员工合法权益和利益，落实企业应尽的社会责任，中联水泥集团所属各单位每年对生产一线粉尘、噪声岗位的员工进行健康查体及现场粉尘、噪声检测，并有针对性地进行岗位调整，有效地预防了职业病的发生，最大限度地保护了员工的切身利益。

30. 泉林纸业公司把安全生产当作企业"生命工程"的做法

山东泉林纸业集团公司的前身是高唐县造纸厂，筹建于1976年7月，1978年5月正式投产，现已发展成为以纸浆、造纸、化肥为核心产业的大型集团化企业，年生产机制纸70万吨，商品浆40万吨，有机肥料60万吨。

近年来，泉林纸业把安全生产工作当作企业的"生命工程"来抓，始终坚持"安全第一，预防为主，综合治理"的方针，严格目标考核，构建制度体系，落实全员培训，强化隐患治理，杜绝了重

特大事故发生，保障了企业健康、稳定、持续、快速发展。

泉林纸业公司把安全生产当作企业"生命工程"的做法主要是：

(1) 领导高度重视，实施两个挂钩

安全生产工作关系到企业的稳定发展，是一项长期性、复杂性、艰巨性工作，泉林纸业公司领导非常重视安全工作，公司总经理时时对安全生产工作进行督导，每次总经理办公会都安排部署安全工作，强调要把保证企业安全生产作为一项重要的政治任务来抓。分管安全工作的副总经理更是以身作则，亲自抓各项安全工作，每月15日组织召开公司高层领导安全协调会和安全管理人员会议，贯彻落实上级安全工作指示精神，协调解决影响公司安全生产工作的重大问题。

在安全生产工作中，公司明确了目标要求，建立了两个长效考评体系，实现了"两个挂钩"。一是签订三级安全责任书，形成了从企业负责人到普通基层操作工层层负责的工作责任体系。明确年度安全目标，将年度目标分为事故项、违章项、成绩项，年终考核评比，实现了安全责任直接与年终安全奖金的挂钩；二是建立了员工、车间主任、部门的月度和季度考评体系，将考评项分为隐患项、"三违"项、现场项、激励项，累计得分考核，每月公开通报，实现了安全责任直接与员工、主任当月工资和部门经济效益的挂钩。通过"两个挂钩"，各系统、部门、员工的安全工作状况都得到了清晰的反映，从而有效克服了松懈、麻痹思想，形成了自我控制、自我管理的良好安全氛围。同时，公司还每季度对各车间安全生产工作进行评比，在抄纸、制浆和辅助车间各评选一个先进车间，对先进车间悬挂流动红旗，并给予一定的物质和精神奖励，有效激励了各车间负责人抓安全工作的主动性和积极性。

(2) 构建制度体系，抓好预防演练

为促进企业安全生产工作实现制度化、科学化、规范化管理，公司建立了以岗位职责、安全操作规程、特种设备及人员、新项目建设、职业健康、应急救援、事故报告及处理、安全总结评比及奖惩为核心的《安全生产管理制度汇编》，建立了从董事长、总经理到操作工的纵到底、从车间到专业管理部门横到边的安全生产制度保证体系；明确了每一位员工的岗位职责和操作规程，实现了企业安全管理的程序化、厂容厂貌的秩序化和施工现场安全防护的标准化。通过加强制度建设，促进了企业安全生产工作的制度化、科学化、规范化管理。

公司制定的《安全生产管理制度汇编》中的重大灾害预防制度，为泉林纸业建立健全了突发事件应急机制。其中包括《有毒气体泄漏预警和应急处理预案》《火灾应急救援预案》《压力容器爆炸应急救援预案》等20多个公司级安全预案。预案包括应急机构的组成和职责、应急通信保障、抢险救援人员的组织和资金、物资的准备、应急救助装备的准备、灾害评估准备、应急行动方案。

为将预案落实到各车间、班组，抓好预防工作，公司定期组织学习和演练。演练有记录、有照片、有评估、有改进措施，同时强调两个结合：一是把识别隐患的能力和处理突发性事件的能力与职业技能鉴定结合起来，识别隐患的能力和处理突发性事件的能力不达标不准上岗作业；二是把常态的岗位演练与可持续改进结合起来，对演练中发现的问题及时拿出解决措施，避免实际操作中的失误。通过学习和演练，死的制度变成活的思想和技术，最终形成了员工的一种自主预防行为，为实施安全生产预警管理和应急处理提供了有效的操作性保障。

（3）落实全员培训，提升安全素质

随着企业的不断发展和国家对安全工作的重视，泉林纸业公司认识到，安全生产中最活跃、最关键的因素是人，只有落实好全员安全培训工程，不断增强员工的自我保护意识，才能把安全工作做扎实。在全员培训工作中，为切实提高员工安全素质，公司注重在培训的广度与深度上做文章。

● 采用对普通员工、特殊工种以及安全管理队伍人员的立体教育模式。公司安全生产主管部门每年针对八类工种工作的特点组织开展安全生产分类培训（电工、维修工、纸机工、切草工、氯气操作工、叉车司机、备料工、其他普通操作工），对员工进行安全思想、安全知识的系统培训，仅 2008 年，公司就组织公司级安全生产培训 17 次，培训讲解 460 课时，培训人员 6 000 人次，员工的安全防范意识、自我保护意识得到明显增强，在全公司营造了"全员参与""群防群治"的安全文化氛围。同时，泉林纸业公司始终把安全管理人员的自身培训学习作为重点工作来抓，并鼓励安全管理人员自学，安排管理人员进行外训。近几年来，公司先后组织安全管理人员去济南、聊城等地参加国家法律、法规、特种设备及危险化学品、消防安全等方面的安全管理培训，通过学习，开阔了安全管理人员的视野、丰富了安全知识，进而学习并吸收了优秀企业先进的安全管理理念。与此同时，安全管理人员的自觉学习意识也得到了进一步强化。截至目前，公司共有 7 名专职安全生产工作人员考取了国家注册安全工程师执业资格，大大提升了安全生产队伍的专业化水平，为公司安全工作的开展奠定了人才基础。

● 创新安全培训方式，综合运用文字、图片、声音和网络等媒介，提升安全教育质量。为进一步提升公司安全文化理念，2008 年公司筹建了具有泉林特色的安全文化教育展厅和安全文化长廊，拓展了安全宣传教育渠道，有效普及了安全知识教育，促进了公司安全文化建设。另外，公司还积极组织开展和参加各类安全宣传活动，2008 年安全生产月活动期间公司组织开展了员工安全签名活动、安全教育图片展和液氯泄漏应急救援演习、灭火应急演习等系列活动。参加了高唐县"庆七一、迎奥运、平安之夜"大型安全文艺晚会和全县安全文化书画艺术展，取得了较好成绩。通过有效的安全宣传培训方式，提升了员工安全防范意识和自我保护意识，活跃了安全文化氛围，丰富了职工安全文化生活，增强了培训效果。

(4) 加大安全投入：保障职工健康

在安全投入上，公司按相关规定列出了安全专项资金，在安全资金投入上给予了充分的支持，并把有限的资金花在了"刀刃"上。针对造纸行业的特点，公司先后投资 300 余万元用于增设和完善各种安全消防设施、安全检测仪器、安全报警装置、劳动防护用品、安全警示牌和安全广告牌制作及安全培训教育上。泉林纸业公司还投入 50 多万元，对公司 242 名起重工、72 名压力容器操作工进行了培训取证，对 24 名叉车司机、13 名电工进行了证件复审，对 224 名接触粉尘、氯气、高温的作业人员组织了职业健康查体，确保了特种作业人员持证上岗，建立健全了公司接触有毒有害物质和高温、粉尘等岗位人员职业安全健康监护档案，并建立了详细的管理台账。

与此同时，公司还增加了在特种设备和化学危险品管理方面的安全投入，对到期检验的压力容器及时组织进行了年审；对生产车间内放射性同位素应用部位进行了环境辐射剂量检测，建立了运行管理档案；对生产车间氯气使用、储存部位进行了危险化学品安全评价，并协调相关部门制定了翔实可行的氯气瓶运输、储存、领取及使用管理制度，明确划分了相关部门安全责任，规范了危险化学品管理制度。

31. 营口港务集团公司落实科学发展观营造安全氛围的做法

营口港务集团公司地处辽宁沿海经济带和沈阳经济区，现辖营口、鲅鱼圈、仙人岛和盘锦 4 个港区，共有生产泊位 78 个，其中 20 万吨级泊位 1 个，30 万吨级泊位 2 个。2011 年吞吐量突破 2.6 亿吨，集装箱吞吐量超过 400 万标准箱，成为中国沿海发展速度最快的港口之一。

近年来，营口港务集团公司领导班子把安全作为事关企业生存发展的头等大事来抓，认真落实科学发展观，贯彻"以人为本"的管理理念，在多年的企业生产经营过程中，通过安全文化营造安全环境氛围，确保了安全工作扎实有效开展，并推动了企业的安全生产。

营口港务集团公司落实科学发展观营造安全氛围的做法主要是：

(1) 以人为本，打造文化品牌

企业安全文化建设是提升企业安全管理水平、实现企业本质安全的一个重要途径，是一项惠及企业职工生命与健康安全的工程。营口港务集团公司把安全文化建设的物质层面、制度层面、精神层面、文化层面结合起来，解决好四个层面的相互关系，创建具有营口港特色的企业安全文化。

● 在物质层面，集团多年来致力于安全生产的技术改进和工艺改进，不断加大投入整改隐患，完善安全防护设施，使港口的安全生产环境得到了进一步改善，同时集团实行激励机制，以季度、年度奖励及各种单项奖等形式，用于激励在日常生产经营过程中安全管理工作突出的单位和部门，仅2009年一年，集团用于专项安全奖励的资金就达120多万元，从而极大地调动了员工主动参与安全管理的热情，充分发挥了员工的安全生产积极性，确保了安全管理工作做到"横向到边、纵向到底"。

● 在制度层面上，集团于2005年便以文件形式下发了《营口港领导干部安全事故经济追究规定》和《营口港领导干部安全事故行政责任追究规定》，对在各类安全责任事故中负有责任的副科级以上领导干部实施的经济及行政处罚分别做出了明确的规定，增强了各级领导干部安全管理的责任意识。同时，集团还规定在港口从事生产作业的各类临时用工和劳务用工发生安全责任事故，等同于长期合同员工发生事故，对用工单位责任领导进行处理，真正体现了人本管理的理念和港口企业的社会责任意识。自2000年以来，集团共修改完善、制定下发各类安全管理制度51项，基本满足了制度管理方面的需要。

● 在精神层面上，具体体现了营口港以人为本的理念。早在2003年3月，集团领导就提出了"四个到位"的安全管理理念，即安全管理工作要"想到位、讲到位、管到位、做到位"。通过多年来的实践检验，形成了具有营口港自身特色的安全文化核心理念，围绕着这一核心理念不断探索，取得了一定的成效。从想到位角度来看，要求各级管理部门及人员要从生产作业的各个环节、各个方面充分考虑到安全方面存在的具体问题，只有想到位，才能不留死角、才不会有漏洞，想到位是前提。从讲到位角度来看，要求各级管理人员在每一次生产例会上、每一个工班前要将安全生产要求及安全对策措施细致布置、安排周全；要开展经常性的安全教育培训，使安全理念、意识深入人心，实现人人具备安全技能，掌握应急办法，讲到位是基础。从管到位角度来看，则是要求各级管理人员要将工作前所交代布置的安全措施落实到位，要在工作中将自身的管理责任履行到位，管到位是手段。从做到位角度来看，则是要求整个集团安全管理工作踏实、有效、可持续，致力实现全员零违章、零责任事故，做到位是目的。通过安全文化建设工作的开展，突出了"四个到位"安全理念引领工作，采取讲理念、讲理念背后的故事、利用班组安全活动进行讨论、安全理念专题调研等形式，强化了员工对安全理念的理解和认同，使员工充分认识到，只有做到"四个到位"才能确保安全工作的每一个环节万无一失，才能切实保证每一名员工的健康和安全。

● 在文化层面，营口港务集团公司认识到搞好安全文化宣传教育是强力营造浓厚的安全氛围，建立员工安全知识学习阵地，牢固树立思想防线的重要途径。集团在原有的宣传教育基础上，不断创新工作思路和工作方法，力求做到丰富多彩，使安全文化深入人心。在作业现场，设立有大量醒目的安全文化标语、口号、警示语和各类安全标志，在员工的休息和作业场所张贴悬挂大量的安全宣传图片及安全漫画，力求通过潜移默化，将安全文化融于员工心中。在日常学习上，则将安全工作要求编辑成朗朗上口的顺口溜、诗歌及歌词，通过反复诵读，将安全文化深入员工脑中。在教育培训上，

将事故案例、操作规程、安全理念、安全格言、安全常识等汇编成
《安全文化手册》，做到班班有，人人看，人人会。同时，还将休息
室、食堂、培训室作为宣传教育的重要阵地，安装配备了电视、
DVD 等多媒体，购置了大量的安全题材光盘、书籍、报刊，供员工
学习。为了打造自身的特色文化，集团提出了安全管理进家庭的工
作理念，打出了安全管理"班上很重要，班下同样重要"的口号。
于是，便有了很多特色的工作及活动，如每逢寒暑假，由装卸工人
家属、子女组成的文艺小组，以港口安全生产为题材，自编自演，
在工班前为工人演出的联欢活动；公司管理人员到员工家中定期走
访调研；员工班下信息反馈；致家属一封信及安全经验交流演讲等
多种形式，打破了企业管理员工的旧模式，创新了企业、家庭联动
的新模式，使安全文化走进家庭，深入人心，集团整体的安全管理
工作更加主动化。

(2) 精益求精，打造标准品牌

标准化建设是企业安全管理的重要支撑，规范、科学、有针对
性的标准是做好安全生产工作的基础，营口港务集团公司在多年的
港口生产经营过程中不断总结提炼和借鉴，逐渐形成了以安全规程、
安全教育培训、安全考核、安全检查为重点的安全管理标准化体系。

● 安全规程标准化。集团公司本着"全面、科学、适用、可操
作"的原则，在学习有关安全法律法规、规范和标准的基础上，集
合生产作业实践，吸取事故、险情教训，于 2007 年对原有的作业标
准进行全面修订、补充和完善。各分公司均将各工种的安全操作规
程汇编成册，从作业前、作业中、作业后和安全注意事项 4 个方面，
明确操作方法、操作步骤、操作注意事项以及应急措施等，规范和
指导员工操作。同时，根据作业工艺、技术、货种的不断变化及时
增补新设备、新岗位、新货种和新作业工艺等方面的操作规程。

● 安全考核标准化。为完善安全考核体系，集团出台了《营口
港安全管理考核评价标准》，使安全管理工作进一步量化，并且全面

推行安全生产目标管理，每年根据上一年安全生产情况，制定各类事故控制指标。集团与各分管领导、集团与各分公司（部门）、各分公司与所属各部门及全体员工层层签订安全生产责任状。指标逐级分解，严格落实安全生产一票否决，若发生重大安全生产责任事故或突破集团公司下达的年度事故控制指标，责任者、责任单位领导和责任单位不得参与年度各种评优评先活动。将安全工作列为领导干部政绩和员工工资分配的考核指标。坚持过程和结果考核相结合（过程考核指对日常安全基础工作情况的考核，结果考核指对事故指标情况的考核）。对于虽然未突破集团公司下达的事故控制指标，但日常安全管理有漏洞，基础工作不到位的单位，也将给予相应处罚。

● 安全教育培训标准化。营口港集团设有员工教育培训中心，专门负责员工日常业务、安全等方面的培训。现有取得辽宁省安全生产监督管理局颁发的安全培训资格证的教师 25 名，另有集团聘用的兼职安全教师 40 名。在教育培训工作中坚持不同时期有不同重点，不同工种有不同内容，不同对象有不同方法，不同层次有不同要求。同时注重资质培训与技能培训相结合，集中培训与分散培训相结合，专业培训与自主培训相结合，学习与考试相结合，传统书本教育与多媒体技术相结合，理论学习与案例教育相结合，做到"上岗前先培训，工作中常培训"。

● 安全检查标准化。营口港集团推行集团公司、公司、站队、班组四级安全检查及各职能部门联动的全方位检查模式。坚持领导带队检查与职工自查互查相结合，全面检查与专项（业）检查相结合，检查与整改相结合，做到安全检查经常化、制度化。集团于2007 年制定下发了《营口港安全隐患排查治理管理办法》，由相关责任部门牵头组成了六个专项小组（分别是生产、建筑施工、消防、道路交通、水上交通及机电设备），从查思想、查管理、查隐患、查整改等方面定期开展排查治理工作。各分公司依据集团管理办法也分别制定了相关制度，定期进行隐患排查。集团的安全检查工作实现了一体化、制度化和规范化。

(3) 落实责任，打造管理品牌

营口港安全管理工作具有作业点多、线长、面广，作业环节复杂，人机配合作业量大，作业人员流动性大等特点，同时，港口由于钢材、粮食类货物作业量大，临时性劳务用工量也很大，由此而导致作业中的风险大。

针对港口的特点情况，营口港务集团公司从 2005 年开始推行安全生产确认制活动，制定下发了《营口港安全生产确认制实施办法》，并组织各单位全面发展危险要害部位的辨识工作，对辨识出的危险要害部位实行分级（集团公司级、单位级、站队级）监控和管理。从基层一线员工—班组—站队—分公司—集团这一由下至上辨识评价过程，历时近一年的时间，共对 20 余类货种（工种）的每个作业环节进行认真细致的辨识分析评价，形成安全确认单 21 种，由组织作业的现场管理人员在作业前召集全体参与作业人员召开工前会予以提示和强调，参与作业人员签字承诺确认。为配合确认制工作开展得扎实有效，还推行了安全互保联责制，通过这一举措，增强员工互相关心、关爱和集体观念，使每个班组形成浓厚的安全文化氛围，从而在整个集团内形成良好的安全氛围。

在日常管理工作中，集团及各分公司均实行安全信息通报制度，从安全基础工作、"三违"情况分析、事故预控、安全预警、安全文化建设、安全常识及下步工作重点等方面进行信息通报，实现安全信息共享。为实现信息的便捷化，集团还专门在局域网络上开发了安全管理平台，建立了包括安全法律法规、安全规章制度、每日的安全动态、安全知识窗、安全题库、安全档案等方面内容的专业网页，大大提高了安全管理的科技含量。

为使管理水平不断提高，集团采取"请进来、走出去"的办法，每年定期聘请专家、教授到港进行授课培训及业务指导。同时还定期组织各级安全管理人员参加各类安全培训，在内部，集团每月均要组织一次不同岗位管理及作业人员（包括安全、技术、生产运作、班组长）参加的安全管理知识技能比武，并将成绩在通报中予以公布，促进员工深入学习安全知识及技能的热情，从而实现管理人员和一线操作人员的安全技能和素质的提高。

32. 甘肃东运集团实施运输管理六大安全控制环节的做法

甘肃东运集团成立于 2003 年 11 月，是在原甘肃平凉汽车运输公司改制基础上组建的，是以运为主、多元化经营的企业。集团公司下属 14 个主辅产业子公司，拥有各类客车 520 辆，从业人员3 120 人，营运线路 191 条，日发送 824 班次，为甘肃省安全标准化管理 A 级企业。

道路运输安全是道路运输企业发展的永恒主题，东运集团在经营发展和安全管理实践中，逐步构建以"事前预防，主动管理"为核心的安全管理新模式，提高了道路运输事故的防范和预控能力，探索出"人、车、站、宣、查、限"六字安全工作法，形成适合道路运输安全管理特点的六大安全控制环节，即驾驶员管理控制环节、车辆管理控制环节、车站源头控制环节、宣传教育控制环节、动态检查控制环节、GPS 限速控制环节。2010 年 12 月，甘肃省交通运输厅在东运集团组织召开了"全省道路运输安全管理现场观摩督查会"，并总结和推广东运集团的道路运输安全管理新体系。

甘肃东运集团实施运输管理六大安全控制环节的做法主要是：

(1) 明确在企业安全管理和班组安全建设中应遵循的原则

东运集团在企业的安全管理和班组的安全建设中，遵循以下几个指导原则：

● 坚持"安全第一、预防为主、综合治理"12 字工作方针。在安全生产管理实践中，集团公司树立责任、防范和工作三种意识。即"安全责任重于泰山"的责任意识，"事故源于麻痹，安全来自警惕"的防范意识，"人人都是安全员，天天都是安全日"的工作意识；从落实主体责任抓起，层层签订安全生产责任书，分解落实了安全责任目标，有效建立了综合治理的长效管理机制。

●树立"事前预防，主动管理"的安全工作理念。集团公司在安全实践中，通过各种制度的建立和引导，使安全管理变事后处理为事前预防，变被动管理为主动管理，变空泛式教育为多样化教育，使全体员工自觉树立起主动安全的思想防范意识。

●制定安全行为准则。为了规范员工及从业人员安全生产行为，集团公司总结出"八坚持、八反对"安全行为准则和驾驶员"十句话"文明驾驶公约，并将"安全行为准则"在班组活动室上墙，作为教育引导的主要内容，将"文明驾驶公约"在客车车厢内进行固定，公布监督电话，用于约束驾驶员安全驾驶行为和便于旅客监督。

●实施"科技强安"战略。东运集团通过企业信息化建设和班组安全装备投入，建立了企业 GPS 监控中心，县际以上班线车辆全部安装了 GPS 车载终端，三级以上汽车站安装了视频监控和 X 光行包检测仪及车站安全门检系统，安全生产远程控制能力也随之得到提升。

(2) 加强组织、阵地和制度三项建设

近年来，东运集团依据《甘肃省高速公路运输服务规范》和《全省高速公路运输标准化成果推广应用实施意见》，针对客运、站务、维修、物流四大产业链的服务特点和道路运输班组工作特点，制定了《东运集团安全服务质量管理手册》和《东运集团班组安全建设制度汇编》。

东运集团按照班组安全建设的要求，坚持从班组、车组入手，通过班组组织建设、阵地建设、制度建设和现场管理，进一步落实了班组安全生产责任。

●组织建设。东运集团根据道路运输企业生产特点，按照集团公司、子公司、分公司、班组 4 级建立安全管理体系，重新规范了生产班组，共设立 36 个基层班组，32 个客车车组，一并纳入班组安全建设。按照"一长两员"（班组长、安全员、质量监督员）要求，落实相应的责任和待遇，每个班组对本班组安全生产做出安全承诺，班组到员工，层层签订安全生产责任书，落实安全生产责任。

● 阵地建设。按照"五个一"的要求：即一室（班组活动室）、一园（班组学习园地）、一栏（班组宣传栏）、一簿（班组管理考核台簿）、一册（员工岗位操作手册），完善各项工作。在班组阵地建设中，集团公司坚持把班组安全基础建设与班组安全文化建设同步进行，通过班组"安全活动小组"开展活动，设置班组学习园地、设立班组宣传栏、建立班组考核簿、员工岗位操作手册，开展安全生产"月小结"活动和班组安全竞赛活动，不断推动班组安全文化引向深入。对于班组的安全建设，集团公司按照"量化、深入、动态、多样"原则，开展"三项活动"（每月一次班组安全活动，每月两次驾驶员例会活动，每年一次企业安全月活动），并把班组安全活动作为一项重要内容。

● 制度建设。相应建立班组安全责任制度、班组安全管理制度，按照集团公司定责任人、定目标、定措施、定考核的"四定"要求的重大危险源控制体系，建立班组危险源（点）控制制度，按照"人盯人、人盯车"责任包干制和出车前"安全告诫"的互保联防综合体系建立班组安全互保制度，还有班组设备检修与日常维护制度、班组安全培训学习制度，班组安全建设考核标准，并建立相应工作流程和操作规程，使班组安全生产有章可依，有规可循。

(3) 推行"八必须"现场管理标准

在推行班组安全建设中，结合企业"7S"现场管理"整理、整顿、清扫、清洁、安全、素质、节约"的总体要求，具体制订出以"制度必须上墙，设备必须定位，工具必须归类，标识必须明显，标识必须齐全，工装必须统一，环境必须整洁，场地必须安全"为内容的"八必须"现场管理标准，每年9月结合企业内部安全标准化考核活动，一并进行达标考核，使班组现场安全生产落到实处。

平凉汽车站作为中心客运站，在强化车站班组安全建设中，主动把安全生产与改善车站服务结合起来，提出"三要、四心、五主动"的社会服务承诺。"三要"即接待旅客要文明礼貌，纠正违章要态度和蔼，处理问题要实事求是；"四心"即对待旅客热心，解答问事耐心，接受意见虚心，工作认真细心；"五主动"是指主动迎送旅客，主动扶老携幼，主动解决旅客困难，主动介绍旅客须知，主动征求旅客意见。设立安全质量监督岗，公开安全服务投诉电话，坚持每月开展一次旅客满意度调查，严格执行"三不进站、五不出站"的行业规定。三不进站，即易燃、易爆和易腐蚀等危险品不进站，无关人员不进站（发车区），无关车辆不进站；五不出站，即超载客车不出站，安全例行检查不合格客车不出站，驾驶员资格不符合要求不出站，客车证件不齐不出站，出站登记表非经审核签字不出站。严格班前、班中、班后安全交接检查，搞好班组阵地"一面墙"形象建设，取得了良好的社会效益。2010 年被交通运输部树立为全国"万里杯"旅客最满意客运汽车站称号，所在客运服务一班 2011 年被团中央树立为全国"青年安全生产文明示范岗"。

东运集团近年来实现了安全生产由被动管理向主动管理的转变，主动管理向精细化、标准化、程序化的转变，由安全文化和安全管理引领和带动班组的安全建设，建立符合自身特点的道路运输安全管理体系，从而实现安全生产形势的向好发展，企业未发生较大以上道路运输行车责任事故，道路一般事故起数及经济损失均比往年有较大幅度下降，道路运输安全状况得到有效改善。

33. 秦皇岛车站实施"三、三、六、一"运输安全作业的做法

秦皇岛车站汇聚京哈、津山、大秦联络线三大繁忙铁路干线，车站站场衔接五进五出十个方向，站场内设四个站台，十二条接发列车线路，东西两端咽喉区共有 104 组咽喉道岔。近年来随着铁路跨越式发展和动车组的高速运行，秦皇岛车站通过能力大幅提高，每昼夜接发列车已经达到 180 对。在这种情况下，车站领导认真分析困难，认真解决问题，排除各种障碍，实施运输组织工作的"三、

三、六、一"安全工作法，取得了很好的成效。

秦皇岛车站实施"三、三、六、一"运输安全作业的做法主要是：

(1) 认真分析行车组织工作存在的困难

秦皇岛车站面对三大繁忙干线小间隔、大密度、高速度运行的各次列车，要确保运输安全畅通、有序高效，行车组织工作存在几大困难。

一是铁路运输具有高度集中、各工作环节紧密联系的特点。铁路运输如同一台高速运转的联动机，由众多的部门、成百上千个工种、无数的工作人员组成，要求所有部门、所有工种、所有工作人员要主动配合，紧密联系，协同动作，不分昼夜，每天24小时一刻不停高效协调运转。每个工作日分成两班，每班工作12小时。由于人的生理因素，存在一个共性问题，晚8点至早点的夜班，工作人员在凌晨1—5点精神困倦、身体乏力，既影响工作效率，又存在安全隐患，直接危及安全生产。

二是由于京哈、津山、大秦三大繁忙铁路干线在车站交汇，五进五出十个列车运行方向，需要频繁多方向接发列车，这成为确保三大干线在秦皇岛车站安全畅通的关键问题。在实际运输组织中，需要正确把握列车运行方向，确保列车运行行经路线正确，确保车站安全、畅通。否则一旦列车运行方向出错，轻则影响列车安全正点，打乱正常的列车运行秩序；重则与其他列车发生冲突，车毁人亡，后果不堪设想。

三是随着运行图调整、客车对数增加、客流总量增大，每日产生多个列车密集到发时段，到发线运用非常紧张，客车安全正点组织难度非常大，稍有不慎，一列客车组织不当，就会打乱整个运输秩序，造成政治影响和经济损失。

四是每年的节假日客流高度集中，为了适应市场客流的变化，需要临时加开客车，而临时加开的客车开行无规律可循，很难掌握。

在办理接发临时旅客列车时，必须认真落实"两表一卡"制度，加强与列车调度员、邻站值班员及列车司机的联系确认，正确把握车次、运行方向、到开或通过时刻，保证临客的安全正点。

(2) 运输组织工作的"三、三、六、一"安全工作法

秦皇岛车站领导在综合分析困难因素之后，不断强化"安全第一"思想，不断总结工作经验，健全非正常情况应急处理机制，全面提高工作能力，总结出做好运输组织工作的"三、三、六、一"安全工作法，即落实三个控制，盯住三个关键，抓好六个环节，营造一个环境。

●"三个控制"即标准控制、信息控制、精力控制。①标准控制就是标准作业控制，要求员工严格遵守劳动纪律、作业纪律，认真执行各项规章制度，落实铁标规定的接发列车作业标准。②信息控制就是在工作中，车站值班员要全面掌握与行车组织有关的信息，如班前会传达的重要指示，学习的各类文件、电报精神；班中列车调度员布置的工作计划，下达的命令、口头指示等要及时地传达执行，对邻站值班员、列车司机、运转车长以及工电等部门通报的各类信息反应要快，判断要准，反馈要及时，处理要果断，采取的各项措施要妥当，切忌麻痹大意或臆测行事。③精力控制就是要求车站值班员不但要有健康的身体，更要有过硬的思想、技术和能力，在工作中要保持精力充沛，聚精会神，不但人要到岗到位，安全思想也要到岗到位，任何的精力涣散，思想不集中，都会给事故以可乘之机。

●"三个关键"是卡住三个关键时间段，即交接班时间、用餐时间以及凌晨1:00—5:00。在上述的三个时间段里，人的注意力不易集中，精神易涣散，思想易离岗，是违章违纪的高发期，安全隐患尤其多。因此车站值班员要高度重视上述三个时间段的作业监控，确保安全生产。

●"抓好六个环节"就是在作业中要控制信息关、办好闭塞关、盯住方向关、把住进路关、卡死凭证关、落实核对关。这六个环节是行车组织工作的基本程序，要本着"一点不差，差一点都不行"的精神严格落实。

●"营造一个环境"即营造班组内部和谐愉快小环境。大力倡导思想互帮，业务互学，生活互助，难点互解，共同提高，共把安全关。车站值班员是一班之长，要努力搞好班组建设，对班组成员在思想、工作、生活等方面要做好互帮互学互助，建立班组内良好的人际关系，营造班组内和谐愉快的工作环境，为安全生产打下坚实的基础。

多年来，秦皇岛车站积极落实运输组织"三、三、六、一"安全作业法，防止和排除了 200 多起事故隐患，截至 2009 年 7 月 7 日，创造了连续 16 年、5 800 天安全生产的好成绩，得到了路局、车务段的高度肯定和表彰。

其他企业加强安全生产管理工作做法与经验评述

企业安全管理，就是通过一系列的措施、办法和手段，维持企业的安全状态，最大限度地控制、减少甚至杜绝各类事故的发生，保障职工的生命安全和国家财产不受损害，促进企业生产经营工作的顺利进行。在安全生产诸要素中，人的因素起着决定性作用，安全管理的核心是人，安全生产本身就是对人的生命权益的维护。因此，企业安全生产工作必须要做到"以人为本"，充分发挥人的因素和积极作用。

（1）人是企业安全事故发生的根源

从事故原因分析来看，人的不安全行为和物的不安全状态或者两种因素共同作用的结果，导致了事故的发生。在人的不安全行为和物的不安全状态中，人的不安全行为是造成事故的主要直接原因。据有关事故分析资料显示，约 70％的事故发生都直接与人（指操作者）的不安全行为有关，可见控制人的不安全行为应为安全管理工作的重点。而产生人的不安全行为的因素是多方面的，其中的重点是人的安全素质、情绪状态和体力状况三个方面。

● 操作者安全素质低是导致人的不安全行为、诱发事故的主要因素。只有解决好了企业职工的安全素质问题，安全生产才有了基础和保证。安全素质作为企业职工应该具备的基本素质，包括安全意识、安全知识、安全技能三个方面。掌握较完备的安全技能是职工安全素质的物质基础，受控于较强的安全意识并实现安全是必要条件。如果操作者的安全意识淡薄，安全知识缺乏，安全技能不佳，是引起不安全行为进而诱发事故的重要因素，因此，必须提高人的安全素质，才能有效控制事故的发生。

● 情绪是影响人的不安全行为的重要的心理因素。情绪是人因客观事故是否符合自己需要而产生的或好或坏的心理状态。根据情绪产生的强度、速度、持续时间和外部表现，可以把情绪分为心境、激情和应激三种状态，每类情绪状态都有它独特的心理特征，并对人的行为产生不同的影响。情绪对操作者的行为会产生较大影响，不良情绪极易造成人的不安全行为，从而诱发事故，这应引起安全管理者和操作者的高度重视。

● 体力是影响人的不安全行为的重要的生理因素。人的体力是有一定限度的，超过这个限度去消耗体力，人就会产生疲劳。疲劳的后果是事故率上升，人在疲劳时除了有劳累感之外，工作能力降低，注意力和记忆力减弱，知觉和触觉变迟钝，对周围的危险性判断不准确，容易导致事故的发生。

综上所述，物的不安全状态是由人造成的，人的安全素质、情绪状态、体力状况的高低好坏，直接影响着事故发生率。可以说，人就是企业发生事故的根源。因此，要搞好安全管理、控制事故的发生，就必须从"人"的因素着手，以"人"为中心实施安全管理。

(2) 建立安全制约机制和激励机制的作用

企业安全管理，需要建立相应的机制，用机制规范、约束人的不安全行为。

首先，要建立健全制约机制，规范、约束人的不安全行为。通过建立一系列的安全管理规章制度，来约束、规范企业职工的不安全行为，从而达到控制和减少事故的目的，这就是安全制约机制。这类制度可以分为两种：一种是对操作者进行约束、规范，另一种是对非操作者（为操作者提供操作条件的人）进行约束规范。以制度、规章等形式规范操作者的行为，要求其按照有关规定、要求和程序进行操作，不能想当然地我行我素，否则，将对其进行惩罚。如可制定《安全生产岗位责任制》《安全技术操作规程》《违章处罚条例》等制度，规范、约束操作者不安全行为，同时以制度、规章等形式规范非操作者的行为，要求其设计、制造、采购符合安全要求的设备、设施、工具、工装等企业的硬件设施；要求安全检查人员尽职尽责，及时发现并消除作业场所的安全隐患，确保物的安全状态，也就是通常所说的提高本质安全。如可制定《三同时审批制》《安全检查及隐患整改制度》《安全三检制》等。

其次，建立合理、适用的安全激励机制，调动人的安全工作积极性，真正实现出"要我安全"向"我要安全"的转变。如建立《安全隐患检查整改奖励办法》《定期表彰安全工作先进办法》等，以此来不断调动人们的安全工作积极性，为实现安全生产而积极努力。

(3) 加强教育培训提高员工安全素质的作用

安全意识淡薄，安全知识缺乏，安全技能不佳，是诱发事故的主要的、直接的因素，因此企业必须通过有效的形式，对员工进行宣传、教育和培训，不断提高人的安全素质。

对非操作人员，主要通过宣传、教育，使之认识到安全工作的重要性，使其在实际工作中，努力为操作者创造、提供安全的作业环境。

对操作人员，一是要提高员工的安全意识，使员工认识到造成事故的危害，将安全时刻牢记心间。二是要增强安全知识，提高操作技能，提高认识、判断和处理隐患的能力。可以采取分工种分专业的形式，举办安全知识和技能培训班，使员工从理论上掌握本工种所需的各种安全知识，在实践上知道怎样做才能确保安全。通过各种安全培训班，可以有效提高员工的安全知识水平和操作技能，是搞好企业安全管理必不可少的工作。

安全管理是一个复杂的系统工程，涉及多方面的因素和条件，而只有抓住了"人"这个最关键、最活跃的因素，推行"以人为本"的安全管理，才能有条不紊地推动整个安全工作的顺利进行。

三、企业加强安全生产管理
工作问题解答与探讨

对安全生产概念的理解，不同的人站在不同的位置会有不同的认识。例如一般理解为：安全生产是指企事业单位在劳动生产过程中的人身安全、设备和产品安全，以及交通运输安全等。除此之外，有人则认为：安全生产是为了预防生产过程中发生人身、设备事故，形成良好劳动环境和工作秩序而采取的一系列措施和活动。还有人认为：安全生产是指在生产经营活动中，为避免造成人员伤害和财产损失的事故而采取相应的事故预防和控制措施，以保证从业人员的人身安全，保证生产经营活动得以顺利进行的相关活动。认识虽然各有不同，但基本含义是十分清楚的，那就是防止事故、保障安全。安全生产是安全与生产的统一，其宗旨是安全促进生产，生产必须安全。搞好安全工作，改善劳动条件，可以调动职工的生产积极性；减少职工伤亡，可以减少劳动力的损失；减少财产损失，可以增加企业效益，无疑会促进生产的发展；而生产必须安全，则是因为安全是生产的前提条件，没有安全就无法生产。

1. 对企业安全观的认识和树立安全观的效果

人是生产过程中最活跃的要素，是安全生产的实践者。人类最基本的需求是维持人自身生存和延续的生理需求、安全保障需求，其次才是社交活动、尊严地位、自我实现的需求。因此，企业安全观的基础是保障员工的生存权。

(1) 什么是企业安全观

安全就是效益，员工追求效益，需要企业安康。企业安康表现为：安全是企业兴亡的基石，是企业的生命线，是企业生存和发展的保障。只有安全运行，企业才能健康发展；安全运行才能确保企业经济效益稳步增长，才能为安全设施、劳动防护提供充足的资金，并形成良性循环。所以，我们要提倡"生命至上，企业安康"的安全观。

(2) 企业安全观存在的形式

企业安全观的建设，是企业精神文明建设的组成部分。它与企业文化有着同样重要的作用，安全观是企业的一个重要方面，推行安全观来改变管理者和员工的思维方式，不失为一种行之有效的方法。安全观对安全生产的影响力，不仅表现在规章制度上，而且要落实到行动中，扎根在心里，时刻将"安全第一、预防为主、综合治理"的思想，渗透到生产活动所有过程中，使全体员工把各自肩负的安全职责自觉地放在首位，认真贯彻执行安全生产责任制，自觉抵制违章蛮干行为，把遵章守纪、按安全操作规程作业视为高尚的道德行为，把不按规定要求穿戴和使用劳保用品等不规范行为视为丑恶的行为。反之，如果一个企业事故频发，员工连最起码的生存权都不能保证，何谈保障员工的利益？一起安全事故不仅给企业带来经济损失，同时给劳动者带来痛苦，给家庭带来不幸，给社会安定造成负面影响。人人都需要爱惜生命，个个都做到安全生产。这样，我们的家庭才会更加美好，人们的生活才会充满阳光。安全理念和行为应通过弘扬、宣传与学习，有目的、有意识地培养和塑造安全意识，才能使我们达到自律安全。

安全观建设的核心是为了人，企业把实现生产的价值和实践人的价值统一起来。要始终坚持以人为本，以实现人的价值，保护人的生命安全为宗旨，这就要求员工对企业安全观建设广泛参与，整体互动。对任何一件事情，只有亲身参与才会有责任感，要在参与过程中让员工体会到人格被尊重的感觉，培养员工对岗位的责任感。通过交流，把员工的个人追求融入企业的长远发展，形成大家认同的企业价值准则。要想使员工尽职尽责，必须使员工能分享企业发展带来的好处，只有当员工价值追求和企业价值追求和谐一致时，员工才能树立积极的工作价值观，发扬敬业精神。

安全观是安全管理工作的灵魂，也是一种管理文化。管理的层次是多方面的，一个企业可以通过构建复合体系实现安全生产的正常运行，通过奖罚形成激励、监督和约束机制，建立教育体系培养员工遵章守纪的自觉性，构建培训体系提高全员自我防范能力，加强专业技术岗位培训。通过不断学习掌握设备的安全技术参数、运行状态、性能指标，提高设备的可靠性，向管理要效益，向管理要安全。

（3）树立企业安全观的效果

在企业管理工作中树立一种"以人为本"的安全观，应该从"关心人、爱护人、尊重人"的基本点出发，重视个人安全健康发展的需要，充分调动人的积极性、主动性。企业开展的各种形式的安全知识竞赛，如"安康杯"竞赛活动、"百日安全无事故"劳动竞赛活动、应急演练、合理化建议等活动，既增加了员工的安全知识，又提高了员工的安全意识，规范了操作程序，为进一步保证安全生产起到了促进作用。

总之，企业安全观建设是一项长期而艰巨的任务，它需要各级领导和广大员工的共同努力。只要领导从人的需求出发，把关心人、理解人、爱护人、尊重人作为安全生产工作的基本出发点，积极营造安全文化氛围，运用各种方式教育人、启发人、引导人、约束人和激励人，就一定能营造一个和谐、敬业、求实、创新的企业安全观，真正实现"以人为本和谐创业"。

2. 企业安全管理工作中的"人本观"与机制建设

安全是企业的前途和命运，安全是企业发展的永恒主题。如何搞好安全管理，使安全管理工作处于受控和在控状态，在人的行为和物的种类日趋复杂多变的今天，单靠监督与被监督的传统管理模式，不可能达到目的。应该从"以人为本、关心人、爱护人、尊重人"的基点出发，在安全管理工作中树立一种"人本观"。

在安全管理中，人既是管理者，又是被管理者，每个人都处在一定管理层次上，既管理他人，又被别人管理。人机环境系统的主导控制是人，管理过程中的计划、组织、指挥、协调、控制带环节，靠人去实现。管理的手段——机构和章法，靠人去建立。总之，一切管理活动的核心是人，要实现有效的管理，必须充分调动人的积极性、主动性。所以，抓安全，抓其根本，首先要抓"人"。

（1）人的不安全行为

众所周知，事故的发生是由人的不安全行为和物的不安全状态共同作用的结果，其物理本质是一种意外释放的能量。随着科学技术的进步和生产工艺的改进，不少企业在实现物的本质安全化方面已取得较大进展。从另一方面来看，物的不安全状态往往是由于人的不安全状态引起的。据工伤统计资料表明，我国企业工伤事故产生的原因有50%～85%与人的不安全行为有关。

（2）"人本观"是企业安全管理的基本理念

所谓安全管理中的"人本观"，不同于"见物不见人"或把人作为工具、手段的传统管理模式，而是在深刻认识人在社会经济活动中的作用基础上，突出人在安全工作中的地位，实现以人为中心的管理。具体来说，主要包括如下几层含义：

● 依靠人的力量——全新的安全管理理念。企业为了最大限度地追求利润却往往忽视了从事安全生产的人。在安全生产经营实践中，人们越来越认识到，决定一个企业安全生产经营状况的主要并不在于机器设备，而在于人们拥有的知识、才能和技巧。人是安全管理中的主体也是客体，人不安全了，企业就没有安全和发展。因而必须树立依靠人的经营理念，把全员纳入安全管理中，通过全体成员的共同努力，来保证安全的最大实现。

● 尊重人的生命——企业安全管理的最高宗旨。企业安全管理的理念要做一些调整，首先是要把员工的生命安全放在第一位，当人身安全与经济利益或其他的安全发生冲突时要无条件地服从人的生命。劳动者的劳动条件的改善、职业疾病的防治、生产环境的优化、生产工具设备的技术进步、确保人员安全的各项制度、措施的落实都应当是安全部门的职责。其次对于设备和系统发生的事故要客观地对待。另外，要从大量的事故中提炼出统计规律，而不过分强调个人的责任，因为一个好的制度设计可以较好地避免因为个人违章而招致事故的可能。

● 关心人的心理——安全管理的基础。人在安全生产活动中会遇到各种各样的事情，其中有些事情会对人的心理造成一定的影响，使人的正常心理发生变化，这往往会影响到安全生产工作。因此在安全管理中要根据每个人所处的生活环境、所受的教育，针对每个人的心理，采取相应的安全管理方法，充分调动各种人的安全生产的积极性，实现人人尽职尽责地完成安全生产任务。

● 促进人的全面发展——安全管理的目标。要大力开展业务知识、安全知识和各种技能的培训，不断提高职工的业务技术素质，培养"四有"职工队伍，提高全体员工的安全法制意识和安全素质，提高作业人员的安全素质（安全技能和安全意识），增强职工执行安全规章的自觉性和自我保护能力，树立强化安全文化价值观，从而促进人的全面发展。

(3) 建立"人本观"的安全管理机制

● 教育培训机制。《安全生产法》对生产经营单位的主要负责人和各级安全生产管理人员、从业人员（包括特种作业人员）的安全教育培训都做出了具体明确的规定，充分体现了以人为本的原则。作为一个单位也只有通过加强安全生产教育培训，提高人的安全意识，增强安全素质和技能，人人懂得安全，才能确保安全生产。除了传统的、强制性的教育外，要更多地利用通俗易懂的形式进行经常性安全教育，使职工在提高安全意识的同时，也能真正掌握更多的安全知识和技能，掌握发生事故或特殊情况时的应对措施和技巧。

● 关心机制。满足职工的安全权利，特别是生命权、健康权是每个单位应尽的法定义务，单位领导要以实际行动关心人、理解人、尊重人、爱护人。领导要主动、深入了解情况，关心职工的工作和生活，改善他们的劳动条件和工作环境，主动为其排忧解难。例如，当发现有职工身体不适时，应安排其先休息，或暂时调整岗位；当职工情绪不稳定时，要给予正确的引导，帮助其调整状态；当职工缺乏自信心时，应积极鼓励，提高其能力。对文化素质较低，理解接受能力差的职工，可通过周围职工，甚至是其家庭成员进行帮教，倡议把安全知识学习带到家里。

● 激励机制。美国哈佛大学詹姆斯教授认为，如果没有激励，一个人的能力发挥只不过 20%～30%，如果施以激励，一个人的能力则可发挥 80%～90%。要实现有效的安全管理活动，需要通过物质动力和精神动力，包括奖金待遇、精神鼓励等激励职工，充分调动职工参与安全生产的积极性，特别是在市场经济条件下，适当利用经济杠杆的调节作用开展安全工作很有必要，因此要健全和完善安全责任奖罚机制，考核尽量做到最优化、具体化，严格考核。

● 保证机制。一是保证安全经费和设施的有效投入。单位要确保安全经费的落实，依法落实对职工的职业健康监护措施，积极做好职业病的预防工作。如定期组织职工体检，炎夏季节要做好防暑降温工作等，要依据作业实际配置相应的个体防护用品，并根据职工反馈的意见，及时研究改良，充分体现人性化，让职工用得舒心，干得开心。二是通过设备本质安全确保人的安全。在安全生产过程中应进行人机工程学分析，明确人、物、环境各自特点以及相互匹配的要求，从根本上消除、控制危险、危害因素。满足职工的安全需要，实现设备的本质安全化。在实际使用过程中，要通过抓好设备维护保养，消除设备本身缺陷，确保设备不会对职工造成伤害。三是对操作人员进行教育培训。在合理配置操作人员的基础上，对操作人员要加强教育培训，增强其安全意识，树立安全责任感和本质安全观念，确保操作安全，防止各类事故的发生。

安全是生命，安全是效益，安全是幸福，是人的第一需求，确保人的安全是各项工作完成的首要条件。要确保单位安全生产，在安全管理工作中就必须树立"人本观"的理念，只要从人的需求出发，把关心人、理解人、爱护人、尊重人作为安全生产工作的基本出发点，积极营造安全文化氛围，运用各种方式教育人、启发人、引导人、提高人、约束人和激励人，就一定能达到保护人，实现安全生产的目的。

3. 企业安全管理需要真正做到以人为本

在现在的企业安全管理中，许多企业大力提倡以人为本的安全理念。什么是以人为本？有人认为，重视对员工进行教育就是以人为本，调动人的积极性就是以人为本。但调动积极性的方法多种多样，不是所有的方法都是以人为本。以人为本还应当包括："爱护人、为了人、依靠人、发展人"。那么，如何在安全管理中坚持以人为本呢？

（1）安全管理要以对员工的关爱为前提

员工是企业的雇员，也是企业的财富。安全管理要以对员工的关爱为前提，如果对员工没有爱心，不是从爱护员工出发抓安全，就不会有正确的安全管理动机。

有人认为，安全管理要的是"严"，不能讲"爱"。这种把严与爱对立起来的观点是不对的。其实，严与爱不是水火不容的关系，相反，二者是统一的、互融的。要正确认识和处理"严"与"爱"的关系，一方面要为爱求严，不能借口"爱"而对严格管理有丝毫放松和懈怠。俗话说："严是爱，松是害，爱到深处方能严"。当前在安全管理中存在的"严不起来，落实不下去的问题"，从根本上讲，是对员工爱得不深，没有对员工高度负责的精神所致。另一方面，要严中有爱，即要严得有理、严得有德。具体地讲，在严格管理中要与人为善，不能与人为恶；在工作方法上要晓之以理、动之以情、喻之以义；企业的一切管理制度，包括安全管理制度的制定和落实中，要充分体现对人性的尊重和保护。有某知名企业提出了四句话管理原则：科学管理，依靠群众，严字当头，爱在其中。这很有哲理，值得借鉴。

（2）安全管理要以保护员工的安全和健康为目的

保护员工的生命安全和职业健康，是安全生产本质的核心。企业的生产与发展，不能以牺牲人的生命为代价。因此，安全管理要以保护员工的安全和健康为目的。以人为本，就是以人性为本。离开了人的安全和健康，一切人性都无从谈起。

我们所讲的安全，指的就是人的安全；我们要求在安全管理中以人为本，就是要以人的安全和健康为本，把人的安全和健康作为安全管理的目的。但是，在一些人的潜意识里，一直把人的安全和健康作为保证生产的手段，这种把生产作为安全目的的意识，在处理安全与生产的关系时，首先考虑的肯定是生产，而不是安全。有的企业其所以不能一以贯之地坚持安全第一，就是没有坚持以人为本、以人的安全和健康为目的，而是以"物"为本，以"利"为本，具体表现为任务第一，产值第一，利润第一。可见，要想从根本上摆正安全与生产、安全与效益的关系，必须牢固树立以人为本的思想，正确认识安全管理的目的。

（3）安全管理要以依靠员工为根本

企业的安全大厦是靠广大员工支撑的，从安全规程的执行到企业安全管理措施的落实，最终都要靠员工去完成。可以说，安全管理需要以依靠员工为根本，员工才是安全生产的最终保障。有人总认为事故的根源出在员工身上，员工是"事故之源"，不是"安全之本"。故此在安全管理中只把员工当作管理的对象，没有当作依靠的主体，员工总是处于被动、受罚、挨训的位置，怎能与你同心同德，共同抓好安全生产？诚然，造成事故的诸多因素中，有员工违章操作的因素，但这只是事物的一方面，事物的另一方面是，员工最需要安全，也最关心安全，如果离开了广大员工，就不可能有安全生产，也不需要安全生产，这才是事物的本质。

有人总是担心，依靠员工会造成对人的不安全行为失控。其实人的行为是受思想支配的，思想又是由所处的环境决定的。因此，防止人的不安全行为的最好方法，不是强制，更不是压制，而是创造一个依靠员工抓安全的环境。只要有了这种环境，员工的自觉性、积极性、创造性就会自然产生。

（4）安全管理要以有利于员工的发展为宗旨

企业目标与员工利益总的来讲是一致的，企业的兴旺发达会带来员工收益的增加。以人为本还要求处理好员工发展和企业发展的关系，员工的发展与企业的发展都是企业管理的目的。在此基础上，安全管理还应做到：不仅通过人做好安全工作，而且通过安全工作培养人。为此，领导要从"官本位"转为"人本位"，真正树立"以人为本"的管理思想，并进而实现领导方式和管理方式的转变；要确立"人为安全之本"的安全管理理念，建立"以人为中心"的安全管理体制；要在安全管理中平等地对待员工，实行多种形式的沟通，营造温情亲和的环境；要让员工进行多层次的参与，保护员工的政治权利；要建立学习型团队，引导员工把安全工作当作学问进行研究，支持和鼓励员工对安全工作持续改进和创新；要逐步改革安全培训模式，增强培训效果，努力实现由"传统式培训"向"开放式培训"转变。通过这些实实在在的改革和改进，使安全管理能真正变为员工成长和发展的土壤、水分和阳光，在员工不断成长的过程中，实现安全管理水平的不断提高，从而不断开创安全生产的新局面。

4. 运用人机工程学原理对不安全行为的分析及预防措施

依照人机工程学原理分析，生产中事故的原因主要受人、机、环境和管理因素的制约，表现在人—机生产系统中，事故发生的直接原因是人的不安全行为和机器、环境的不安全状态；机器、环境的不安全状态同时也会引发人的不安全行为。管理缺陷通常是事故发生的间接原因；当然管理状况的好坏也是由管理者来决定的，因此管理状况的问题也属于人的因素问题，即不可靠的管理行为。分析事故发生的原因，在很大程度上取决于人的行为性质。据专家统计，约90％的事故与人的行为有关，这也验证了人机工程学原理对人的不安全行为产生条件及原因的演绎。

(1) 不安全行为产生的条件和原因分析

从人机工程学的观点看，事故的发生往往是在瞬间由于机器和作业环境对操作者的要求超过了操作者的负荷能力——客观上产生了不安全行为。下面就发生不安全行为产生的机器因素、环境因素和人自身的因素进行分析，以便从中找出预防人的不安全行为的有效对策措施。

1）机器防护缺陷因素。设计不良的机器是带有事故隐患的机械设备。机器在设计、制造时未充分考虑安全防护装置的重要性。例如，设计不符合人的生理、心理特性及操作习惯的定型的显示器与控制器，安装位置不当的显示器和控制器，对于机器的危险部位未设计安全防护装置等都极有可能引发人的不安全行为。如聚乙烯包装线吸袋器部位未设计封闭防护围栏，在发生编织袋滑落时，就可能引发操作人员下意识的不安全行为，进而引发人身伤害事故。

2）环境不良因素。不良的作业环境会对人造成不同程度的生理、心理压力，会导致操作者产生不良的生理、心理状态，从而降低人的行为的可靠性，诱发各类人为差错。石化企业涉及的不良生产作业环境包括高温、振动、噪声、寒冷、不良的照明、有毒物质、粉尘、作业空间狭窄、通风不良、作业地面脏乱、潮湿、地面滑等。高温对人体的影响很明显，在高温情况下，人体的血液处于体表循环状态，而内脏与中枢神经则相对缺血，这时人的大脑反应能力降低，注意力分散，心境不佳，易发生人为差错；作业场所采光照明条件不良时，作业人员不能准确迅速地接受外界信息；噪声干扰会使作业人员的注意力分散，感到心烦意乱，特别是报警信号、行车信号，在噪声干扰下不易被注意；强烈的振动会引起作业人员视觉模糊，影响手的稳定性，使操作者观察仪表时增加误读率，操作机器时控制力降低，甚至失控；狭小、拥挤的作业空间，原材料、半成品、成品以及各种工具、器具杂乱无章地堆放，作业地面脏乱、有油污或积水等不良作业环境，不仅使作业人员感到紧张、压抑、烦躁不安，而且使作业人员在处理和躲避危险时失去应有的空间和安全通道，从而增加了事故的严重程度。以上都是触发不安全行为产生的环境不良因素。

3）员工自身的生理、心理因素。在生产作业中，造成员工失误的因素很多，但是可能造成事故的不安全行为产生的因素主要有以下几方面。

● 不安全的操作动作。不安全的操作动作主要包括习惯性动作、无意识动作和操作难度（高难）动作。习惯性动作是人的一种具有高度稳定性和自动化（本能性）的行为模式，在紧急状态下，人的习惯性行为会顽强地表现出来，彻底冲垮经训练而建立起来的行为模式。因此，当操作者的习惯性动作与工作时要求的动作相左时，在紧急情况下，极易造成事故。减少由此而引起的事故的办法，就是使工作时要求的动作与操作者的习惯性行为模式协调一致。

● 不良的情绪状态。员工在工作、生活中遇到挫折或不幸时，会产生愤怒、忧愁、焦虑、悲哀等不良情绪。在这些情绪状态下，人的意识混乱、注意范围狭窄、精神难以集中、自控能力下降，最易导致事故的发生。因此，需要引导上岗作业人员克服不良情绪，排除不良情绪的影响，避免引发不安全行为。

● 不良性格特征。从作业的安全性考虑，机器如设计得当，就能使大多数人减少失误。但对某些特定的人，相同的客观条件下，事故频率比一般人都要大。这类易出事故的人是因为他的性格特征决定了他的失误率高。对于这类人应根据其性格特点安排在相对比较安全的工序上作业。人的性格的另一个方面是所谓的外向型与内向型。外向型性格者适合担任集体性工作任务，而内向型性格者宜于单独作业。因此领导者应根据员工个人适应性格检查结果，按作业者不同的性格特点安排作业类型，以提高作业的安全可靠性。

● 过度疲劳。疲劳通常是指作业者在持续作业一段时间后，其生理、心理发生变化而引起作业能力下降的一种状态。疲劳一般可分为生理疲劳和心理疲劳两大类。生理疲劳主要表现为肌肉疲劳，是由高强度的或长时间的体力劳动所引起。一般表现为承担作业部位的肌肉酸痛、操作速度变慢、动作的协调性、灵活性、准确性降低，工作效能下降，人为差错增多，进而易导致事故发生。心理疲劳多发生在过于紧张或过于单调的脑力劳动和脑力、体力参半的技术性劳动中，主要表现为思维迟缓、注意力分散、工作混乱、效率下降、人为差错增多，易导致事故发生。疲劳长时间得不到完全解除就会发生疲劳积累效应，可造成过度疲劳，将导致一系列心理、生理功能的变化，致使各种差错和事故增多。在大多数情况下，最有效易行的措施则是科学的安排作业和休息，这样可大大降低由生理和心理疲劳引发的不安全行为。

● 年龄与经验。在进行事故原因分析时，常常考虑到年龄的因素。在年龄对事故发生率的影响中，包含了经验与训练程度方面的因素。据统计资料表明，工作经验越多、训练程度越高，发生差错和事故的概率越小。从年龄、工作经验与发生事故的关系分析，一般来说，年轻员工经验不足、技术培训和练习不够，极易发生差错而导致事故发生。这是由于年轻员工作业时，精力不集中，自我约束力不强，判断应变能力不足等。随着年龄、专业工龄和操作经验的增长及技术水平的提高，不安全行为事故率相对减小。

● 人际关系。人际关系是指操作者与上下级及同事之间的关系。有关研究资料表明，人际关系不良的车间班组，尤其是上、下级关系紧张的车间、班组，不仅生产效率低，而且更易发生事故。由许多事故原因调查分析结果发现，事故的发生率与劳动群体工人之间的友爱、和谐程度有一定的关系。在劳动条件、年龄、工龄、经验、训练程度相当的情况下，与同事关系融洽的员工，不安全行为的发生频率较小，发生事故较少。

（2）预防事故的对策措施

1）合理设计机器的安全防护装置。机器安全装置是确保机器本质安全，防止事故发生的重要措施。对于人机系统而言，从预防人的不安全行为的角度出发，必须进行操作安全设计。

操作安全设计主要包括按人机工程学原理设计和配置显示及控制装置，也就是从人体角度考虑足够的进出通道的横向纵向尺寸、设备的最佳操作区域和净距，充分考虑采取站立、坐、跪、卧等姿势操作或控制时的适宜安装高度、角度等，以及使用各种工器具时的安全空间及防护措施，进而使显示、控制装置的设计满足易看、易听、易判断、易操作的要求，例如，需要手动操作的阀门，一般安装在肘部左右以方便用力，需要读数的表盘安装在眼部的高度等；对于并排布置的阀组，在每个阀门及管道上设置明确标识，以防紧急情况下误操作；对于紧急控制器（如紧急停机按钮等），应设置在人手易于抓到而且能快速操作的位置；同时还应有完善的反馈用仪表和情报传输装置，以反映操作者的技术能力；为防止误判断、误操作，有些机器设备还需设置报警和故障保险、内部联锁装置。合理设计安全防护装置的目的是为了排除作业中客观存在的危险，避免诱发人的不安全行为因素的消极互动而导致事故的发生。

2）创造良好的作业环境。作业环境是指在劳动生产过程中的大自然环境和因生产过程的需要而建立起来的人工环境。这里所谈的创造良好的作业环境是指为生产需要而建立的人工环境。创造一种令人舒适而又有利于工作的环境条件是必要的。在生产实践中，由于技术、经济等条件的限制，创造舒适作业环境条件有时难以得到保证。在这种情况下，应创造一个允许的环境，保证在不危害人身健康和不受到伤害的范围之内，同时要有其他辅助措施（如监测手段、使用个人防护用品等）避免诱发不安全行为。如对于因噪声引起的人为差错，主要应对噪声采取控制措施。确定噪声控制措施时，首先是从声源上根治噪声。如果技术上不可能或经济条件所限，则应从噪声传播途径上采取控制措施（如利用吸声、隔声、减振、隔振降噪），若仍达不到要求时，则应在接受点采取个人佩戴耳塞、耳罩等防护措施。对于因振动引起的人为差错，主要应从机器设备的设计、制造、安装、使用中分别采取隔振、吸振、阻尼等措施消除或减小振动，阻止振动的传播。对于有生产性粉尘和有毒作业场所应采用防尘、防毒、尘毒治理措施，使作业环境空气中的粉尘、毒物浓度符合国家卫生标准的要求；如果有些作业场所空气中粉尘、毒物浓度仍达不到安全要求，则在接受点应采取佩戴个人防护用品加以防护；对于高温作业场所，应采取自然通风或机械通风方式，有条件的应安装空调器，进行温度调节。对于作业环境的采光照明问题，机器设备的安装位置和方向应有利于操作、观察、测量岗位的自然采光；当采用人工照明时，应确保作业岗位照明的平均照度和照度均匀度符合国家标准。对于作业场所空间、地面等的安全要求，主要应注意这样一些问题，如对车间设备、设施布局的安全要求，作业地面应平整、清洁、无油污、积水；原材料、成品、半成品的堆放不应影响操作空间、机器运转和车间通道；工位器具、用具、工件应摆放在规定位置并平稳可靠，无滑落、倾倒的可能。总之需要从作业环境的细节入手，排除产生不安全行为的不良环境因素。

3）人为差错原因及预防措施。常见的人为差错原因主要有：操作者注意力不集中，违反安全操作规程，未按规定使用劳动防护用品，没有注意一些重要的显示，操作控制不精确，使用控制装置的错误或以不正确的顺序接通控制装置，仪表读表中的错误，仪表因故障不可靠，疲劳、振动、噪声、尘、毒、高温、采光照明等。对于上述一些人为差错原因，可以根据人机工程学原理采取相应的对策措施加以克服和消除。对于操作者注意力不集中的问题，可在机器设备重要的位置上安装引起注意的装置，在各工序之间消除多余的间歇，并应提供不分散注意力的作业环境。对于违反安全操作规程的问题，应对有关人员进行全面深入的安全教育培训，使操作者意识到生产过程的危险并自觉遵守避免危险的程序；应把安全技术培训纳入整个技术培训计划之中，使操作者熟练掌握本岗位安全操作技术，并能严格遵守安全操作规程；对操作难度大而复杂的工种，应建立稳定有效的安全操作行为模式，注意操作者的操作动作，并给予及时纠正和指导。为了提醒操作者注意一些重要的显示，可采用声、光报警或鲜明对比手段吸引操作者对重要显示的注意。对于使用控制装置的错误问题，对控制装置关键的操作顺序应提供联锁装置，并将控制装置按其用途以一定的顺序配置。对于仪表读数中的错误，应注意消除视觉误差，移动读表人的身体位置，避免不合理的仪表安装位置或更换不合理的仪表。为了确保仪表的可靠准确，应使用经定期试验和调试校准过的仪表。也就是说，可通过改善作业内容、合理调节作业速度、减少过长的精力集中时间、合理安排作业与休息、改善不合理的工作位置和姿势、提供舒适的工作环境等一系列措施，来减少操作者的不安全行为。

4）安全教育和安全管理。安全生产的实践说明提高人的素质是非常重要的，因为一切生产活动都是通过人来实现的。人的素质包括技术素质、文化素质、安全素质、职业道德、工作责任心、工作态度和身体素质等。为了提高人的素质，就必须进行教育，包括基础文化教育、安全教育、道德教育和专业技术教育，提高人的素质可以提高人在工作中的可靠性。安全管理工作主要任务有宣传、执行安全生产方针、政策、法规和规章，并监督相关部门安全职责的落实情况，审查安全操作规程并对执行情况进行检查，参与干部、职工的安全教育与培训等工作。可见，安全管理工作同样对预防不安全行为具有重要的主导作用。

(3) 对员工不安全行为的认识

对员工不安全行为，需要进行细致深入的分析，这样有利于采取正确的对策措施，同时体现了"以人为本"的管理思想和理念。从构建和谐社会，树立和落实安全生产科学发展观的高度，充分认识应用人机工程学原理预防不安全行为工作的重要性和必要性。这对预防事故将起到积极的作用，并以此作为转变安全生产监督方式、创新安全生产监督手段、提高安全生产监督效果的重要途径，将安全人机工程学的研究和传统的方法相结合，真正把预防不安全行为摆在安全管理工作的首要位置，在安全管理中将发挥更大的作用。

5. 改变心智模式，塑造本质安全

心智模式是人们心中对自己、别人和整个世界的某种认识和假设，它伴随着一个人的成长而形成。而这些理解和认知日积月累后，会潜移默化地根植于人们的心灵深处，决定着人们的行为方式和对世界的看法，被形象地比喻成"心灵地图"。心智模式一旦形成，会自觉、不自觉地成为一种固有模式，但在本质上都有缺陷，都有需要改进的地方。

现代安全理论认为：本质安全是设备、系统和人所具有的最佳安全品质，其实质是构建长效安全生产机制，把事故率降到最低直至零。20世纪初，美国科学家海因利希提出了著名的海因法则，从理论上揭示了事故发生的根本原因在于人的不安全行为和物的不安全状态，而且人的因素占据主导地位。因此，分析人的不安全行为，改进人的固有心智模式，对于实现生产本质安全具有重要意义。

(1) 不安全行为的几种表现

一是思维局限，缺乏大局意识。这种抑制型的心智模式又有两种表现：一种是角色定位不准确，过于强调部门分工、岗位分工，认为安全工作是安全部门的事，各扫门前雪，推诿扯皮。另一种是目标定位错位，不能认识安全工作的艰巨性、长期性、复杂性，工作规划不清，方向不明，力度不够，监管措施不到位，工作碰运气。

二是消极参与，缺乏有效沟通。现在从中央到地方、从政府到企业，都对安全生产高度重视。一方面，政府制定出台了一系列的法律法规和政策措施，加大了安全资金、技术等方面投入，加强了安全生产的监督力度。可另一方面制度的落实情况却令人担忧。分析其根本原因，就是沟通上出了问题，这也验证了管理上著名的双70％理论，即"日常工作生活中70％的时间都用在沟通上，70％的问题都是因为沟通不畅造成的"。这种松弛型心智模式在安全管理工作中表现得十分突出，例如，在工作落实中，习惯于用会议传达会议，用精神贯彻精神；到基层检查和调查过程中，高高在上，蜻蜓点水；在问题处理和整改中，轻描淡写，习惯于"等""要""靠"。

三是归罪于外因，制度执行力差。主要有两种表现，第一种是主观不努力，找客观原因。出了问题不冷静，想当然，不能反省自己，把问题统统归因于外部环境和他人错误，怨天尤人。第二种是心浮气躁，疲于应付，习惯于兵来将挡，水来土掩，口号多，办法少，工作有布置无检查，有检查也不考核，导致"三违"问题频繁发生。

(2) 固有心智模式障碍分析

据研究：人一天的行为中，只有5％的行为属于非习惯性的，而剩下的95％的行为都是习惯性的。很多工人从事的工作往往是一些单调、重复性的劳动，久而久之，大脑就可能出现感觉上、视觉上的麻痹，从心理上不愿接受新事物。而且从近几年事故统计规律来看，每年3、4月份和8、9月份是各类工伤事故的高发期，春困秋乏，很容易使人出现精力不集中，体力不支。身心两方面的疲劳，打破了原有平衡的生物钟，从而导致新旧心智模式的激烈碰撞，易发各类事故。对此，各级领导和安全主管部门应该高度重视，找出相应的方法。

(3) 以人为本，时刻保持强烈的危机意识

做安全工作必须树立危机意识、忧患意识。安全工作为了人，同样也要依靠人。因此，日常安全工作中只要抓住了"人"这个根本问题，一切以人为本，就能实现本质安全。就管理层而言，以人为本就是始终把握好安全生产的方针政策，不断研究新情况，发现新问题，提出新举措，尤其是要对本系统、本单位的隐患和问题做到心中有数，心知肚明，处变不乱。要致力于构建"大安全观"，编织"安全监督大网"，时时刻刻把维护职工的生命健康装在心上，落实到行动上，自觉履行本部门、本单位和本岗位的安全职责，做到守上有责。就操作层而言，以人为本就是要树立"诚惶诚恐知敬畏"的观念，严格约束自己的行为标准，使自己知道该敬畏什么，培育"我要安全，我会安全；安全生产为我、为家庭"的心智模式，激发自我安全的责任感、使命感，把挂在墙上、印在书上的安全须知、操作规程和应急行为，原原本本地刻到脑子里，落实到行动中，并成为本能反应。

(4) 创新管理，用先进的安全文化凝聚士气

三流的企业人管人，二流的企业制度管人，一流的企业用文化管人。高度重视安全文化建设，从三方面打造新的安全管理心智模式。一是善于反思自己。要经常性地给自己照镜子，分析自身存在的问题，借人鉴己，从我做起，从细节做起，把一件件小事做好。做到：没事时多想事、出了事不怕事、事情过后不忘事。二是要系统学习。不仅要学习先进的安全管理理念，勇于打破陈旧思维和固有心智模式，用先进的安全文化武装人、影响人，用亲情的力量感染人、凝聚人；还要学习各项安全技术、规程标准，形成共同安全的价值取向，引导规范安全行为，促进人与环境的和谐统一。安全监督管理人员、一线操作工人要学，各级安全生产第一责任人和部门负责人也要学；三是要崇尚创新。成立安全科技协会，搭建安全技术创新平台，定期交流安全管理经验，实现资源共享，不断营造"科技为先、尊重生命、关注他人、共同安全"的工作氛围。

(5) 明确角色，全力提升安全工作执行力

各级安全管理人员要充当好执行者、信息沟通者、人际关系协调者三个角色：一是准确把握上级意图，不折不扣地落实各项工作要求，把"零事故、零伤害、零污染"的美好愿景，转化为职工的自觉行动；二是换位思考，认真倾听各方意见，放下架子，扑下身子，出实招，办实事；三是有效沟通，畅通部门之间、单位之间的安全信息传递渠道，形成共同做好安全工作的合力。

众所周知，习惯性违章是安全工作的头号大敌，也是引发各类事故的罪魁祸首。改善这种固有心智模式，最有效的手段就是培养安全规定动作，塑造本质安全。按标准化操作就好比体操比赛中的规定动作，一定要练到位。如有些职工的操作方法是跟师傅学的，但师傅的操作本身可能就有问题，徒弟学到的操作方法当然也就不规范。违章操作就好比"自选动作"，在操作上要坚决杜绝"自选动作"。要把不正确的操作动作强制改过来，培养正确的操作习惯，这样才能做到本质安全。改善这种固有心智模式，最有效的手段就是提高执行力。要通过不懈努力，让每一名干部职工都能切身感受到安全规章制度的严肃性，认识到每一项安全规定都是血的教训，努力打造一支高素质、硬作风、执行力强的职工队伍。从这个角度上讲，安全工作的核心竞争力就是执行力。

6. 日本"零事故活动"的内容、作用与实践方法

2006年10月28日，中日两国政府签署了《加强中国安全生产科学技术能力计划》的合作项目，该项目由国家安全生产监督管理总局统一管理，由中国安全生产科学研究院负责具体实施。

(1) 合作项目的主要内容

合作项目主要包括以下四个内容：一是完善危险化学品管理、机械安全以及职业危害管理三大重点课题相关的安全生产法规及管理标准；二是提高示范地区企业安全生产管理能力；三是加强作业场所环境检测和危险化学品评价及劳防用品的检测能力；四是提高

培训机构安全生产管理培训的实施能力。

结合日本多年来安全卫生工作的成功经验，分析我国企业事故多发的主要原因，针对企业安全生产管理能力的合作内容，合作项目主要引入和采用了试行"零事故活动"、事故案例研讨会以及企业联合检查等方法，其中重点是通过举办"零事故活动"培训，在示范企业推广"零事故活动"，推动示范企业的安全文化建设，促进一线班组积极、主动的安全生产活动，减少员工作业过程中出现的不安全行为。

(2)"零事故活动"的内容与作用

"零事故活动"的主要内容与作用包括以下五个方面：

●"零事故活动"是立足于以人为本的"每一个人都是不可或缺的"基本理念，旨在实现零事故、零疾病目标；

●"零事故活动"是通过全员参加，实现作业场所安全、健康、舒适化的活动；

●"零事故活动"是与安全生产管理活动相结合，使每一名员工都把安全生产作为自身问题来对待，通过实践危险预知和手指口唱等事前预防的方法，养成安全行为习惯的活动；

●"零事故活动"是通过员工的团队协作和班组自主活动，推动创造明快、活跃的工作氛围以及无安全隐患现场的活动；

●"零事故活动"是旨在最终实现安全、质量、生产的一体化，提高每一名员工的道德、人性的活动。

"零事故活动"将理念、方法和实践作为三位一体来推进，欠缺任何一个都不能构成完整的"零事故活动"。

(3)"零事故活动"三原则

"零事故活动"立足于"零""事前预知""参加"的三个原则，称之为基本理念三原则。

●"零"的原则。一是"零事故活动"的"零"，不仅是指死亡事故、休工事故为零，也包括发现、掌握、解决所有工作现场和作业潜藏的危险（问题），以及全员日常生活中潜藏的危险，从而实现包括劳动事故、职业病以及交通事故等在内的所有事故为零。二是把安全生产的观念向"零"转换是"零事故活动"的出发点；"零"是全体员工的愿望；全员一步一步扎实地、稳健地不断努力和协作向"零"前进的过程至关重要。

●"事前预知"原则。事前预知原则是指为了实现零事故、零疾病的终极目标，进而创造明快、活泼的工作岗位，必须在作业前发现、掌握和解决现场与岗位以及员工日常活动中潜藏的所有危险（问题），从而预防和杜绝事故与灾害的发生。防止事故发生是一种信息管理、风险管理，因此，有必要通过全员参加来正确地发现危险和掌握问题，同时，还要汇集管理人员以及专业安全人员的智慧与能力，利用团队来解决问题。所以，不是被动地对待事故和灾害，而是通过全员参加的团队协作，实施"主动型安全工作"才是事前预防的原则。"零事故活动"的本质，是关注包括极轻微伤害和未遂事故等所有危险信息，构建全员共同积极地发现、掌握和解决这些危险的"预防型企业文化"。

●"参加"的原则。"零事故活动"的"参加"，是指企业领导层、各级管理人员、专业安全人员以及员工等全员共同协作，分别从各自的立场和岗位来自主地、自发地、干劲十足地发现、掌握和解决现场与作业中潜藏的危险（问题）。

(4)"零事故活动"的三大支柱

● 领导层的经营姿态。"零事故活动"起始于企业领导层的经营姿态，取决于领导层对"每一名员工的生命都是宝贵的""不能让任何一名员工受到伤害"的决心。领导层把"以人为本""安全第一"方针切实放在企业生产经营活动的第一位，把保护员工整个职业生涯的安全与健康作为企业的基本责任，真正把观念意识转变为"零事故"的话，企业的一切才会随之改变。只有企业领导层和各级管理人员本着真心实意的"人生态度"推动开展"零事故活动"，并通过日常的监督与管理工作渗透给每一位部下细致入微的"关注、照顾和关怀",而不是停留于表面的华而不实的"理念",不是仅限于口头上指示部下"注意!注意!"这样才能够改变员工的行为,才能使企业充满团结协作的气氛和活力,才能创建"用心"开展"零事故活动"的企业风格,才能营造预防和参加型的安全文化。

● 各级管理人员将安全与生产一体化。所谓各级管理人员将安全与生产一体化,是指为了推动企业安全生产工作,企业的各级管理人员必须把安全生产作为其生产经营任务的重要组成部分,并率先垂范地实践其安全生产的职责。保护属下员工的安全与健康是各级管理人员的应尽职责,只有他们才能够完成对属下每一位员工细致的指导与帮助工作。如果各级管理人员没有"不让自己属下的任何一名员工受伤"的强烈责任心与实践行动,"零事故活动"便无从开始。如果企业的各级管理人员不能体会领导层的意图,不能把安全生产作为其生产经营任务的重要组成部分在工作中予以实践,企业的安全生产工作就不会有真正的进展。

● 活跃的班组自主活动。"班组"是指为了长期或短时间地解决现场与作业中的危险而形成的、以零事故为理念的小组,它是企业内零事故推进组织的一个环节,并通过其班组的自主活动来最终完成企业安全生产与生产经营的一体化。

开展安全管理时有一个很重要的问题,即职工掌握了作业"知识",有"技术",也就是说"知道、会做",但不按程序做,忽视安全心得,因此发生了事故。"知道、会做,但不做",这与"人的特性"有着很深的关系,其理由可能有以下三种情况。一是员工缺少对危险情况的感知;二是员工作业过程中精神及身体状态不佳,精力不集中,恍恍惚惚;三是员工对执行安全规章缺乏工作热情,没有干劲。

实践表明,对于上述各种原因所引起的不安全行为,单纯依靠命令、指示、规定、教育、强制等安全管理的方法来防止是非常困难的，其所能发挥的作用也是非常有限的，而必须通过班组自主活动——危险预知活动才能予以解决，即首先应该让作业人员自身"感觉到危险的事情"，不是规定了必须做而做，是因为认识到危险，如不留神要受伤才做。这是一种自主自发的活动，是发自内心的行为。同时，不能让这种发自内心的行为停留在"自己的身体自己保护"这一个人级别的自卫活动上，而是要通过零事故小组这一媒介，提高到小组级别的团队参加行为。

如果管理是纵向构造的话，那么班组自主活动就是"从横向到横向""从伙伴到伙伴"的构造，是"大家来发现、大家来解决"的团队协作，是"伙伴的身体靠伙伴来保护""大家的安全靠大家来维护"的团队活动。企业安全生产活动，必须是作为"管理"与"自主活动"以乘法的形式发挥效果的活动加以开展，对这种活动形式的不断追求便是"零事故活动"的本质。

(5)"零事故活动"的实践方法

● 健康确认。健康确认是现场监督管理人员为了每天、每时每刻确保每一名员工的安全和健康，在工作前的碰头会上，让作业人员自己确认并报告健康状况，监督管理人员通过"观察"和"询问"，掌握每一名部下的健康状况（特别是对特殊的人员以及承担特别危险作业的人员），并进行适当的指导及采取必要的措施。关注每一名部下的健康，希望每一名部下都能拥有健康，这是管理人员应有的基本态度，而且，对确保企业的安全、确保员工的健康、防止人为失误导致事故的发生都是很重要的。因为每个人的健康状态每时每刻都在发生着变化，不正常的健康状况会导致不安全行为和事故以及伤害。要防止这类事故的发生，需要通过训练，提高监督管理人员在工作开始前利用很短的时间召开碰头会，对每一名部下进行健康确认的能力，使其能够更加准确地掌握部下的健康状况并采取妥善措施。

● 手指口唱。为了安全无误地开展作业，员工对工作中每一个需要确认的重点部位，通过伸直手臂指着对象，同时嘴里清晰地说出具体操作的方法进行确认，这就是"手指口唱"。手指口唱可以转变人的意识水平，使之处于正常而清晰的状态，是提高作业准确度和安全程度的手段。手指口唱有助于防止由于人的心理缺陷而引起的误判断、误操作、误作业，从而预防事故发生。通过注视着对象、伸出手臂用手指、发出声音，将意识水平转换到正常而清晰的状态。

● 手指齐呼。"手指齐呼"是通过全体人员手指着对象齐呼确认，使小组成员步调一致，提高小组的整体感和连带感的方法。一般是在早、晚的碰头会上手指齐呼"每个人都是不可或缺的!""好!"等标语口号。

● 危险预知训练。危险预知训练（活动）是通过碰头会上的危险信息共享，使员工感受到的危险更加鲜明，在碰头会解决的过程中提高大家解决问题的能力，利用对作业行动中的重点部位进行的手指口唱，提高注意力，加强团队协作并付诸实践热情的一种方法。

危险预知训练的目的是：一是解决员工本来"知道""会做"，但没做的问题；二是提高员工感知危险的敏锐程度；三是提高员工工作中的注意力；四是提高员工解决问题的能力；五是加强员工付诸实践的热情；六是建立预防型、参与型的企业安全文化。

7. 合资企业安全管理思想与管理方法的启示

"管理科学"是国家给定的现代企业四项重要标志之一。管理科学自然是指企业管理的科学化而言，其中，必然要包括安全管理的科学化。安全管理要实现科学化、现代化，并尽快与国际接轨，不妨借鉴一些跨国公司在我国的有关合资企业的安全管理思想和管理方法。下面介绍几个实例。

天津阿克苏诺贝尔过氧化物有限公司（荷兰）所定的三个企业目标，首先是安全，其次是效益和环境。荷兰的董事长认为，"企业没有安全，一切就全完了"。在实际执行中，他们虽然规定，除总经理外任何人无权停车，但是，发现重大安全隐患，车间主任就有权下令全线停车。一次，一氧化碳发生炉出现故障，车间主任当即下令停车，待排除故障后才全线开车，防止了一氧化碳气体外泄。

天津伯克造气公司（英国）的英方经理，每天上班后都要到厂区、工房巡查。一天，他转到氧气储罐区附近时，发现有人进行电焊作业，于是，他走过去问作业人员有无作业证、动火证，在得到确定和满意回答后他又巡查周围的防护措施。巡视中突然问，"谁是现场监护人"，作业人员告诉了他，但现场找不见这位监护人。只见这位外方经理气哼哼地回到办公室，抄起电话将安技部门负责人找来，质问他为什么监护人不在施工现场，安技部门负责人一时语塞。一小时后，一份由这位外方经理签署的免去这位失职监护人安技员职务的布告，贴在了厂前区的布告栏里。

天津奥的斯电梯公司（美国）的机加工车间，在 1997 年 5 月份发生了一起机械伤害事故，一机械工的手指被轧骨折。外方经理知道后立即电告奥的斯亚洲分公司，消息很快又传到美国总部。两个小时后，这起事故便通报到奥的斯在世界各地的分公司，并通过电视录像研究分析事故发生的原因及善后对策。

科莱恩（天津）有限公司（瑞士），重视对安全隐患的根除。一个染料中间体车间，一台设备上有一个扳手，员工在此操作可能被碰伤。为了员工安全，他们就用软布把扳手包好，并认为，这要比只挂一个"注意安全"警示牌的效果好。

天津华士有限公司（瑞士），对劳动保护用品的质量从不含糊。他们需要一种既防酸、又防油、又耐冲击的工作靴，但是在我国国内市场看了多家厂商的货样都认为不理想。主管经理对此毫不迁就，最后，终于从香港买回满意的安全工作靴才算罢休。

上述事例不难看出，许多合资企业的外方高层人士都非常重视安全。他们对"安全第一"思想的理解和认识，他们对安全生产中软件、硬件的配置，还有他们的安全管理方法，有不少值得我们学习与借鉴，有的则有"似曾相识"之感，关键在于他们执行起来比我们严格，严格到不执行就要被免职乃至解除合同，对"白领""蓝领"概莫能外。

引用古语"他山之石可以攻玉"来看外方的安全管理，我们应该清醒地认识到，在改革开放的今天，我们的安全管理应虚心向先进、发达国家学习，同时应取长补短。我们的安全管理要科学化、现代化，一方面要"内部挖潜，强化管理"，另一方面也要充分利用设在各地的合资企业，搞一点不出国的"出国学习"。这样，我们的安全管理科学化的进程将会加快。